南方熊楠の生物曼荼羅

生きとし生けるものへの視線

［編著］志村真幸
Shimura Masaki

三弥井書店

南方熊楠への招待状

エコロジーの先駆者

南方熊楠は、生物学、民俗学、説話研究、エコロジー（生態学）と、さまざまな分野で活躍した。「最後の博物学者」といわれ、古今東西の学問に通じた「知の巨人」としてイメージされることが多い。

近年、熊楠のなかでも特別に注目されているのが、「エコロジーの先駆者」という側面だ。一九〇六年に明治政府が始めた神社合祀政策は、各地域の神社を一ヶ所にまとめる（＝合祀）ことをめざした。移されて消滅してしまった神社の跡地は、神林や鎮守の森などまでふくめて更地にされる。そういった場所を生物研究のフィールドにしていた熊楠にとっては一大事で、怒って立ち上がり、紀南各地の反対運動を牽引していった。そのときに森を守るべき根拠として示されたのが、エコロジーだったのである。

欧米での最新の科学動向を『ネイチャー』などを通して知っていた熊楠は、当時、ドイツから発祥して各国に広まりつつあった生態学に注目した。単一の生物ではなく、ある環境下での生物同士の関係を研究する学問である。熊楠は日本の場合には神社林が手つかずの自然であり、原始からの生態系が保持されているとして、その保全を訴えた。現在の環境保護につながる思想である。そうした熊楠の活動が、二〇〇〇年代に入って熊楠研究者たちによって「発見」され、エコロジーの先駆者と呼ばれるようになったのであった。

エコロジーの先駆者というキャッチフレーズは、日本社会全体の環境重視／エコロジー志向ともあいまって熊楠の再評価を促し、関連資料の掘り起こしを急速に進めさせた。森林研究をはじめとした他分野からの研究者の参入もさかんになった。そして現在では、単純に「森を守ろうとした」といった理解ではなく、熊楠がもっと複雑で幅広い視点から神社合祀反対運動にとりくんでいたことがわかってきている。エコロジーという問題が、熊楠の人生における結節点であることも判明した。さらには、熊楠と環境との付き合い方を通して、近代日本が抱えていた問題へとアプローチできるのではないかと期待されつつある。

なぜ熊楠はエコロジーという発想に到りえたのか。それを理解するには、熊楠が四〇代前半で神社合祀反対運動にとりくむまでに、日本、アメリカ、イギリスで積み重ねてきたさまざまな経験や学問について知る必要がある。エコロジーはそもそも多層的な学問で、動物、植物、昆虫、キノコ、土、水、空気とあらゆるものが関わってくる。シダ植物だけしか知らない研究者や、動物以外には興味がないというようなひとには、扱いえない学問分野なのである。熊楠がエコロジーの先駆者となったのは、必然であった。

なおかつ、熊楠が神社合祀反対運動で示した「守らなければならない理由」は自然科学の分野からのものだけではなかった。エコロジーや環境というと、どうしても自然科学的な発想に偏りがちだ。たしかに、熊楠が反対意見を述べた「南方二書」には紀南の植物が列記され、リュウビンタイやヒナノシャクジョウ、クマノチョウジゴケ、タニワタリといっためずらしい植物が並んでいる。しかし、白井光太郎宛書簡（一九一二年二月九日付）に同封された原稿「神社合祀に関する意見」では、敬神思想、愛郷心や愛国心、治安・民利、史蹟・古伝といった要素も合わせて論じられているのである。熊楠の反対運動は、きわめて広い視野から進められていた。

そのような熊楠の思想がいつどのようにして形成されたかが、このあと本書で見ていくように、いまひとつずつ解き明かされつつある。熊楠のエコロジーを腑分けすることは、近代日本と、さらにくわえて熊楠が旅したアメリカやイギリスの社会や学問をたどる道筋であるともいえる。日本や中国といった東洋の知に、欧米の学問がくわわったことで、初めて熊楠という人物と、その思想は形成された。

そして熊楠が世界を旅するなかで育んだ思想が発揮されるには、舞台が必要であった。すなわち、明治の日本という社会状況こそが熊楠の登場を促した。熊楠が蓄えてきた知識は、神社合祀政策と、それにともなう神林の破壊という事態によって真価を発揮したのである。危機が発生したことによって、はじめて熊楠という人物が表舞台にあらわれたといってもいい。すなわち、熊楠を探っていくことで、近代日本が見えてくる。

熊楠は学者ではあったが、学問世界に閉じこもってはいなかった。また運動家としてただ闇雲に反対したのでもなかった。きちんとした学問的・歴史的な裏付けをもったうえで、環境運動に邁進したのであった。そこに熊楠が評価されるべきポイントがある。そして本論集が最終的に解明したいのは、なぜそのような人物が近代日本、和歌山に誕生しえたのかという点なのである。

牧野富太郎の分類学との差

たとえば、牧野富太郎との差異は、熊楠を位置づけるための格好の座標となるだろう。二人とも植物を愛し、その研究と調査に没頭したが、その目標は微妙に異なっていた。どちらも多くの新種を発見して、学名を付けることに熱心だった。ところが、まったくちがった側面があった。牧野は日本中をくまなく踏査し、あらゆる植物を集めようとし、さらには台湾など植民地へも出かけていった。その結果として牧野はすべての植物種を網羅し、植物図鑑を完成させることができた。

熊楠も分類学にとりくんだのは事実である。しかし、熊楠はコミュニケーション下手な性格もあり、和歌山からほとんど出なかった。県内ですら、未訪の地が少なからずあり、那智や田辺といった自分自身が実際に暮らした土地での採集にとどまった。一ヶ所に集中したのが熊楠なのである。なおかつ植物、菌類、動物といった多分野に関心があったために、特定の場所を総合的に観察することができた。地元に密着していたがゆえに、熊楠のエコロジーは生まれたといえる。

熊楠が身近なフィールドにこだわったことからは、もうひとつ重要なポイントが導きだされる。熊楠は絶滅という問題に敏感で、「南方二書」には「絶滅」「全滅」「一本もなし」といった表現が頻出する。ただし、熊楠のいう絶滅は地域絶滅と呼ばれるもので、ある特定の地域から失われる例であり、その種が地球上から完全に姿を消してしまうものではない。こう書くと、あまり問題ではないと感じるひともいるかもしれないが、地元でのみ研究する熊楠にとっては大問題であった。

牧野のように全国を歩きまわっていれば、ある地域で特定の種が絶滅したとしても、ほかで見かければ、絶滅したとは認識されない。しかし、熊楠にとっては自分の目の前からなくなってしまう＝地域絶滅してしまえば、もはや取り返しが付かない。そのため、熊楠は身近なフィールドが危機にさらされたとき、必死に守ろうとしたのであった。それが熊楠を神社合祀反対運動にとりくませ、いっぽうで牧野は熊楠から協力要請があったときに黙殺する原因となった。

もちろん牧野のような分類学も大切である。しかし、エコロジーや環境保全は現在の地球にとって喫緊の課題となっている。エコロジーには、みずからが暮らす地域への愛着とともに、幅広い視点と知識が必要である。熊楠のエコロジーは、いままさに注目されるべき時代を迎えている。

KUMA

第1章 自由ミナカタ学

安田忠典

GUSU

ミナカタは何学者？

本書は南方熊楠（一八六七－一九四一）の生物に関連した仕事についての論考をとりまとめたものである。編纂の経緯は後に述べるとして、まず「南方の生物関連の仕事」という切り分け方について触れておきたい。そもそも、南方はいったい何をした人なのだろうか。近代日本における最初期のアマチュア学者なのだろうか。だとしたら、南方の専攻は何学なのだろうか。本書を手に取られた読者は、南方熊楠を何学者と考えておられるのだろう。博物学者なのか、民俗学者なのか、それとも生物学者なのか……。あるいは自然保護に奔走した活動家なのか。否、そうした枠組みに嵌まらないことこそが南方の真骨頂なのではないか。これは少し耳に心地のよい響きを持ったアイデアかもしれない。しかし、そのようなヒロイックだがいささか乱暴な解釈の仕方で南方が残した膨大な仕事を的確に評価できるのだろうか。

例えば、南方は生涯にわたって粘菌（真性粘菌）をはじめ多くの生物を観察し、記述し続けた。このことから、広い意味でかれを生物学の研究者としても何ら問題はなさそうである。だが、その方法論はいわゆる博物学そのものであり、記憶と記述による「自然史（ナチュラルヒストリー、かつては「博物学」と訳された）」の系譜に連なることは明らかである。そうだとするとかれの生物研究は現代的な生物学、すなわち理性によって原因を探求せんとする「自然科学」の域内にあるかは微妙となり、生物学者であったと規定することもためらわれてしまう。そういえば、同時代の植物学者である牧野富太郎は南方のことを次のように評している。「同君は大なる文学者でこそあったが決して大なる植物学者では無かった。植物ことに粘菌についてはそれはかなり研究せられたことはあったようだが、しかしらばそれについて刊行せられた一の成書かあるいは論文かがあるかというと私はまったくそれが存在しているかを知らない。(1)」

牧野の指摘のとおり、南方には生物学に関する論文がほとんどない。とはいえ、菌類については膨大な標本と図譜を残したことはよく知られているし、牧野も言うように粘菌については日本産変形菌目録や昭和天皇へのご進講など一定の業績を積んではいた。ならば後世の我々が、例えば菌類の専門家、藻類の専門家というように、細分化された領域ごとに南方の著作や資料を精査することで、かれの研究者としての志向や水準を明らかにしていくことができるかもしれない。

ミナカタ学のタコツボ化

これまでの南方の業績やライフヒストリーに関する研究は、このような見通しに基づいたうえで、かれが後半生を過ごした和歌山県田辺市の強力なバックアップを得ながら組織的に進められてきた。一九九二年に開始された田辺市にある南方邸資料の悉皆調査を皮切りに、二〇〇五年研究拠点となる南方熊楠顕彰館の完成と南方熊楠研究会の発足を経て、南方研究は着実な成果を積み重ねてきた。専門の研究誌『熊楠研究』は、途中二〇〇七年から二〇一四年にかけて八年のブランクを挟んでいるものの、二〇二二年度で一七号を数える充実ぶりである。

この間、前述の還元主義的な方法で南方が残した資料を扱うには非常に多彩な分野の研究者を集めなければならなかったし、そうして田辺を訪れた研究者たちはそれぞれの分野で精緻な調査を実施し『熊楠研究』誌上等に報告してきた。だがしかし、この方法のみで研究を進めていくことには、割と早い時期から限界も見えていた。

それは、まだわが国に近代科学が形成されつつあったいわば揺籃期に活動し、しかも当時でさえそのメインストリームからはことごとく逸脱していた南方の仕事が、現代科学のカテゴリーときれいに重なるのだろうかという違和感のようなものである。南方資料の調査を手がけた専門家の大半は、現代的な評価基準をそのまま用いることに躊躇する。例えば細矢剛は、四〇〇〇点を超えるキノコの図譜には専門用語を用いた英文の記載があるものの、そこにはあまり一般的ではない味や匂いについての情報が目立つという。そしてそれぞれの図譜のクオリティは出版を意図したものとは到底考えられない。[2] ならば南方はいったい何を目指したのか。細分化された研究分野の枠の中でどれほど精度をあげようとも、それだけでは誰もが知りたい「南方は何を目指したのか」を探り当てることはできそうもなかった。

さらに、このような専門化、細分化への傾倒は、現代のアカデミズムの最大の弱点といってもよい官僚化や権威主義の台頭というリスクが伴う。タコツボ化が進む当時のアカデミズムから離脱して奔放なスタイルを貫いたことが魅力である南方の研究がタコツボ化してしまっては冗談にもならない。

この本が目指すところ

もちろん、研究者たちはタコツボ化を遠ざけ、南方の魅力の源泉に迫るための方法論を鍛えてきた。とはいえ、対象である南方がユニークすぎることもあって、課題をクリーンアップできるような名案が得られたわけではない。官僚化や権威主義を遠ざける方法だって、そんなものがあるならばすでに社会は変わっているはずだ。南方の研究についても、縦割りに対して横串を刺すとか、議論をオープンにして拡張性を担保し続けるとか、当たり前の方法を地道に続けているに過ぎない。

具体的には、様々な専門分野の研究者がそれぞれの調査の成果を持ち寄って議論する機会を持つことや、最新の研究成果や情報の継続的な発信などである。『熊楠研究』はまさにそのための雑誌であるし、二〇一五年より毎年実施している南方熊楠研究会夏期例会も闊達な議論の場となっている。また、南方熊楠顕彰館や南方熊楠記念館、あるいは県外の施設等での多彩な企画展や特別展では異なる分野の研究者によるコラボレーションが実現するなど、豊穣な付加価値を生んでいる。

こうした取り組みの一つとして、二〇二二年一一月から一二月にかけて関西大学東京センターを会場に「南方熊楠翁没後八〇周年事業　連続講座『南方熊楠と生物の世界』[3]」が開催された。本書はこの連続講座に登壇した四人の論者から発表された内容を中心に、生物に関係する論文をいくつか追加して編まれたものである。「生物学」や「植物学」ではなく「生物」という括りである点に注目していただきたい。「文理にまたがる」と形容されるように、南方は少なくとも民俗学と植物学の二つ、あるいはそれ以上の分野の研究をした人なので、研究会に出入りする研究者たちも暗黙のうちに自然科学と人文科学という棲み分けをしていたし、シンポジウムや講演会のテーマ等も文理を分離して考えることが多かった。そのようなところで「生物」となると文理のうちの理系、すなわち自然科学系だ、例えば貝の標本が出てきたら貝類の専門家、昆虫標本は昆虫学者だといった具合で、どうしても縦割り思考に陥ってしまうのである。

しかし、考えてみると、南方の代表作である「十二支考」は干支の動物に関する民俗史であるし、かれの著作ではさまざまな生物が主題としてとりあげられている。南方が暮らし、見つめ続けた世界は、人間と他の生物たちがかかわり合いながら生きている場であった。そしてまたそのような世界観は南方の世代までの人々にとってはごく当たり前のものでもあった。ただ、研究者の視点をもっていた南方はさらにもっと生物寄りの立場にあったようで、例えば松居竜五は次のように述べている。「熊楠の視点の基準は常に微生物から動植物に至る生命の世界の側にあり、人間社会はその延長として、人類学や民俗学的観点からとらえられることとなった。(4)」

そこで、本書では南方の生物学関連の業績に限定するのではなく、「生物」という大きな括りで、つまり南方が人間をも含めた生きとし生けるものどもに対してどのような捉え方や考え方をしていたのかを、様々な角度から眺めてみるということを試みてみた。それをもって南方の生物観あるいは生命観を描き出すことができれば、極めて多岐にわたるかれが残した仕事もまた違った相貌を見せてくれるのではないかと期待してのことである。

この本の見どころ

では、本書に収録されている論文について少し触れておこう。前節で「最新の研究成果や情報の継続的な発信」を心がけているような事を書いたのはわざとらしい前フリのようなもので、第5章末木文美士「蟻のマンダラ―高山寺蔵新出土宜法龍宛南方熊楠書簡一通」こそ、研究者のみならず「南方マンダラ」に象徴される若き南方と真言宗の高僧土宜法龍との間で交わされた形而上学上の激論に関心を持つすべての読者にとって衝撃的な最新情報であろう。タイトルのとおり、二〇二一年三月、土宜が住職を務めていた高山寺に所蔵されている資料群のなかから、土宜宛て南方書簡が一通発見されたのである。その経緯や詳細は末木論文に譲るとして、なんとそこにはあの「南方マンダラ」を彷彿とさせる図が描かれていた。そしてこのマンダラ様の図は、南方が霊魂論を説くのに蟻が道に迷う様を例にとるという文脈で用いられており、いつの間にか「蟻のマンダラ」と呼ばれるようになった。この書簡の詳細はすでに末木によって報告されているが、[5]本書にも「蟻のマンダラ」としてその解題を収録してある。ぜひ熟読されたい。

松居竜五「けものたちへの視線―世界の動物園・博物館をめぐる旅」、志村真幸「絶滅に抗う方法―オオカミと「地域絶滅」という問題」、田村義也「「南方二書」と紀南の神社林」、土永知子「「南方二書」と紀伊半島の森林の現在」の四編が、昨年の連続講座の演者による論考である。講演の順に従ってみていこう。松居は、連続講座では「虫のマンダラ―南方熊楠とユクスキュル」を発表したのだが、その内容はすでに前掲論文「生命を主体とする哲学」に掲載されていたこともあって、本書のために「けものたちへの視線」を書き下ろした。動物園や博物館での観察記録を通観していくことで南方の動物たちへの関心の傾向を描き出そうとした論考である。

「絶滅に抗う方法」は、『絶滅したオオカミの物語』[6]の著者である志村によるオオカミ論。「千疋狼」[7]など南方が残した数編のオオカミについての論考を軸に生物の絶滅について語られる。自身の感情を吐露することがほとんどない南方だが、人間によって居場所を追われていくオオカミたちをどんな思いで見つめていたのだろうか。

田村と土永、そして三村宜敬の「神社合祀反対と継承される獅子舞」はいずれも「南方二書」[8]を扱ったものである。「南方二書」とは、南方が神社合祀反対運動への助力を乞うために松村任三東京大学教授へ宛てた二通の書簡を柳田国男が印刷・製本させて中央の識者へ配布した小冊子のことで、生前の南方の主著の一つといえるほどの内容をもっている。そこには、無比といわれた博識と深い思索が認められ、さらに当時の紀伊半島の生態や景観の記録としても貴重である。その「南方二書」について、田村は主に環境思想史の観点から、土永は紀伊半島の生態記録として現在との比較を、三村は民俗学的側面から、いずれも生きとし生けるものたちのあり方へ心を寄せながら論じてゆく。

ミナカタ学の流儀

本書にはこれら連続講座のコンテンツに加えて、「生物の世界」というテーマに沿った論考がいくつか追加されている。いずれも現時点での最新の研究成果であると考えていただいてよいだろう。

それらのうちの細矢論文「熊楠と菌類図譜」は、南方の生物学関連の研究方法を詳らかにしてくれている。菌類と粘菌（変形菌）類を中心とした南方の標本や図譜はつくば市の国立科学博物館にて保存・研究が進められてきたが、その仕事は、現在は細矢が、その前は萩原博光が主に担当してきた。その両者が南方独特の方法論について次のように合意している。「萩原は「ロンドン抜書」、「田辺抜書」のように、菌類図譜を「自然界からの抜書」であると解釈しましたが、私もこの考えに賛成です。[9]」また細矢は「発表が目的なのではなく、収集する作業自体が目的になっていたように思われる。あるいは遠い将来の利用に向けての情報収集を目指していたのかもしれない。」（前掲論文）とも述べている。

このような生物学者たちの共通した見解は、じつは人文学系の研究者たちとの真摯な議論を経て醸成されたものであり、そのための場が各所で開催された展観や研究会、そしてアフターの酒宴などであった。酒宴に関しては、ミナカタ先生よろしく「討ち死」を繰り返してお話にならなかった方がいたような気もするが、それはともかく、異なる分野の研究者たちが互いを尊重し、信頼関係を築きあげながら忌憚のない議論ができたことでこのような新しいアイデアが得られたのである。

人文学の方面では一〇年以上前に小峯和明が「近世以前の学問を拠り所にした「南方学」における「収集し続ける」という方法論は、材料が見つかる限り際限なく継続されるから、完結化や体系化、あるいは理論の抽出などの短期的な成果を出すことが困難である。しかし、収集された資料自体は、ほとんど不変の価値を持ち続ける。[10]」と指摘している。収集する対象をキノコや粘菌に設定しても、この方法論はほぼそのまま当てはまると考えてよいのではあるまいか。

このように、南方の生物観や生命観の源泉となっている学問的な方法論自体が、近代科学のそれとは大きく異なっている。だから当然、南方の生物観や生命観もまた近代科学を基盤として育まれたものとは異なるはずである。それをどのように読みとるかは読者に委ねられるわけであるが、少なくとも南方本人が「集め続ける人」であったことは間違いなさそうだ。そしてその「集め続ける」という方法論は、この世界がどれだけ集め続けてもキリがないくらいに多様であることによって成立している。

私たちを魅了して止まない南方の魅力は、やはりこの多様性に向かって開かれているというかれのあり方に依っているのではないだろうか。分析によって一つの真理を究めるのではなく、無限の多様性を湛えている世界を可能な限り記述しようとする。そのスケール感や開放感こそが、タコツボと称されるような閉塞感に喘ぐ現代人に快哉を叫ばせてくれるのではないか。有名な、まるで詩のような次の文章など、まさに南方学の真骨頂といえるだろう。

> 宇宙万有は無尽なり。ただし人すでに心あり。心ある以上は心の能うだけの楽しみを宇宙より取る。宇宙の幾分を化しておのれの心の楽しみとす。これを智と称することかと思う(11)

この恐ろしいくらいに純粋な透明感をまとった文章には、もう一つの南方の魅力も表現されている。それは「〔……〕おのれの心の楽しみとす。」というフレーズだ。南方にとって、学問とは「楽しみ」なのだ。現在でも、好きが高じて研究者になったという人は少なくない。それは、学問の基盤といっても過言ではない「自由」ということである。「楽しい」というポジティブな感情は主体的な行動の源泉となる。「楽しい」からこそ自ら進んで学問を突き詰めていくのだ。好きが高じたタイプの研究者たちにとっては、学問・研究そのものが目的なのである。反対に、何か他に目的があって、例えば南方の時代であれば立身出世のような、それを実現するための手段として学問に臨めば、「自由」や「楽しみ」はいつの間にか失われてしまう。

立身出世の時代に青年期を過ごし、成功への野心も人並み以上であった南方だが、東京での落第、そして退学、長きに渡った海外遊学でも学校生活は続かなかった。立身出世の「ための」学問のつまらなさにかれは耐えられなかったのだ。学位の一つすら得られず、何もかも思いどおりにならぬまま三十路も半ばを超え、熊野の山奥で孤独に押し潰されそうになっていた頃に綴られたこの文章は、それゆえに何の誇張も粉飾もなく南方の学問観をもっともよく現わしたものであるといえよう。

芸術としてのミナカタ学

ひるがえって、現代日本に生きる私たちはどうだろう。「エコノミック・アニマル」と好奇や軽侮の眼で見られながらも頑張った高度経済成長期を経て、いまやＧＤＰ世界第三位[12]にまで登り詰めているが、二〇二二年度の世界幸福度ランキング[13]は第五四位である。このランキングをつくっている国連傘下の「持続可能開発ソリューション・ネットワーク」は評価項目やそれぞれのデータも公表しているのだが、日本は社会的自由、寛容さ、人生評価・主観満足度の項目が際だって低い。世にも珍しい「エコノミック・アニマル」が築き上げたのは不自由で狭量で不満だらけの「ストレス社会」だったのか。

一方、本章で南方の魅力として炙り出してきたのは多様性、開放性、自由、楽しさなどである。我々は自分たちの社会に欠けているものを南方の生き方に見いだそうとしているのかもしれない。いずれしても、南方の魅力の大部分がかれの生き方や考え方から醸し出されているものであることは間違いないであろう。

さて、ここで少しだけ私事におつきあいいただきたい。筆者は高校時代に部活で柔道を習っていたのだが、そのときの恩師である阪口和夫先生が本当にストイックで武道家そのものといった佇まいの方だった。当然、稽古は熾烈を極めたのだが、文武両道を地で行くような方で、毎月図書室に入荷する本の大半がこの先生の注文によるものであった。いま思えば、先生の門下で過ごした三年間でその後の生き方が決定したようなもので、競技者としてはレスリングを二七歳まで続け、五五歳になる現在も日々鍛錬を欠かさず体育の教師として禄を食んでいる。そんな筆者が、初めて南方の写真を見たときに「これはきっと高名な柔道か剣道の先生だな」と思い込んでしまったのである。和装で眼光鋭い南方の写真からは、間違いなく恩師と同じ臭いがした。

武道家のような佇まいの南方熊楠
（南方熊楠顕彰館蔵）

何が言いたいのかというと、南方の学風からは

「芸道」の薫りがするということだ。技芸の道とは、具体的で身体的な稽古や修行と、形而上的で観念的な哲学や思想とを、相関的かつ相補的に編み合わせていくようなものである。成果や到達や完結を目指すのではなく、ただ編み合わせ続け、磨き続けることだけを生涯にわたって続ける。それは、ひたすら説話や菌類を収集し、注釈を書き、図譜を作り続けるという近代科学としてはほとんど無意味な仕事を生涯にわたって続けた南方の生き方と重なるところがありはしまいか。

南方は六三歳のときに、和歌山県中部を流れる日高川の源流に近い妹尾《いもお》という寒村に三ヶ月近くも滞在して採集活動に専念するが、その際に乞われて色紙に次のような文章を書いている。(14)

われ九歳の程より菌学に志さし　内外諸方を歴訪して息まず　今六拾三に及んで此地に来り　寒苦を忍び研究す　これが何の役に立つ事か自らも知らず

なんとも深みのある、これまた詩のように美しい文章だ。ちなみに「苔の下に　埋もれぬものや　蟹乃甲」の句と片方のハサミが外れてしまったサワガニの絵が色紙には添えられている。芸道を極めんとした者たちが達する無常の境地ではとすら思えるが、南方が芸道に近い感覚で研究を続けてきたことをよく現わしている例である。

このように、南方独自の方法論について考えを廻らせた末に、南方の学問は近代科学よりはむしろ芸術に近いのではないかと思えてきた。とはいえ、南方の肖像を武道家と見紛うような筆者ゆえの偏った見解かもしれない、とこれまで胸中に秘してきたのだが、あながち愚論でもなかったようなのだ。なんと「生命を主体とする哲学」

で松居は、南方の仕事と芸術との親和性について検討しているのである。そして次のように述べている。「常に固定観念を打ち破り、新たな思想の地平を切り開こうとした点において、熊楠の学問はそれ自体として芸術的である。おそらく、熊楠の思想の芸術性を評価するためには、私たちの側が人間中心の芸術観から一歩外に出て、もう少し幅広い視野を獲得することが不可欠なのではないだろうか。[15]」

松居はここで、西欧近代における人間中心の芸術観のなかに南方の仕事を位置づけるのは難しいとした上で、「生命を主体とする」ことにその可能性を見出そうとしている。一方、日本独特の芸術である芸道からアプローチした筆者は、違うルートで同じ頂を目指しているだけなのかもしれないが、南方学と芸術の親和性に一定の手応えを感じているのである。

最後に種明かしをしておくと、本書の下敷きとなった連続講座「南方熊楠と生物の世界」は、松居の「生命を主体とする哲学」が出発点となって企画されたものである。「南方熊楠」「生物」「芸術」、これらをキーワードに、読者の皆様も素敵な思索を楽しまれることを願う次第である。

［注］

（1）牧野富太郎「南方熊楠翁の事ども」『文藝春秋』一九四二年二月号。

（2）細矢剛「熊楠と菌類図譜」本書一六三～一九〇頁。

（3）この連続講座は田辺市の南方熊楠顕彰館が主催し関西大学の協力によって開催された。内容と日程は以下のとおり。松居竜五「虫のマンダラ—南方熊楠とユクスキュル」（一一月二二日）、志村真幸「熊楠と生物の絶滅—オオカミを中心に」（一一月二九日）、田村義也、土永知子「南方二書と紀伊半島の森林の現在」（一二月六日）。

（4）松居竜五「生命を主体とする哲学—南方熊楠とユクスキュル」、酒井邦嘉監修、日本科学協会編『科学と芸術—自然と人間の調和』中央公論社、二〇二二年、一九六頁。

（5）高山寺典籍文書総合調査団・代表石塚晴通『令和三年度高山寺典籍文書総合調査団研究報告論集』二〇二二年四月、九頁～一八頁。

（6）志村真幸・渡辺洋子『絶滅したオオカミの物語』三弥井書店、二〇二二年。

（7）『南方熊楠全集』第四巻、平凡社、三三八頁～三六二頁。

（8）『南方二書—松村任三宛南方熊楠書簡』南方熊楠顕彰会、二〇〇六年。

（9）（国立科学博物館電子展示『南方熊楠アーカイブ「南方熊楠菌類図譜～その整然と混沌～」』https://dex.kahaku.go.jp/kumagusu/chapter/6、二〇二三年五月三日アクセス。

（10）小峯和明「説話学の階梯—近世随筆から南方熊楠へ」『国文学』四六巻一〇号、学燈社、二〇〇一年八月。

（11）飯倉照平・長谷川興蔵編『南方熊楠・土宜法龍往復書簡』八坂書房、一九九〇年、二七五頁。

（12）https://www.imf.org/en/Publications/WEO/weo-database/2022/October、二〇二三年五月三日アクセス。

（13）https://worldhappiness.report/ed/2022/、二〇二三年五月三日アクセス。

（14）正確には妹尾官林に山ごもりした帰路、昭和四（一九二九）年一月六日、塩屋村（現御坊市）の山田家に立ち寄った際に認めたものである。山田家は南方の親友であった羽山繁太郎・蕃次郎兄弟の妹信恵が嫁いだ先であった。

（15）松居、前掲論文。

KUMA

第2章
「南方二書」と紀南の神社林

田村義也

GUSU

「南方二書」――写真資料による意見書

南方熊楠が松村任三・東大教授（植物学）に宛てて書いた「南方二書」（一九一一年）では、紀南の多くの神社に言及があり、そのうちいくつかについては、書簡に写真を同封していたことが記されている。たとえば「例として封入する⑴西の王子は出立浜と称し」（『原本翻刻　南方二書』二四－二五頁）や「封入の写真（甲）は、小生が故リスター氏（英国学士会員）に贈りしものにして」（同、三九－四〇頁）という記述があり、当初書簡として「南方二書」を書いたとき、写真を何枚も同封し、その写真の細部に言及しながら記述していたと考えられる。

一九一〇（明治四三）年から一九一一（明治四四）年にかけて、南方は新聞（中央および地方紙）や『日本及日本人』のような総合誌など、さまざまなメディアで神社合祀政策に反対する論陣を張っているが、それらでも、同様に写真を使い、神社林や生態系の保護について論述している。松村任三宛てに書かれた原書簡（柳田国男が仲介し、松村へは渡さずに、五〇部印刷し松村を含む各方面の識者へ配布した）に添えられていた写真の現物が今日どうなって

図1　猿神（日吉神社）跡（南方熊楠顕彰館蔵［関連0819］）

いるのかは確認できないが、南方熊楠顕彰館に残っている旧南方熊楠邸資料の写真の中から、おそらく同一と思われる写真がいくつか確認されている。

図1は、南方家の墓所である高山寺を、会津川越しに見た写真である。現在は、高山寺から川側に少し下ったところに小さな緑地があるが、かつてはずいぶん広い森だったと南方は書いている。南方は、その森を南側から川越しに見る写真を撮らせていることになる。現在は川に橋が掛かり、さらに高山寺の墓地のすぐ下をJR紀勢本線（一九三二年開通）が通っているが、おそらくこれにより切り通されてしまったあたりに、かつては非常に広い森が存在し、猿神社（日吉神社）として祀られていたと思われる。

図2の写真は、会津川の河口西側に現存する西八王子宮である。南方はこの神社を「西ノ王子」と呼んでいた。小高い丘になっているこの神社から、田辺湾と、その向こうの白浜町番所崎を見渡す写真（図2）を写真師に撮らせている。この神社の木立が二〇一四年に切り払われた際に景観が広がり、南方の写真がここから田辺湾を見晴らしたものであることを、南方熊楠顕彰館事務局が確認した（ブログにて詳細に紹介）。

これらの写真は、神社林の保全を唱えるために、重い機材を担いだ写真師を連れまわして、南方が撮らせたものである。

図4は、田辺市磯間《いそま》の浦安神社である。この磯間地区には、浦安神社のほかに日吉神社や神楽神社があり、近い距離に神社が集まっている。浦安神社は旧田辺町近隣にいくつもあるが、南方は、この磯間の浦安神社のことを「磯間の蛭子《えびす》（夷）祠」と呼び、そこから田辺湾を望む画角を指定して写真を撮らせている（図中のロは神島、イは番所崎）。現存するこの写真の裏を見ると、南方がびっしりと裏書を書いているが、「遠眺の(イ)は鉛山《かなやま》岬等、(ロ)は神島の密林」と特記している。

図2　田辺湾を望む
（南方熊楠顕彰館蔵［関連0825］）

図3　図2と同じ場所から撮影した現在の写真。南方熊楠顕彰会のブログ https://minakuma.exblog.jp/22873613/（2014年7月1日付）より

図4　磯間裏夷（浦安）神社
（南方熊楠顕彰館蔵［関連0818］）

表1　南方熊楠日記中の神社林など写真撮影記録
（1909年10月から1910年2月、『南方熊楠日記』（八坂書房）による）

年月日	撮影地	撮影者など
1909. 10. 14	片町蛭子祠	南方、多屋鉄次郎、「山市の子息」
1909. 10. 14	磯間蛭子祠	多屋鉄次郎、「山市の息」
1909. 10. 15	磯間、文里に之、写真。	南方、多屋鉄次郎、「山市の子」
○		
1909. 10. 24	西ノ王子、出立王子、扇浜	南方、辻一郎
1909. 10. 25	西王子	多屋鉄、辻一郎（撮り直し）
1909. 10. 27	糸田と龍神山を併せ写真にとる	南方、辻、多屋鉄（？）
○		
1910. 1. 24	神子浜、六本鳥居	南方、辻一太郎
1910. 1. 28	横手八幡、三栖千法寺、岡［…］	南方、辻一郎
	途中松グミ生たる松の下に予裸にて立ち喫煙するまま写真。	
	岡の八上王子および中宮写真、それより岩田大坊松本神社写真	
○		
1910. 2. 18	池田写真店え古器古壺持行写真	池田博

神社林の現地調査――南方熊楠日記から

南方は、このような写真を神社合祀反対の論述活動のために多数用意した。南方熊楠の日記をみると、一九〇九（明治四二）年から一九一〇年にかけて、南方が写真師を連れまわして神社林を撮影してまわったことが記録されており、実際に日記の中で挙げられている地名の多くが、写真資料として現存している。

また、日記には写真師及び同行者の名前も記録されている。そのうちの一人は南方の支援者であった多屋家の多屋鉄次郎であり、ほかにもう一人、辻という人物の名前が複数のかたちで記されている（辻市太郎と書いたり、辻一郎や「山市の子」と書いたりと記述に揺れがあるが、同一人物と思われる）。

一九〇九年一〇月一四日の日記に「磯間蛭子祠」

表2　旧南方邸資料・神社合祀関係写真一覧（南方熊楠顕彰館所蔵）

〔1〕磯間蛭子（夷）祠（磯間の浦安神社）：[関連0818]　磯間裏夷神社・写真（南方書入）
〔2〕磯間、文里：[関連0823]　神島を田辺近き文里の浜から遠眺す・写真（南方書入）
〔3〕扇浜：[関連0824]　田辺公園・写真（南方書入）
〔4〕西王子：[関連0825]　田辺湾を望む・写真（南方書入）
〔5〕糸田と龍神山：[関連0819]　猿神（日吉神社）跡・写真（南方書入）
〔6〕神子浜　神楽神社・日吉神社、鬼橋岩：[関連0821]　鬼橋岩・写真（南方書入）
〔7〕横手八幡：[関連0826]　田辺近き湊村・写真（南方書入）
〔8〕松の下に予裸にて立ち喫煙するまま写真：[関連0341][関連0342][関連0343]　南方熊楠林中裸像・写真
〔9〕八上王子：[関連0831]　神社合祀関係・写真
〔10〕岡の中宮　田中神社（推定？）：[関連0831]　神社合祀関係・写真
〔11〕岩田　松本神社：[関連0831]　神社合祀関係・写真
〔12〕涙壺：[関連1929]　涙壺（写真ではなく現物がある）

と書いているのが、先述の浦安神社（図4）、それから一〇月二四日に「西ノ王子」、二五日には「西王子」と記されているのが、図2の田辺湾を見下ろした眺望写真の記録と思われる。この時は、南方自身は撮影に赴かなかったようで、二日目には撮り直しに行かせたと記されている。さらに一〇月二七日の日記には「糸田と竜神山を併せ写真にとる」と書かれており、明らかに糸田の猿神社と高山寺を望む写真（図1）を撮った記録である。

日記をさらに見ていくと、一九一〇年一月二八日に、一日かけて旅行（徒歩）をしたことが記録されている。現在のJR紀伊田辺駅の北西に位置する横手八幡や千《ち》法《ほう》寺《じ》（現：法恩寺、田辺市三栖）に行き、岩田村岡（現：上富田町）へ抜けたことを書いている。そして、岡へ抜ける途中「松グミ生たる松の下に予裸にて立ち喫煙するまま写真。岡の八上王子および中宮写真、それより岩田大坊松本神社写真」という記述があるが、これが「林中裸像」として知られる写真および岡の神社を撮らせた、南方自

図５　岩田村田中神社（南方熊楠顕彰館蔵［関連0831］）

慢の写真に該当する。このように南方がこの時期に写真師に撮らせた神社及び田辺周辺の生態系景観の写真の多くについて、南方の日記記述に裏付けをみつけることが出来るのである。

一九一〇年一月二八日、南方が三栖から岡、岩田村（現：上富田町）に抜けて写真を撮らせたという日記記述に該当すると思われるのが、上富田町岡の田中神社（図５）である。この写真では、田んぼの真ん中に小さな森がこんもりとあるような姿のこの神社は、今日訪れても、ほぼ同じ景観をとどめている（周辺は田んぼが蓮田になったりしている）。境内の中央にはクスノキが立ち、その幹にはおそらく一〇〇年の時間をかけて呑み込まれたらしい手水鉢の片鱗が、わずかに縁をのぞかせている（図６、７。二〇〇六年九月、筆者撮影）。

この田中神社の写真と三枚組で保存されていたものが、図８と図９の写真である。おそらく同じ撮影日の写真で、図８は岡の八上王子と思われる。「南方二書」では、シイの森が深く、昼でも暗く鬱蒼とした良森が残っているということが強調されているが、現在もそのままの景観といってよい。

図９は、「松本神社」と地元で呼ばれている神社に相当し、この写真と同じような石垣が現存しているという。「林中裸像」として有名な南方の肖像写真（図10）もまた、同じ一九一〇年一月二八日に撮影された。先述のよ

図6　田中神社境内中央のクスノキ

図7　その幹のウロから手水鉢のへりが見える

うに南方の日記には「途上松グミ生たる松の下に予裸にて立ち喫煙するまま写真」と記されている。「喫煙するまま」という表現などに、南方の自意識ないし演出意図のようなものが感じられる。自然の保護をテーマとした写真として、自然と一体化しているわたし、という「林中裸像」である。神社林保護をめぐる論述に写真を用いるというメディア戦略の中に、自分自身の身体的存在感のアピールも含まれていたのである。

ところで、顕彰館所蔵の資料に「涙壺」という大変小さな壺がある。現存する壺は、南方ではない字で「涙壺」と箱書きが書かれた箱の中に収められている。南方は、この壺がペルシアやローマなどの西洋にかつて存在した涙壺に似ているというやや牽強付会の説明をして、紀南の民俗的な文化の深さをアピールするような記述を「南方二書」の中でしている。一九一〇年二月一八日の日記には、「池田写真店え古器小壺持行写真」という記述があり、神

図8　岩田村八上王子
（南方熊楠顕彰館蔵［関連0831］）

図9　岩田村松本神社
（南方熊楠顕彰館蔵［関連0831］）

図10　南方熊楠林中裸像
（南方熊楠顕彰館蔵［関連0341］）

社合祀反対の文脈で写真を使う意図をもっていたことが窺われる。

南方熊楠にとっての神社林

このように、南方熊楠は、自分の生物研究にとって重要な場所である神社林の破壊が進行するのをくい止めた

図11　「涙壺」lacrima［関連1929］

いという意識から、神社の廃止と神社林の破壊の差し止めを「南方二書」の中で主張したのだが、彼が特に神社林を重要なテーマとして論じたということについては、いくつかの側面を考える必要がありそうである。

まず、神社林は、第一に宗教的、文化的な場所であり、そこでは狩猟及び採集活動が禁止され、人間の経済活動や生活活動が抑制される。これは人間以外の生物を研究する生物研究にとっては好都合なことで、人間の生活による影響が少なく、そのため人間が原因となる環境の変化が少なくなることを期待出来ることになる。

このことは、特に紀南にあっては重要で、気候と天然の幸に恵まれたこの地方は、古くから人間の生活が営まれていた。そんな紀南にあっても、神社林だけは比較的人間の生活の影響を受けず、古い環境が相対的に保全されやすかったのである。実際に南方は、変形菌やキノコ類、あるいは淡水藻類といった彼の研究対象を日常的に神社林で採集しており、神社林が生物学者南方熊楠にとって重要であったということは、まちがいない。

「南方二書」の中で二か所ほど「アサイラム」という言葉を用いて神社林保護を説いた箇所がある。一つは、神社林の行楽的価値の指摘と並べてのもので、南方はまず「弥々吾国の神社は、是れ本来の公園に神聖慰民の具をそなえたる結構至極の設備と思ひ」（『原本翻刻　南方二書』一九頁）と述べている。人々の社会生活や文化にとって神社林は貢献している場所であり、ヨーロッパの教会よりも大きな役割を果たし得る場所であるというのである。ここに続けて南方は、「科学上の諸珍物を生存せるアサイラムとして保存され度き」という。アサイラムあるいはアジールとは、二〇世紀のヨーロッパ社会学において、奴隷的契約に苦しむ労働者や不当な家族関係から逃げ出したい妻に逃亡の可能性をあたえる特別な空間（前近代の日本では、駆け込み寺）という意味で使われるようになった概念だが、そうした比喩的な転用の元となった語源的な意味は、古代社会において宗教的権威によって世俗的支配権力を排除した隔離空間のことであった（だから、奴隷が逃げ込んで庇護を求めることができた）。南方は紀南の神社林を、生物にとってのアサイラムとして保存し、苦しい思いをしていたり絶滅の危機に瀕していたりする生物を守る場としてほしいと述べているのである。これに先立つ箇所（同書一三頁）では、具体的にホルトノキやミズキ、クマノミズキといった生物の名前を挙げ、これらが「何の用もなきもの故、僅かに神社の森をAsylumとして今日迄生を聊せしなり」すなわち、経済価値のない樹木が、神社林に逃げ込んで生き延びている、という表現をしているのである。これは、地域社会にとっての宗教施設である神社林が、同時に人間以外の生物にとってのアサイラムあるいはアジールになり得る、という主張である。

今日の生物学・生態学では、レフュージア（refugium/refugia）という用語が使われる。ことばとしては、このレフュージアとは亡命地、つまり政治的な亡命者（refugee）が逃げ込む場所のことで、これを比喩的に用いると、広域には衰退してしまった生物群が、特定の生息地に隔離されたように生き延びる、そういう地域や現象を指している。

南方は、神島が国の天然記念物に指定された後の一九三六（昭和一一）年に、神島についてこのようなことを書いている。

この島の草木を天然記念物に申請したのも、この島に何たる特異の珍草珍木あってのことにあらず。この田辺湾固有の植物は、今や白浜辺の急変で多く全滅し、または全滅に近づきおる。しかるに、この島には一通り田辺湾地方の植物を保存しあるから、後日までも保存し続けて、むかしこの辺固有の植物は大抵こんな物であったと知らせたいからのことである。（『南方熊楠全集』第六巻、平凡社、一八八頁）

単に植物が珍しいから保存するのではない、紀南本土の方では旧態を維持せず、絶滅しかかっている植物が、神島にだけはいまも残っている。だから神島を保存したいのだというのである。二〇世紀後半になって、生物学者たちが唱えるようになったレフュージアの考え方と通じる考えを、南方は一九三六年に書き残していた。神島の天然記念物指定を国から勝ち取ったときのこの表現と、これに二五年先立つ一九一一（明治四四）年の「南方二書」で、アサイラムという比喩によって南方が述べていることとのあいだには、一貫する思想があるといってよいだろう。希少生物の生息状況について彼が述べたことは、南方熊楠の現代性についても、考えさせるところがある。

KUMA

第3章

「南方二書」と紀伊半島の森林の現在

土永知子

GUSU

熊楠が見た紀伊半島の森林の移り変わり

「南方二書」は、紀南において、生物研究の舞台のひとつである神社林の破壊を目のあたりにした南方熊楠の抱いた危機感が吐露された切実な意見書である。南方熊楠顕彰館では二〇二一(令和三)年に「第三十回特別企画展　南方二書の生物　熊楠のレッドリスト」と題して展示を行った。また、二〇二二(令和四)年に東京で開催された連続講演会の「南方熊楠と生物の世界」で、筆者は「南方二書と紀伊半島の森林の現在」と題して講演を行った。ここではその時に用いた資料から、熊楠が見た紀伊半島の森林の移り変わりについて書いておく。

熊楠の生きた明治から昭和にかけて、紀伊半島の天然林は急速に伐採され、植林に変わっていった。熊楠が見た森林の移り変わりは、交通網の発達とともにスピードアップしたのである。

まず、当時の紀伊半島の森林の歴史を熊楠の略歴とともに紹介する。

熊楠が生まれる前の江戸時代には、すでに天然林のなかでも大径木は、神社仏閣や城郭の建築用材として伐り出されていた。それらは修羅とよばれる二又の大木で作ったY字体の木ぞりに乗せて斜面を人力で曳いて降ろし、川の流れを使って河口まで流され、都市へと運ばれていった。天然のスギやヒノキの用材の取引も盛んになり、薪炭の需要が増大して原木のウバメガシも択伐されていた。すでに建築材として優れたスギやヒノキの苗を植えて育てることは始まっていたが、計画的に植林するという林業はまだ行われていなかった。

熊楠が生まれたのは一八六七（慶応三）年で、和歌山市で育ち、東京へ出た頃は、明治になって木材の需要が旺盛になっていた。そして、政府による森林の伐採事業が始まり、まず搬出しやすい所から大規模な伐採が始まっていった。その材は、修羅や木馬《きんま》と呼ばれる木ぞりに木材を乗せて、かすがいやロープを使って人力で曳く方法で山から降ろし、川で筏に組んで搬出された。しかし、搬出できる範囲は大きな川の周辺に限られていた。伐採跡には植林が盛んに行われるようになった。熊楠も高野山への家族旅行や、日高郡への旅行で現場を見たことだろう。川を使った木材流送による輸送は、富田川では大正頃まで、日置川では一九五七年に合川ダムが建設されるまで、古座川では一九五六年に七川ダムが建設されるまで、日高川ではトラック輸送が始まる一九五五年頃まで続いた。熊楠は帰国後の那智や田辺周辺、高野山などでの調査では、人力による搬出と川を使った木材流送の様子を見たことであろう。

一八九二（明治二五）年、熊楠がアメリカからイギリスへ渡ったころ、田辺では朝来《あっそ》まわりで中辺路や大辺路へ車道が延びて行った。しかし、山から林道まで木材を搬出するのにはまだ木馬で運ばれた。

一八九四（明治二七）年、熊楠がイギリス在住であった時に日清戦争が始まった。その頃には天然のモミやツガなどのいわゆる「黒木」が山間部で製板されるようになり、道路ができたところには牛馬車で搬送されるよう

写真１　子分を連れた植物採集（南方熊楠顕彰館蔵、田辺市）

になった。

一九〇〇（明治三三）年、熊楠はイギリスから帰国し、翌年一一月から那智で植物調査を行い、神島や古座でも調査を行った（写真１）。一九〇四（明治三七）年九月に那智での調査を終え、大雲取山から熊野古道を歩いて中辺路経由で田辺へ来て移住する。この頃に、日露戦争が始まる。その頃には、高野山国有林には森林軌道ができ、トロッコ鉄道で材木の搬出が行われるようになった。

一九〇六（明治三九）年に熊楠が結婚し、田辺市高山寺に隣接する糸田猿神社で新種の変形菌を発見する。その年に、神社合祀令が発令される。翌年には糸田猿神社は合祀され、新種の変形菌を見つけたタブノキを含む社叢は伐採されてしまった。一九〇七（明治四〇）年、熊楠に長男が誕生し、翌年には栗栖川村水上や中辺路・瀞峡《どろきょう》・玉置山へ採集旅行に出かけている。その頃には大塔山麓の安川にも製板所が建設され、天然林のスギ、ヒノキ、モミ、ツガ、コウヤマキなどの大径木の伐採はどんどん進んでいった。熊楠は大規模な伐採現場と、川の流れを利用した製板所を見たことだろう。一九〇九（明治四二）年頃は宇井縫蔵と田辺の奇絶峡《きぜつきょう》やひき岩群周辺で採集を行っている。

一九一〇（明治四三）年、神社合祀反対の意見書を『牟婁新報』に掲載し、兵生《ひょうぜ》安堵峯《あんどみね》・坂泰《さかたい》国有林で植物採集を行った。これらの国有林でも熊楠は大規模な伐採が行われているのを目の当たりにした。一九一一（明治四四）年に「南方二書」を書いた頃には、野中の一方杉の伐採が始まり、富里の和田川や日置にもモミやツガの製板所ができ、天然林の伐採も急速に進んだ。この年に長女が誕生している。

一九一四（大正三）年には第一次世界大戦が勃発し、一九一八（大正七）年にはスペイン風邪が流行するなど不穏な空気が流れたが、神社合祀令は廃止された。田辺では電灯が灯るようになっており、会津川に秋津川水力発電株式会社ができ、大正一〇（一九二一）年には紀南索道が完成して、索道で田辺の文里《もり》湾へ伐採した木材が集められるようになった。高野山で採集を行ったのはこの頃である。

一九二二（大正一一）年、東京で植物研究所の資金集めを行った翌年、関東大震災があった。そのため建設資材の需要が高まり、足場丸太のために細い木材でも出荷が盛んになった。木材不足を補うために米材や北洋材の入荷が激増し、文里の港に貯木場ができ、文里湾の風景も変わっていった。一九二八（昭和三）年の冬、熊楠は日高郡の川又官林や妹尾官林の伐採小屋を利用させてもらい、菌類の採集を行っている。

一九二九（昭和四）年天皇のご進講を行った年には、坂泰国有林にも森林鉄道ができ、福定に製材所が創業を開始した。一九三二（昭和七）年には鉄道の紀勢西線が紀伊田辺駅まで開通し、自動車道路が山間部まで延びて貨物自動車輸送が始まり、トラックによる木材輸送が普及して、伐採はさらに加速する。

熊楠が亡くなり、第二次世界大戦の終戦後、拡大造林政策によって植林が進んだ。山奥にも集落や小学校の分校などもでき、林業関係の人口も多くなった。しかし、民家の近くでは植林に適していない尾根まで伐採、植樹されることが多く、その後の手入れが行われず、暗くて密植状態の植林が増えていく。そして、紀伊半島の森林のほとんどが植林と変わり、天然林は天然記念物などで保護された森林や、山頂部やがけ地など地形が急峻で伐採できなかったところにわずかに残される状態になってしまった。同じころ、外材の輸入が増え、国産材の消費が伸び悩むことによって、林業が振るわなくなり、都市部へ若い世代が移動して、山間部の集落は高齢化が進んでいく。

二〇〇五（平成一七）年に五つの市町村が合併して広い田辺市ができた。その森林面積は二〇二二（令和四）年では一〇二六・九一㎢と近畿最大の行政区域を有し、そのうち森林面積が九〇七・三四㎢で森林率が八八％を占めている。そのうち国有林は五％に過ぎず、ほとんどが民有林のスギ、ヒノキ林となっている。森林に対する関心が薄れていく中で、適切に管理が行われていない植林が増加し、林業の担い手が不足するなど多くの課題が生じている。特に、熊野古道がユネスコの世界遺産に登録され、古道歩きの観光客が増え、森林の荒廃を指摘する声が多くなり、間伐等の植林の手入れを急いでいる。

現在の植林地では、伐採にはチェーンソーが用いられ、林内に作業道が造られ、木馬の代わりにキャタピラー式の運搬機が用いられ、谷は架線で運び、ヘリコプターによる輸送も行われて機械化が進んでいる。しかし、山林での作業には危険が伴い、若者は市街地へ出ていくので労働者の高齢化も進んでいる。

熊楠は、「南方二書」に「山林等は国家経済の大体にも関することゆえ、微生等知恵の及ぶ所に非ず」と書いており、決して林業や植林がいけないと言っているのではない。

熊楠が守った森と守れなかった森

熊楠は「南方二書」に、玄奘三蔵の『大唐西域記』に書かれた次のような雉の王の話を引用している。

> 雉の王、大林に火を失せるを見、清流の水を羽にひたし幾回となく飛行て之を消んとす。天帝釈之を見て笑ふて曰く、汝何ぞ愚を守り徒に羽を労するや、大火まさに起こり林野を焚く、豈に汝ぢ微躯の能く滅す処ならんやと。雉曰く、汝は天中の天帝たる故大福力あり、然るに此の災難を拯〔すく〕ふに意なし、誠に力ら甲斐のなきことなり。多言する勿れ、吾れただ火を救ふが為に死んで已んのみ。

被害の大きさに対して己の力が不足していることが分かっていても、たとえ微力であっても火を消すために全力を尽くした雉の王の行動に自らの行動をたとえたのである。

熊楠が神社合祀反対運動によって守った森や神社の杜、ご神木には那智原始林、田辺湾の神島《かしま》、闘雞《とうけい》神社の大楠、熊野高原神社の社叢、近露の継桜王子の九本の大杉、田中神社の社叢、紀宝町引作《ひきつくり》神社の大楠などがある。

熊楠が守れなかった森や杜は、日高郡大山神社の杜、糸田猿神社の杜、拾い子谷の森、那智の大滝の上流の森などである。それぞれについて簡単に紹介する。

①那智山

熊楠は「南方二書」に那智ノ滝の水量が減り、大岩が落下したのは、上流の大樫の森を伐採したからであると述べている。那智の滝の上流の森は、今では植林になって、天然林は尾根筋や崖の部分にわずかに残されているだけである。おそらく伐採前の那智高原の平らなところにはイチイガシ、ツクバネガシ、尾根の部分にはアカガシ、ウラジロガシ、モミ、ツガ、ヒノキなどの大木が森林を形成していたはずである。それが失われた経緯を熊楠は「南方二書」に綴っている。

那智原始林の東側のクラガリ谷に陰陽の滝がある。熊楠は「南方二書」に滝のスケッチと地図を描き、珍植物として「シダ類のリュウビンタイ、スジヒトツバ、エダウチホングウシダ、ヒロハノアツイタ、アミシダ、岩窪一尺四方ばかりの内に落葉落重なれるにルリシャクジョウ、ヒナノシャクジョウ、ワウトウクハ〔キヨスミウツボのこと〕、ホンゴーソウまた硬嚢子菌混生する処あり」として、「帽菌夥しく生じ、夜光るものあり。なかなか三年やそこらの滞留では、その十分の一も図し上ぐること成らず。実に幽邃、夏なお冷き処なり。」と書いている。

熊楠は那智では熱心に高等植物の採集をし、標本を作り、宇井縫蔵を介して牧野富太郎に確認のために送り、その名を教えてもらっている。確認した植物名は日記の中にもたくさん書かれている。

那智は多雨地帯のため、シダ植物の種類が多いが、県のレッドデータブックではスジヒトツバは絶滅の危機が増大している絶滅危惧Ⅱ類（VU）、アミシダとヒロハ（ノ）アツイタは近い将来における絶滅の危険性が高い種である絶滅危惧Ⅰ類（EN）となっている。

緑葉がない菌従属栄養植物であるルリシャクジョウは、植物体が青紫色で、一九一三（大正二）年に牧野富太郎によって沖縄本島と石垣島で新種記載されたが、和歌山県では分布情報がないため、県のレッドデータブックには記載されていない。熊楠が持っている標本の中で、ルリシャクジョウは確認できていないが、もし熊楠が本標本を持っていたら絶滅したことになり、レッドデータブックでは絶滅種（EX）ということになる。

また、ヤッコソウについて、「奴草という奴は前年土佐で見出され、次に予が那智山一の滝の上で穫った。」と一九一三（大正二）年一一月六日「日刊不二」に書いている。ヤッコソウもルリシャクジョウと同様に、紀伊半島では分布情報がいまのところ無い。もし、熊楠が見つけていたなら大発見であったはずであるが、今のところ顕彰館の標本の中にはヤッコソウも見当たらない。ルリシャクジョウ同様、もし標本が見つかれば、大正時代まではあったが、現在は絶滅した種ということになる。

シロシャクジョウは一九一三（大正二）年、牧野による京都と伊勢、田代善太郎の滋賀、熊楠の那智の標本に基づいて新種記載された。これらは落ち葉の上や腐った木の切り株の上などに生え、県のレッドデータブックではごく近い将来における絶滅の危険性が極めて高い種である絶滅危惧Ⅰ類のCR、ヒナノシャクジョウは同Ⅱ類のVU、ウエマツソウはEN、ホンゴウソウもENに分類されている。

夜光るキノコのシイノトモシビタケはすさみ町の江須崎や那智勝浦町の宇久井半島など海沿いの常緑樹林で見られる。那智の山ではシイノトモシビタケは確認できていないが、それより小さいスズメタケが報告されているので、他の光るキノコが見つかる可能性はある。

熊楠が陰陽の滝（写真2）の周辺で見た植物は、たとえ小面積でも国指定の天然記念物となった那智原始林で

写真２　陰陽の滝　今(左)と熊楠の頃(右)

見られる可能性が残された。那智の滝の東側にある那智原始林は那智大社の社有林で、一九二八（昭和三）年に国の天然記念物に指定され、照葉樹林が不伐の杜として保護されることになった。ツガ、モミ、ヒノキなどの針葉樹の大木が交った照葉樹林で、貴重なものである。

　那智山一帯は一九三六（昭和一一）年より吉野熊野国立公園の一部となっており、二〇〇四（平成一六）年からユネスコの世界遺産「紀伊山地の霊場と参詣道」の一部となっている。

　那智大滝（一ノ滝）の本体は、国指定文化財（名勝）、日本の音風景百選、日本の滝百選、紀の国の名水、和歌山の親しめる水辺六十六、などに指定・選定されている。那智大滝そのものと、より上流はご神体と考えられており、入山のためには許可が必要となっている。

　那智大社と青岸渡寺の間にあるクスノキの巨樹に

写真3　天然記念物タブノキ（上）、那智原始林（右上）、大門坂（右下）

写真4　クラガリ谷の崩壊地

は大きな洞があり、胎内くぐりができる。また、青岸渡寺本堂脇の犬樟（タブノキ）は巨樹で県指定の天然記念物である（写真3）。大門坂から一ノ滝にかけての参道沿いに林立するスギの並木は、石畳の古道と調和した景観を形成している。

しかし、そのすぐ横のクラガリ谷の東側はすべて植林となっている。そして、二〇一一（平成二三）年紀伊半島豪雨のために井関から市野々周辺の植林ではあちこちで斜面の土砂崩壊が発生し、巨石が谷を埋め、甚大な被害があった（写真4）。この時、陰陽の滝では左右の水量が変わってしまった。下流部の谷は岩塊や土砂で埋まり、大規模な復旧のための土木工事が行われた。現在もクラガリ谷の入り口に砂防堤は建設されたが、陰陽の滝から烏帽子岳への登山道は整備されず、閉鎖さ

写真５　神島「おやま」(左)、鳥ノ巣半島から見える復社された鳥居（右）

れたままである。

②田辺湾神島

熊楠が神社合祀反対運動をした頃、神島のこやまは、一八八二年に伐採された後に回復してできた二次林であった。しかし、おやまには神社があり、地元漁民の信仰が厚かったので不伐の森であった（写真５）。熊楠は「南方二書」に「たとえば今度ご心配かけし当田辺湾神島の如きも、千古不入斧の神林にて、湾内へ魚入り来るは主として此森の存するによる。是れ巳に大なる財産に候はずや。」と書き、魚付き林としての価値を説いている。

また、ハカマカズラと昆虫の関係について「当時彎珠《わんじゅ》の衰え凋んだ枝葉の間に、図のごとき蛾がただ一匹花を求めて飛び廻るを見て、惨傷に堪えず。しかし、その蛾は後の証拠に取って今も保存す。それよりあまり落ち葉を採り焚いて、蛾化すべき蛹の休息所を失うたのも、彎珠が実らぬ一つの原由と考え、厳に落ち葉を採り去るを禁じて、これを復興せしめたは、ずいぶん苦辛したものだ。」と書いている（写真６）。植物だけでなく、魚や昆虫とのかかわりにも目を向けていた。

しかし、この神島大明神も新庄村の大潟神社に合祀され、島にご神体がいなくなると、大きな樹木は新庄小学校の改築費用のために売られ、伐採が始

写真6　ハカマカズラのつると花

まった。熊楠は榎本村長らを説得し、村議会へ諮り、すでに伐採した下草の代金を除いて支払うこととして買い戻し、皆伐は免れた。その後、一九三三（昭和八）年に田辺営林署に依頼して測量を行い、その地図に主な樹木の位置と種名を書いた「田辺湾神島顕著樹木所在図」を作製し、一九三四（昭和九）年一一月に樫山嘉一と北島脩一郎によって「神島植物の書上」として植物のリストが作られた。同年一二月に文部大臣宛に、当時の新庄村長、前村長、熊楠、毛利清雅の四名によって史蹟名勝天然記念物保護区域として指定申請書が提出され、一九三五（昭和一〇）年に国指定の天然記念物となった。

熊楠は、神島ではハカマカズラがブラジルでみるフェスツーン（花綱）のような形になり、キノクニスゲなどの貴重な植物が生育していることについて触れている。しかし、神島に特別に珍しい生物がいるから貴重であるというわけではなく、白浜などの開発で変貌していく田辺湾周辺の植生の今の姿を留めて、後の世に示したいという気持ちで、天然記念物指定の申請のために調査を行ったという。一九二九（昭和四）年に大阪毎日新聞に掲載された「紀州田辺湾の生物」には「東の山は樹木蓊鬱、古来斧で伐られず。西の山は一八七六（明治十）年ごろ一度禿にされたが、今またしげりおる。二つながら、この地方草木の自然分布の状態を見るに最好の場所である。」と書いた。潜在自然植生、いわゆる天然林に近いおやま（東の山）は勿論、二次林のこやま（西の山）も両方保護したいと願った熊楠の考え方は、素晴らしい。

しかし、タブノキは当時線香にするために売れる木であったため、第二次世界大戦中におやまのタブノキは盗伐にあったようで、熊楠の書きあげた地図に書かれていた高木はほとんど残っていない。その後、神島の近くに養殖筏が増えて、餌としてまかれる生エサに集まる小魚を狙ってカワウが飛来営巣し、その糞害や台風によって倒木が増え、二つの島全体にダメージを受けた。神島を管理する田辺市教育委員会によって、樹木にテグスをかけてウの営巣を防ぐ対策等がとられ、現在も人の上陸を禁止することで、おやま、こやまともそれぞれ遷移が進んで回復の途上にある。

【キノクニスゲ】

神島のおやまは、かつてのタブ林へ回復しつつある遷移途上と考えられ、北側の浜辺近くの平らなところは、キノクニスゲ（キシュウスゲ、クロシマスゲ）やオニヤブソテツなどの下層植生が発達している。そのキノクニスゲ *Carex matsumurae* Franch.（カヤツリグサ科）の和名は牧野富太郎が付けたが、学名の種小名は、当時の古座町九龍島で採集した松村任三に因んでいる。

「南方二書」には、「印刷の四年前に神島で見出した際は極めて多量に生育していたが、牧野に送った時には僅か十二株に減少していた」と記されている。その後の書簡から、牧野が東京大学にいた頃の標本庫にキノクニスゲの標本が無かったので、熊楠から穂のついた良い標本を送ってもらい大層喜び、感謝していたことが読み取れる。現東京都立大学牧野標本館の標本には、「キノクニスゲ新称」「9　V　1911　紀州田辺湾内神島　タブ

写真7　闘雞神社鳥居とクスノキ

ノキノ樹林下　南方熊楠採」と紫色の文字で記入されている（熊楠の筆跡ではなく、牧野の筆跡）。この種は、海岸や島の樹林下や林縁に生育する大形のスゲ（〜五〇㎝）で、セキショウのように深く濃い緑色をした葉を叢生すると、他の植物の侵入を阻むかのような生え方をする。「南方二書」から百年以上経た現在は順調に復活し、大きな群落を形成している。環境省や県のレッドデータブックでは、準絶滅危惧（NT）に分類されている。

③闘雞神社の楠の大木

闘雞神社には楠の大木が二五本あったという（写真7）。それを伐採しはじめた当時の神職を、熊楠は「南方二書」で痛烈に批判し、結局大楠は三本残った。神社の参道や馬場の前には権現松原と呼ばれたクロマツの林があり、、社殿後方の仮庵《かりほ》山には熊楠がくらがり谷と呼んでいた杜があったが、現在は権現松原のマツ林は住宅地となり、神社の杜も住宅

写真８　熊野高原神社のご神体のクスノキ（上）、社殿（右上）、十丈王子（右下）

に囲まれ、当時の面影はほとんど残っていない。現在残されている仮庵山は、闘雞神社のご神体として、神職でさえ入らない神聖な場所として保護され、田辺の市街地に緑地を添えている。闘雞神社はユネスコ世界遺産に追加登録され、二〇二二（令和四）年には檜皮を葺きかえ、塗装も行われて、神社の杜や隣接する公園の楠の大木も保護されている。また、大津波が来た時には、開放される避難路が設けられていて、市民が杜の中を通って最短距離で高台へ避難できるようになっている。

④熊野高原神社

「南方二書」によれば、この杜が守られたのは宮本という村人の機転であった。大豪傑の宮本という男、ご神体であったクスノキを伐って利益を得ようとした役人の嘘を見破り、接待を繰り返して調印しなかったという。この村人の子孫は現在高原には住んでいないが、このクスの大木が残ったおかげでカゴノキやタブノキ、サカキ、ヒメユズリハなど多様な植物からなる杜が残り、鳥獣、昆虫、土壌生物などの動物も棲む場所を失わずに、一つの社寺林という小宇宙、エコシステムが残ることができたのである（写真8）。

隣の十丈王子は一九一〇（明治四一）年一一月に合祀請願が出され、ほどなく下川の春日神社へ合祀され、祠も無くなった。しかし、熊野古道が世界遺産に登録された現在、植林の中に新しく小さな祠が建てられ、復社されている。もし、熊楠が新聞で持論を説き、村人を説得することが無かったなら、熊野高原神社のクスノキや周りの木々も伐採されて、十丈王子のように植林の中に祠だけが作られることになっただろう。ちなみに高原熊野神社の社殿は、一九六一（昭和三六）年に県の歴史的建造物として文化財の指定を受け、保護されている。

⑤近露継桜王子の大杉

「南方二書」には野中の王子、一方杉について次のように書かれている（写真9）。

野中、近露の王子は、熊野九十九王子中もっとも名高きものなり。野中に一方杉とて名高き大杉あり。また近露の上宮にはさらに大なる老杉あり、下宮にもあり。上宮のみは伐採せられしが、他は小生抗議してのこりあり。何とか徳川侯からでも忠告してもらわんと、村人に告げてまず当分は伐木せずにあり。しかし、近日伐木

写真９　野中の一方杉

すると言い来たり、すでに高原の塚松という大木は伐られたから、小生みずから止めにゆくなり。後援なき一個人のこととて、私費多き程に功力薄きにはこまり入り候。いずれも一間から一丈近き直径のものに候て、聖帝、武将、勇士、名僧が古え熊野詣にその下を通るごとに仰ぎ瞻《み》られたるに候。この木共を伐らんとて、無理に何の木もなき禿山へ新たに社を立て、それへ神体を移したるなり。これらは名蹟として何とか復社させられたきことに御座候。

また小生今回乱伐を止めにゆくべき野中・近露《ちかつゆ》王子の老樹は、左に大きさを掲げ候。いずれも写真にとれぬほど大きなものにて、古え帝皇将相が奉幣し祈念し、その下を通り恭礼せられし樹なり。これらはすでに二千八百円で落札したる者あり。幸いにまだ金を村へ受け取らぬゆえ、何とか乱伐を止めんと小生出向かうはずなり。

近露村上宮には、絶大の杉ありしも伐られおわんぬ。下宮のは、周囲曲尺一丈八尺三寸、一丈九尺一寸、二丈五寸、各一本。野中の一方杉、小広峠より風烈しきを受け、杉の枝西南に向かい、はえおるなり。周囲二丈五尺一寸、二丈二尺、一丈八尺三寸、外に一丈三尺以上のもの五本あり。地勢峻烈に傾斜はなはだしきため写真をとること成らず。

これらの木を伐らんがため、九十九王子中もっとも名高き野中と近露王子を、何の由緒も樹木もなき禿山へ新社を作り移し、さて件の木を伐らんと言い来る。（中略）これを抗議せしに、村長なるもの、しからば下木を伐らせくれという。小生いわく、下木をきれば腐葉土なくなるゆえ、つまり老大木を枯らす、下木は断じて伐るを禁ずべし、と。村長恥じていわく、その下木（大杉叢の直下に雑生せるヒサカキ、マサキ、サカキ、ドングリ等の雑小林）をいうにあらず、一方杉の生ぜる所よりずっと数町下の谷底に生えた木を下木という、とごまかし去り一笑にてすめり。

熊楠は、大木を守るためには、その下木、つまり森林を構成している亜高木や低木、草本、腐葉土などを含めて保護しなければ守れないと主張していたのである。木を伐って上前をはねるつもりの役人たちとの攻防が切迫していたことが読み取れる。ユネスコの世界遺産に登録された熊野古道を歩く、日本国内のみならず世界各国から訪れる旅人は、熊楠や村人たちの努力でかろうじて守られた一方杉や野中の清水に癒されるのである。

写真10　田中神社

⑥田中神社

上富田町岡の田んぼの真ん中に、一九五六（昭和三一）年和歌山県の天然記念物第一号に指定された田中神社の森とオカフジが見える（写真10）。田中神社は一度合祀されたが、熊楠が村人を説得して社叢を伐ることをしなかったので、現在は復社された。社叢には大きなクスノキがあり、根元にあった江戸時代の石製の手水鉢はその幹にほとんど飲み込まれてしまっている。鳥居の上にはフジの太いつるが吊り下げられている。岡の樫山嘉一は熊楠にこの藤をオカフ

写真11　八立稲神社

ジとして呼ぶことの是非を尋ね、熊楠は古くから使われているオカフジという名称を使うことは構わないという意見を言ったが、いつの間にか「熊楠命名のオカフジ」ということになっている。社叢の横には蓮池があり、大賀ハスが育てられているが、周囲には宅地が迫っていて、今後田んぼの中に遺された社叢の風景が見られなくなっていく可能性がある。

⑦八立稲《やたちね》神社

東八王子社は、田辺にあった五王子の一つであるが、一八七三（明治六）年に上ノ山東神社と改称した。一九〇七（明治四〇）年に上ノ山の出立神社（王子）、目良の八幡神社を合祀、稲荷神社を移して八立稲神社と社号を改めた（写真11）。八立稲神社は、合祀された八王子、出立王子、稲荷神社のそれぞれ一文字をとった社号である。

西の王子は一九〇九年「八立稲神社」に合祀されたが、熊楠によって樹木が伐られるのは阻止された。住民は、西八王子宮の跡地で苦労しながら信仰を絶やさず、「兵隊帰りの植芝なる豪傑」と書かれている合気道の開祖である植芝盛平や氏子の働きによって復社された。しかし、現在は、急斜面のため、樹木があると下の住宅に被害がでる恐れがあるとして、海側の樹木が伐られて参道が車道からもよく見えるようになっている。

写真12　糸田猿神社跡がある高山寺

⑧糸田猿神社

熊楠が灰緑色の美しい新種の変形菌をタブノキで見つけた糸田猿神社は、真っ先に合祀された。写真12は熊楠が松村へ送ったものと同じ場所と考えられる所から撮影したものである。右の森林は高山寺の社叢で、現在、糸田猿神社は小さな祠がケヤキの根元に残されているのみで、すぐ近くをＪＲの線路が通っている。弘法の淵は会津川に土砂が堆積して浅くなっているが、熊楠が守ったクスノキは残っている。稲成村の稲荷神社にはコジイの社叢があり、多くの神社が合祀されている。

⑨龍神山・奇絶峡

龍神山の山頂に近い社殿の前には池があり、熊楠はここで反橋形の大珪藻や鼓藻、カワモズクなどを見つけたが濫伐によって絶え、洪水が多くなり、山は荒れ、土はくずれいき、山頂の樹を伐ったので洪水が起こるということに人々が気づいていないと嘆いている。また、熊楠は、奇絶峡でアワモリショウマの名を教えたために、すべて引き抜かれてしまったという。現在でもレッドデータブックに掲載された植物や食虫植物などは、商業目的や園芸のために根こそぎ盗掘され、取

写真13　ひき岩群

引されることがあり、憂慮すべき事態である。

現在、龍神山や奇絶峡周辺は、吉野熊野国立公園に含まれ、ひき岩には田辺市のふるさと自然公園センターが設けられ、龍神宮のウバメガシの巨樹は県指定の天然記念物になっている。龍神山の神社は、復社され、山頂部にはアカガシなどの大きな木も残されている。市街地に近いところにひき岩群の地学的に珍しいケスタ地形がみられ、手軽に田辺湾神島まで見渡せる絶景が楽しめるので、近年は低山ハイキングの人気スポットとなり、遠くから訪れる人も多い（写真13）。

⑩大塔峯・大雲取・安堵山（ブナ林）

熊楠は「南方二書」に次のように書いている。

しかるに、これらはいずれも北国に比してつまらぬもので、頂上は茅原、リンドウ、ウメバチソウ、コトヂソウ、マルバイチヤクソウ等ありふれたものを散在するのみ。それより下にブナの林あり。ブナは伐ったら

写真14　大塔山山頂のブナ林

すぐ挽かねば腐り粉砕す。故に濫伐の日には実に濫伐を急ぐなり。この半熱帯地にブナ林あるもちょっと珍しければ、少々はのこされたきことなり。

和歌山県に遺されている冷温帯の落葉広葉樹林であるブナ林は、護摩壇山・城ヶ森山系に最も広く残されている。しかし、拡大造林によって斜面は皆伐され、山頂部や尾根に遺されているにすぎない。また、このまま温暖化が進むと、和歌山県にある小面積の暖温帯と冷温帯の境目にあたる南限のブナ林は消滅する運命にあると考えられる。特に紀南地域の山地帯に残存するブナ群落は、本州南限域に発達したブナ群落として貴重なものである。上湯川の京都大学和歌山研究林、日高川町若藪山、日高川町寒川・西ノ河、田辺市城ヶ森山・亀谷、護摩壇山のブナ林は、県レッドデータブックの重要な植物群落に選定されている。高野龍神国定公園、県立自然公園では城ヶ森鉾尖、果無山脈、大塔山が選定されている（写真14）。

写真15　植林された拾い子谷（左）、春の熊野古道沿いの二次林（右）

水源の森百選、和歌山県の朝日夕日百選に選ばれているブナ林もある。大塔山山頂部は眺望のために誤って伐採されたことがあるので、ブナ林の大切さを広く知らせることによって誤伐を防ぎ、長く存続させていきたい。

⑪拾ひ子谷

熊楠は、拾ひ子谷は東西牟《む》婁《ろ》郡の間八〇町にわたり熊野街道の面影を百分の一たりとも忍ばしむるところはここしかなく、宇井縫蔵が見出したキシュウシダ、熊楠が発見した葉のない熊野丁子ゴケ、ヤハズアジサイ、粘菌中もっとも美艶な *Cribraria violacea* など、珍しいものが多く、この谷の外に、田辺から本宮に行く間に、今日雑樹林が繁茂している所は半町もないという。

現在の地図に「拾ひ子谷」は見つけられない。熊野古道の正路ではなく、当時の西牟婁郡と東牟婁郡の間にある谷で、野中の周辺の谷を探すと、小広峠から本宮へ下る自動車道に「平井郷トンネル」がある。おそらくこの周辺を「拾ひ子谷」と呼んでいたのだろうと推察している（写真15）。平井郷トンネル周辺は、伐採されて植林となっている。しかし、植林に適さなかった険しいところには小さな雑木林が残されている。熊楠が経済的に魅力が無いシデやヒメシャラの林と言っているのは、近露から小広峠を越えて発心門へ続く熊野古道沿いに遺されている落葉樹の二次林である。この二次林は、現在では、春にはクマノザクラ、タムシバ、コバノミツバツツジ、ヒカゲツツジ、夏にはヒメシャラの花が咲き、シデの新緑やカエデの紅葉が見られる美しい林になっており、熊野古道のハイキングコースのなかでも最も人気がある場所の一つとなっている。

【クマノチョウジゴケ】

一見すると、たいへん小さなキノコの子実体のように見えるが、コケの仲間である。蘚苔類という大きなグループの中の、キセルゴケ科に属するクマノチョウジゴケ *Buxbaumia minakatae* S.Okamuraで、熊楠が蘚苔類で唯一、自身が発見しその名が残る、形のユニークなものだ（写真16）。実は熊楠もキノコの仲間だと思って採集したようである。子実体のように見える胞子体が目立ち、配偶体である緑色の葉や茎が退化しているためにそう見える。

熊楠は、この種には緑葉が全く無い「葉ナシゴケ」だと記している。一九〇八（明治四一）年、拾ひ子谷の道端でつまずいた倒木を後の人のために取り除こうとした時に、少数生育しているのを見つけたということだ。帰って調べてみると、キセルゴケ属 *Buxbaumia* の一種で、熊楠が知っている英国産のものとは大きさや生育場所が異なるため別種と考え、同郷出身の岡村周諦に送り新種として発表されたものだ。学名の種小名には熊楠の名前がつけられ、和名のクマノは熊野、チョ

写真16　クマノチョウジゴケ

写真17　引作のクスノキの枝の一部

ウジは丁子（クローブの蕾に似る。丁字とも）を示している。菌類や粘菌（変形菌）目線での観察眼と豊富な知識から導き出された結果が特異な蘚苔類の存在を解明した一例だろう。各府県のレッドデータブックにも絶滅のおそれのある種として選定され、和歌山県でも絶滅危惧Ⅰ類（ＣＲ＋ＥＮ）に含まれる。

⑫引作の大楠

三重県南牟婁郡御浜町引作の引作神社の境内にあるクスノキの大木は、推定樹齢千五百年ともいわれ、枝張りは南北に四五ｍにもおよび、遠くからは森のように見える。この大クスが七本の大杉とともに、神社合祀によって伐採されることになった。「牟婁新報」の毛利清雅が「大楠樹保護に尽くされよ」という論陣を張り、熊楠は柳田国男や東京朝日新聞の杉村広太郎に伝え、彼らの尽力によって大クスは伐採を免れた。「阿田和の大楠」と呼ばれていたが、一九九一（平成三）年に「引作の大楠」と改称された。現在は三重県指定の天然記念物、「新日本の名木百選」に選定されている。

二〇〇七（平成一九）年に、五本の大枝のうち一本に経年劣化による幹の空洞化によって亀裂が入っているのが見つかり、二〇〇九（平成二一）年に折れてしまった。折れた大枝は、御浜町から田辺市へ、双方交流のきっかけとなるように寄贈され、研磨して、二〇〇六（平成一八）年に開館した南方熊楠顕彰館の一階休憩コーナーと二階交流・閲覧室に設置された（写真17）。これらに手を触れて、熊楠らの活動によって残されたクスノキが、いかに大きな木であるか実感してもらいたい。

熊楠は「南方二書」のなかに「隋侯の珠を雀に擲《なげう》ち失うようなこと」をしてはいけないと説いている。隋侯の珠とは直径が一寸ほどもあり、純白にして夜には光を放ち、月の光のように明るく部屋を照らすことが出来たという。つまらない雀を採るために貴重な珠を投げて失うようなこと、という例えで、大木など貴重な自然を破壊してはならないことを言っている。引作の大楠は、まさに隋侯の珠であったのである。

「南方二書」に登場する動物

熊楠は動物について次のように書いている。

小生は少しも動物学を知らず。しかし小生のごとき素人から見ても、当国の山林また神森にはまだまだ記載を畢ざる動物多し。ヤマネ dormouse などは、どうみても一種にあらず。

また当郡瀬戸鉛山村には、毎年夏末秋より冬へかけ、海より上り陸に棲み、はなはだしきは神森の木に上る寄居虫（やどかり）あり。小生も前年手に入れ、久く養ひしことあり。小笠原島産のものに似たり。全身碧紫にて、大きく、はなはだ美なり。

また鉛山の温泉場の前岬の岩井に、図のごときヒトデ、足に大小の懸隔はなはだ異なるありし。これでは歩行に不便ならんと観察せしに、gyrate 廻りあるくなり。英国へ持ち行き大英博物館の専門家に見せしに、ニュージーランドの特産なる由。小生手本に一箇今も残せり。ほしき人あらば進ずべし。これらも、役人不注意、人民勝手きままのため海中の岩少しもなくなり、右の温泉へ波烈きごとに海潮打ち入り海荒くなりしため、今は全滅せり。

前日安堵峯（当熊野第一の難所）へ行きしに、無智の山人の話をきくに、ハタフリといふものあり、話の様子をきくに、イモリごときものに紅き鰓が一生つきおり、動くごとに旗ふるごとくなると見ゆ。思ふに、例のアキソロトルシレンス様のもの、この辺にあるかと存ぜられ候。こんなことゆえ、学者の記載調査もすまさずに、むやみに山林全伐したり、またたとひ深山に多きものなりとも、大学生など限りある日数と限りある費用を持って来り研究せんには、なるべく人里に近く薪水の便宜ある所で研究する方都合よければ、最寄りの神林などはいささかも調査のすまぬうちに伐らぬようにせられたきことなり（これを伐って実際髪毫の益なく、大患をのこすは前述のごとし）。

写真18　ヤマネ

写真19　ムラサキオカヤドカリ

①ヤマネ

熊楠は、書簡に山鼠 dormouse と栗鼠 squirrel について書いていて、ヤマネは「奇怪のものゆえ魔物とせしならん」と書いている。

筆者は田辺市大塔の百間山の植林で、ヤマネが冬眠に入る頃に道端の落葉の上で動かなくなっているのを見たことがある（写真18）。死んでいると思って拾うと、しばらくして動きだし、ザックの上に飛び乗ったりしたので、そのまま放したことがある。ヤマネは木のうろなどにコケ、木の皮などで巣をつくる。案外身近な動物であるが、国の天然記念物として保護されており、捕獲飼育することはできない。環境省のレッドリストでは準絶滅危惧に、和歌山県のレッドデータブックでも準絶滅危惧に選定されている。熊楠は安堵峯で見たが、高野町、日置川町、本宮町、熊野川町、古座川町、大塔村で生息記録がある。

②ムラサキオカヤドカリ

サザエの殻にはいるくらい大型で紫色をしたオカヤドカリや（写真19）、やや小型の紫色ではないオカヤドカリも見ることができる。田辺市でもめっきり少なくなったが、現在も確認できる。国の天然記念物として保護されているが、インターネット上で売買されているので、産地を詳しく書くことは熊

写真20　オオダイガハラサンショウウオの幼生

楠が言うように、泥棒に宝のある所を知らせるようなものである。

③ハタフリ

アキソロトルシレンス様のものとは、アホロートル axolotl のように、幼生形で生殖するサンショウウオのこと。熊楠はアホロートル（メキシコサンショウウオ）のことを知っていて、当地方にも同様のものがいる可能性があると言っている。このようにまだ種名がはっきりしていない動物もいることから、調査もしないうちに全伐したりしてはいけないというのが熊楠の意見である。

玉井済夫氏によると、当地方の山間部には三種類のサンショウウオがいる可能性があるが、いまのところブチサンショウウオは確認できていない。オオダイガハラサンショウウオは一～二年、ハコネサンショウウオは二～三年、水中で過ごすので、熊楠の言うハタフリはこれらの幼生であろう。オオダイガハラサンショウウオは二〇一四（平成二六）年に、四国・九州に棲息するものと別種で、紀伊半島固有種となった（写真20）。二〇一八（平成三〇）年に和歌山県は、乱獲から保護するためには生息地指定では不十分であるとの認識に立ち、天然記念物（種指定）とした。野生生物が県天然記念物となったのは、本県初のことである。

オオダイガハラサンショウウオは、環境省では絶滅危惧Ⅱ類（ＶＵ）、和歌山県では絶滅危惧Ⅰ類（ＣＲ＋ＥＮ）、ハコネサンショウウオは県で情報不足（ＤＤ）である。県山間部の森林が減少することによって生息環境や産卵環境が悪化しており、調査もできずに絶滅してしまうようなことがあってはならないのは現在も同じである。

④バンドリ（ムササビ）

ムササビは神社の大木のうろなどに棲んでいて、夕方穴から出て滑空し、幹を駈け上ってスギの葉などの餌を食べる。写真21は、昨年熊野古道近くの神社で文化財の調査中に二頭見かけたときに撮影した。その神社は、「南方二書」より三年前の一九〇八（明治四一）年に、一村一社の合祀令によって滝尻王子宮十郷神社に合祀された一一社のうちの一つの小さな神社である。この神社の近くに住む古老によると、熊楠はたとえ神社が合祀されてもカヤの大木がある森を伐らせてはいけないと説いたため、氏子は森を伐らせなかったという。一九四六（昭和二一）年、滝尻王子に合祀されていた一一社は分離して旧地に復社した。熊楠らの活動によって、旧社地の森林は伐採されずに残されていたので、現在の神社の氏子たちは、熊楠のおかげで復社できたと感謝している。熊楠はこのような小さな神社の村人のもとへも足を運んでいたのである。動物も含めた生物の多様性を守ることに熊楠が貢献したといえるだろう。ムササビも絶えずに生き残り、現在でも見ることができるのである。

写真21　ムササビ

熊楠は「南方二書」ではムササビには触れていない。日記にはバンドリとして那智や坂泰の森で出会ったことが書かれていて、肉は不味いので、利用価値もそれほど無く、特別珍しくはない、普通にみられる動物であった。現在、ムササビは環境省や和歌山県のレッドデータブックには掲載されていないが、レッドリストに掲載されてないから保護しなくてもよいというわけではなく、毛皮として需要があった時には激減し、以来鳥獣保護法によって非狩猟鳥獣として保護されてきた。開発によって森が孤立すると、普通にいた生物が見られなくなることもある。和歌山県でも見かけることが少なくなっているのは事実である。開発や人為による捕獲・採集圧（密猟・盗掘を含む）によっていつの間にかいなくなってしまうということがあってはならない。

熊楠以降の紀伊半島の森林

熊楠は第二次世界大戦が開戦した年の年末に亡くなった。戦後の混乱期には、神島でさえ盗伐の被害にあった。大正時代に起こった関東大震災後に、昭和の拡大造林で山の奥まで植林がなされたが（写真22）、そのころに植林された林分が伐木期を迎えており、皆伐された後に大雨が降り、土砂が流れて川をせき止め、思わぬところで浸水したりする災害が起こっている。また、皆伐の後に防鹿ネットを張り巡らして植樹しても、獣害によって生育がうまくいかなかったりして、問題となっている。

戦後の高度経済成長期を経て、燃料が薪炭から電気・ガスへと変わり、森林との関わりが縮小して、植林に携わる人口が減少した。そして人々の森林を敬う心が薄れ、森林の本来の姿やその役割に対して関心を抱けなくなってきているのである。

二〇一九（平成三一）年に森林経営管理法が制定され、人工林の適切な整備を進めるために森林経営管理制度が始まった。また、新たな法律が制定され、市町村にも税金が配分されることになっている。

田辺市森づくり構想の紹介

田辺市では林業の復活、森林の有する公益的機能の維持・発揮、持続可能な山村の暮らしを目指して二〇二二（令和四）年に『田辺市森づくり構想』を策定した（写真23）。筆者はその田辺市森づくり構想策定委員の一人である。この構想では、持続可能な山村の暮らしを目指すための基本的な考え方を「基本理念」として掲げ、目指すべき山村の姿を将来像として示している。その将来像を実現するための「基本方針」と今後十年間で優先的に取り組むべき「基本的施策」、「森林整備方針」を森林のエリアデザインとして示した。加えて構想推進の財源を紹介したい。

写真22　自然林と植林と伐採跡（上）、熊野古道沿いの植林（下）

①基本理念

「恵みへの感謝と、守り・はぐくむ誇りを胸に、森林の力を未来へつなぐ」

田辺市には、長い時を経て形作られてきた自然林と人工林が混在する広大な森林がある。森林が与えてくれる物理的な恵みと、人々の内面に働

写真23　田辺市森づくり構想のパンフレット（上）、近露の山里の風景（下）

きかける大きな力に畏敬の念を忘れず、感謝の心を大切にし、森林と関わる市民の暮らしが地域を育み、そして地球の環境を守るかけがえのないものであるということを誇りに思い、当地域にふさわしい森林の姿とその力を遠い未来へとつないでいく。

②将来像

「森林と人との共生が紡ぐ、ていねいな暮らしの息づく山村風景」

かつての人々の暮らしのように、森林を身近に感じながら暮らす、森林と人々の共生が紡ぎ出す風景が、田辺市の森づくりが目指す未来である。

二一世紀は環境の世紀と呼ばれるように、国際社会では地球環境の改善が共通の課題となっている。田辺市は、

「紀州材」「ウバメガシ」「世界文化遺産熊野古道」など森林の恵みにあふれている。その森林の有する力と地域の活力をさらに高めていけるよう、環境への配慮と自然との調和を大切にしながら暮らすことが求められている。このような暮らしは、南方熊楠が二〇世紀初頭に推し進めた神社合祀への反対運動の中で唱えたエコロジー思想（生物と環境は相互に影響を与えあい存在するものという生態学の概念）にも通じる。森林活動が地球環境の改善に寄与するとされる中で、蘇りの地・熊野を通じて世界と価値と思想を共有することができると考える。

③基本方針（政策）と施策

・環境

「森林の力を未来へつなげる」

適正な森林管理（森林の力を最大限に引き出し、多様な公益的機能の発揮をはかる）を行う。

世界文化遺産「紀伊半島の霊場と参詣道」の文化的景観を構成する林業の景観を守る。

尾根筋等の広葉樹林化を促進する。

貴重な自然林を保護する。

・社会

「森林とつながる暮らしを育む」

林業の担い手を育成・強化する。

森林や木に触れる学びの機会を創出する。

地域産材の利用を推進する。

山村集落の生活空間（風景）を守る。
炭焼きの暮らしを継承する。
移住に向けた住居や就業支援など山村の暮らしを提案する。

・経済

「森林の恵みを活かす」

経済活動と森林環境の保全が両立した効果的かつ効率的な林業経営を確立する。
林業の振興を図る。

木材の流通や加工を支援する。
森林空間を活用した森林サービスについて調査・研究する。

④エリアデザイン

・世界文化遺産熊野古道の緩衝地帯とその周辺森林

文化的景観の価値を損なわないことを念頭に置き、管理状況を踏まえ、針広混交林への誘導や広葉樹林への転換も含めた森林整備を行う。

・天空三分《てんそらさんぶ》尾根筋は植林に適さないので、尾根筋に広葉樹を残すことで山全体に栄養が行き渡り、防災機能を高めることにつながる。よって、尾根筋の人工林は広葉樹林へ誘導を図る。

・スギ・ヒノキの人工林

約五万ヘクタールの私有人工林の多くが収穫期を迎えているが、山村地域の過疎化や高齢化に伴う人口減少等により林業の担い手の減少が課題になっている。林業の担い手の確保を図りつつ、経済的利用と公益的機能の維持・発揮のバランスのとれた森林整備を進める。

・暮らしの空間（集落周辺）

限界集落が増え、適切に管理されなくなった森林が防災面や景観を保全するうえで支障となっている。住民が安心して快適に暮らすことができる生活空間の整備と里地里山の風景の保全に努める。

⑤構想推進の主な財源

二〇一九（令和元）年から譲与されている森林環境譲与税は、二〇二四（令和六）年から広く国民が負担する森林環境税（個人住民税均等割・一人当たり千円）を原資として、都道府県および市町村に譲与される。田辺市の森林面積が大きいことからその配分額は全国で四番目に多いという。この資金は、森林の整備に関する施策、森林の整備を担うべき人材の育成及び確保、森林の有する公益的機能に関する普及啓発、木材の利用の促進、その他の森林の整備の促進に関する施策に充てなければならないと規定されている。

二〇一五（平成二七）年度に造成された田辺市山村活性化基金。山村地域の維持・復興を目的として新規性の高いソフトおよびハード事業の両面に充てる。

二〇一七（平成二九）年、所有者による管理が困難で、かつ文化的景観保全の観点から重要であると判断した森林を、市が取得した上で、間伐等の施業を行い、適切に管理するために支援者の寄付金によって「熊野古道の森を守り育む未来基金（通称くまもり募金）が創設された。

熊楠が説く「風景と空気」の重要性

エコロジーという観点で、熊楠は森林の重要性を訴え、行動した。それが現在の田辺の産業、林業と観光業へと引き継がれている。さらに、田辺という町が将来観光で経済的に活性化するとよいということも新聞や書簡で訴えている。最後に、熊楠の残した二つの文章を掲載しておきたい。

まず、一九一六（大正五）年七月一四日付『牟婁新報』「菌類学より見たる田辺及台場公園保存論」に

田辺でも、「働いて儲けよ」と教えて居るが、ここらで働いてナニが儲かるか朝から晩まで働いてもナニほどの儲けもない。先ず働いて儲かって居るのは監獄位のものだ。商売は同商売が多く工業も盛んでなく、今の所格別これぞという儲口もあるまい。ただこの「風景」ばかりは田辺が第一だ。田辺人たるものはこの風景を利用して土地の繁栄を計る工夫をするがよい。今こそ斯様《かよう》に寂しいが追々交通が便利になって見よ、必ずこの風景と空気が第一等の金儲けの種になるのだ。

次に、『南方熊楠全集』七巻に収録されている一九一二（明治四五）年二月九日付白井光太郎宛書簡には

定家卿なりしか俊成卿なりしか忘れたり、和歌はわが国の曼陀羅なりと言いしとか。小生思うに、わが国特

有の天然風景はわが国の曼陀羅ならん。〔……〕景色でも眺めて彼処が気に入れり、此処が面白いという処より案じ入りて、人に言い得ず、みずからも解し果たさざるあいだに、何となく至道をぼんやりと感じ得（真如）、しばらくなりとも半日一日なりとも邪念を払い得、すでに善を思わず、いずくんぞ悪を思わんやの域にあらしめんこと、学校教育などの及ぶべからざる大教育ならん。〔……〕無用のことのようで、風景ほど実に人世に有用なるものは少なしと知るべし。

熊楠は、わが国特有の天然風景はわが国の曼荼羅である、という。この風景を大切にすることの必要性を、熊楠は熱く語っているのである。世界文化遺産熊野古道が通る森の風景を司るのは田辺市である。林業でも町おこしをしようとする田辺市のあるべき基本姿勢は、風景と空気を大切にすることで、それによって経済的な繁栄がもたらされるという、熊楠が未来を予測しているような文章なのである。

謝辞
最後に、南方熊楠顕彰館で行われた特別展では成城大学の田村義也氏、南紀生物同好会の土永浩史氏、玉井済夫氏、南方熊楠顕彰館の米田千華氏、田辺市森づくり構想委員会では和歌山大学の大浦由美氏、和歌山ユネスコ協会の濱野公二氏、田辺市山村林業課諸氏にたいへんお世話になった。ここに記して感謝する。

［参考文献］

田辺木材協同組合『木に生きる―紀州田辺木材史―』㈱紀伊民報、二〇〇三年。

南方熊楠顕彰会学術部編『現本翻刻「南方二書」―松村任三宛南方熊楠原書簡―』南方熊楠顕彰会、二〇〇六年。

宇江敏勝『樹木といきる―山びとの民俗誌』新宿書房、一九九五年。

南方熊楠『南方熊楠日記1～4』八坂書房、一九八七年。

南方熊楠『南方熊楠全集』平凡社、一九七五年。

田辺市農林水産部森林局山村林業課『田辺市森づくり構想』田辺市、二〇二二年。

和歌山県環境生活部環境政策局環境生活総務課自然環境室『保全上重要なわかやまの自然―和歌山県レッドデータブック―［二〇二二年改訂版］』和歌山市、二〇二二年。

資料　「南方二書」に掲載された生物

環境省レッドリストカテゴリーで、EN は絶滅危惧 IB 類で近い将来における絶滅の危険性が高い種、NT は準絶滅危惧で存続基盤が脆弱な種

ハマビシ　*Tribulus terrestris*, EN ある海岸で見られるが，実の棘が痛いので刈り取られることがある。 	マツバラン　*Psilotum nudum*, NT（シダ類） 田辺市内の民家の軒先の鉢に生えていることもある。これは神社のサルスベリの幹に生えているマツバラン。 
ハマボウ（黄槿）*Hibiscus hamabo*, 県 NT 田辺市新庄町内の浦や，扇ヶ浜に植えられて，回復しつつある。 	チャボホトトギス　*Tricyrtis nana*, 県 NT 熊野古道沿いで時々見かけることがある。 
アオウツボホコリ　*Arcyria glauca* （アルキリア・グラウカ） 熊楠が糸田猿神社のタブノキで採集した新種の変形菌。今も他の神社で見られるが，希少種である。 	冬虫夏草　写真は蛹から成長したハナサナギタケ *Isaria japonica*。 カメムシから成長するのはカメムシタケ，ハチから成長するのはハチタケ，アリから成長するのはアリタケなど。 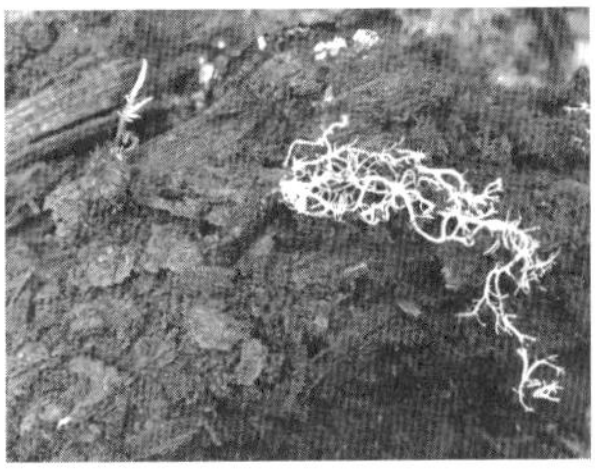

「南方二書」に出てくる生物リスト

分類群	科名	種名	2022県RDBカテゴリー	記載された場所	「原本翻刻南方二書」のページ
シダ植物	コバノイシカグマ科	キシュウシダ（オオフジシダ）		拾ひ子谷	7
種子植物	アジサイ科	ヤハズアジサイ		拾ひ子谷	7
種子植物	カバノキ科	シデ（アカシデ・イヌシデ・クマシデ）		拾ひ子谷	7
種子植物	カバノキ科	ミズメ（アズサ）		拾ひ子谷	7
種子植物	ツバキ科	ヒメシャラ（サルタ）		拾ひ子谷	8
シダ植物	リュウビンタイ科	リュウビンタイ	EN	那智	8・10
シダ植物	スジヒトツバ科	スジヒトツバ	VU	那智	8
シダ植物	ホングウシダ科	エダウチホングウシダ		那智	8・11
シダ植物	オシダ科	ヒロハアツイタ	EN	那智	8
シダ植物	ヒメシダ科	アミシダ	EN	那智	8
種子植物	ヒナノシャクジョウ科	ルリシャクジョウ	和歌山で分布なし	那智	9
種子植物	ヒナノシャクジョウ科	ヒナノシャクジョウ	VU	那智	9
種子植物	ハマウツボ科	キヨスミウツボ（オウトウカ）		那智	9
種子植物	ホンゴウソウ科	ホンゴウソウ	EN	那智	9
種子植物	ブナ科	イチイガシ?		那智	9
種子植物	ユキノシタ科	アワモリショウマ		奇絶峡	10
種子植物	イノモトソウ科	ナチシダ		水上	10
シダ植物	コバノイシカグマ科	ユノミネシダ	EN・天然記念物	湯の峰・那智金山	10・11
シダ植物	ホングウシダ科	ホングウシダ	VU	本宮町・稲荷神社	11・39
種子植物	ラン科	ガンゼキラン	CR	絶滅	11
種子植物	ヤマノイモ科	ニガカシュウ（カシュウイモ）		熊野地方	11
		紫葉		絶滅	11
種子植物	ムラサキ科	ホタルカズラ		出立松原	11
種子植物	シソ科	ヒメナミキ	EN	出立松原	11
種子植物	オオバヤドリギ科	オオバヤドリギ	VU	万呂天王の社	11

分類群	科名	種名	2022県RDBカテゴリー	記載された場所	「原本翻刻南方二書」のページ
種子植物	ブナ科	コジイ・スダジイ（シイノキ）		岡八上神社・稲荷神社・糸田猿神社	11・22・23・39・40
種子植物	モチノキ科	モチノキ（冬青）		万呂天王の社	12・13
種子植物	キジカクシ科	キチジョウソウ		下芳養託言神社	12
シダ植物	イワヒバ科	タチクラマゴケ		下芳養託言神社	12
シダ植物	チャセンシダ科	ヌリトラノオ		闘雞神社	12
種子植物	ラン科	ミヤマウズラ		闘雞神社	12
種子植物	サクラソウ科	ツルコウジ		闘雞神社	12
種子植物	オオバコ科	ハマクワガタ	EN	闘雞神社	12
種子植物	クスノキ科	クスノキ		闘雞神社・稲荷神社	13・39
種子植物	マキ科	マキ（イヌマキ）		万呂天王の社	13
種子植物	ホルトノキ科	ホルトノキ		闘雞神社	13
種子植物	ミズキ科	ミズキ		闘雞神社	13
種子植物	ミズキ科	クマノミズキ		闘雞神社	13
種子植物	モクレン科	オガタマノキ		闘雞神社	13
種子植物	ミカン科	カラスザンショウ		闘雞神社	13
種子植物	モチノキ科	タラヨウ		闘雞神社	13
種子植物	バラ科	バクチノキ		跡の浦山田の神社	14
種子植物	アワブキ科	ヤマビワ		跡の浦山田の神社	14
シダ植物	チャセンシダ科	オオタニワタリ（タニワタリ）	CR	稲積島	14
種子植物	クワ科	アコウ（アコウノキ）		稲積島・九龍島	14
種子植物	シュウカイドウ科	シュウカイドウ（秋海棠）		那智寺院跡	14
種子植物	アヤメ科	アヤメ		那智寺院跡	15
種子植物	セリ科	セリバオウレン		那智寺院跡	15
種子植物	ツツジ科	キリシマ（キリシマツツジ）		那智寺院跡	15
種子植物	アカネ科	ハクチョウゲ		那智寺院跡	15

分類群	科名	種名	2022県RDBカテゴリー	記載された場所	「原本翻刻南方二書」のページ
種子植物	マメ科	ニワフジ（イワフジ）		那智寺院跡	15
種子植物	バラ科	シジミバナ		那智寺院跡	15
種子植物	バショウ科	バショウ（芭蕉）		那智寺院跡	15
種子植物	マメ科	ハカマカズラ（ワンジュ）	EN	神島	15・20
種子植物	ラン科	キキョウラン	NT	市江	15
種子植物	イネ科	ススキ		伐採跡	16
種子植物	イネ科	チガヤ		伐採跡	16
種子植物	カヤツリグサ科	キノクニスゲ（キシュウスゲ）		神島	20
種子植物	センダン科	センダン（楝）		神島	20
種子植物	クスノキ科	タブノキ（タブ）		糸田猿神社	22・40
種子植物	サクラソウ科	カラタチバナ		那智・岡八上神社	22
種子植物	ブナ科	ウバメガシ（ウマメガシ）		西の王子・出立浜	25
種子植物	ツツジ科	シャシャンボ		西の王子・出立浜	25
種子植物	ヤナギ科	クスドイゲ		西の王子・出立浜	25
種子植物	マツ科	松（クロマツ?）		西の王子・出立浜	25
種子植物	サトイモ科	*Wolffia*（ミジンコウキクサ属）		和歌浦	27
種子植物	ヒノキ科	スギ		野中・近露王子	32
種子植物	ハマビシ科	ハマビシ	CR	日高郡和田村	36
種子植物	ヒノキ科	サワラ		日高の神社	36
シダ植物	マツバラン科	マツバラン	VU	日高の神社・糸田猿神社	36・40
種子植物	クルミ科	ノグルミ		和歌浦・龍神山	36・42
種子植物	アオイ科	ハマボウ（黄槿）	NT	和歌浦	36
種子植物	マキ科	コウヨウザン（外来種）		和歌浦	36
種子植物	イネ科	ススキ		大塔峰	38
種子植物	リンドウ科	リンドウ		大塔峰	38
種子植物	ニシキギ科	ウメバチソウ	VU	大塔峰	38

分類群	科名	種名	2022県RDBカテゴリー	記載された場所	「原本翻刻南方二書」のページ
種子植物	シソ科	キバナノアキゴリ（コトジソウ）		大塔峰	38
種子植物	ツツジ科	マルバノイチヤクソウ（マルバイチヤクソウ）		大塔峰	38
種子植物	ブナ科	ブナ		大塔峰	38
種子植物	ラン科	ヨウラクラン	EN	稲荷神社	39
種子植物	ラン科	カヤラン	VU	稲荷神社	39
種子植物	ラン科	ミヤマムギラン	VU	稲荷神社	39
種子植物	シソ科	シソバウリクサ	NT	稲荷神社	39
種子植物	ツツジ科	シャクジョウソウ	EN	稲荷神社	39
種子植物	ニレ科	ケヤキ		糸田猿神社	40
種子植物	アサ科	ムクノキ（ムク）		糸田猿神社	40
種子植物	ハイノキ科	ミミズバイ		糸田猿神社	40
種子植物	ハイノキ科	クロバイ（ハイノキ）		糸田猿神社	40
種子植物	アカネ科	ルリミノキ		糸田猿神社	40
種子植物	アカネ科	ジュズネノキ		糸田猿神社	40
種子植物	マンサク科	イスノキ（ヒョンノキ）		糸田猿神社	40
種子植物	アカネ科	アリドオシノキ		糸田猿神社	40
種子植物	ヒメハギ科	カキノハグサ		龍神山	41
種子植物	ムクロジ科	ウリカエデ		龍神山	41
種子植物	ムクロジ科	メグスリノキ		龍神山	41
種子植物	リンドウ科	フデリンドウ		龍神山	41
種子植物	ラン科	マメヅタラン	VU	龍神山	41
種子植物	ムラサキ科	オオルリソウ		龍神山	41
種子植物	サクラソウ科	ヤブコウジ		龍神山	42
種子植物	ツツジ科	ベニドウダン		龍神山	42
種子植物	ヤナギ科	マルバヤナギ（アカメヤナギ）		龍神山	42
種子植物	ミカン科	ゴシュユ		龍神山	42

分類群	科名	種名	2022県RDBカテゴリー	記載された場所	「原本翻刻南方二書」のページ
種子植物	キョウチクトウ科	イヨカズラ（スズメノオゴケ）		龍神山	42
種子植物	キンポウゲ科	キイセンニンソウ（タニモダマ）	NT	奇絶峡	42
種子植物	マチン科	ホウライカズラ		奇絶峡	43
種子植物	ユリ科	チャボホトトギス	NT	奇絶峡	43
種子植物	ユリ科	キイジョウロウホトトギス	VU	奇絶峡	43
種子植物	サカキ科	ヒサカキ		野中・近露王子	47
種子植物	ニシキギ科	マサキ		野中・近露王子	47
種子植物	サカキ科	サカキ		野中・近露王子	47
種子植物	ブナ科	アラカシ（ドングリ）		野中・近露王子	47

維管束植物　111種類

蘚苔類	キセルゴケ科	クマノチョウジゴケ	CR+EN	拾ひ子谷	7
蘚苔類		塩生の苔 Scale-moss		神島	20
蘚苔類	センボンゴケ科	アストムス・シュブラツム（*Astomum*）		糸田猿神社	40

蘚苔類　3種類

藻類？		ラジオフィルム　フラウベェッセンス		富田	27
紅藻類	ベニマダラ科	ヒルデンブランジア・リブラリス→ベニマダラの一種 タンスイベニマダラ	NT（環境省）	那智山	27
緑藻類	イカダモ科	セネデスムス（*Scenedesmus* イカダモ属）		妙法山	27
緑藻類	イカダモ科	テトラストルム（*Tetrastrum* 属）		妙法山	27
珪藻類		大珪藻（反橋形）		龍神山	41
緑藻類		鼓藻トリプロチソス		龍神山	41
緑藻類		淡水藻シリンドロカプサの一種（*Cylindrocapsa*）		龍神山	41
紅藻類	カワモズク科	バトラコスペルマム→カワモズク　2種		龍神山	42
緑藻類		鼓藻		龍神山	42

藻類　9種類

分類群	科名	種名	2022県RDBカテゴリー	記載された場所	「原本翻刻南方二書」のページ
子嚢菌類	チャワンタケ科	*Peziza*（チャワンタケ属）		闘雞神社	12
子嚢菌類	クロサイワイタケ科	*Xylaria filiforme*（*filiformis*）（クロサイワイタケ属の一種）		那智	9
子嚢菌類	Ophiocordycipitaceae	冬虫夏草		闘雞神社	12
真菌類	Fomitopsidaceae	*Ptychogaster*		闘雞神社	12
真菌類	Fomitopsidaceae	*Ptychogaster albus* Corda		闘雞神社	12
担子菌	ホコリタケ科	*Lycoperdon*（ホコリタケ属）		龍神山	42
変形菌類	アミホコリ科	*Cribraria violacea*（スミレアホコリ）		拾ひ子谷	7
変形菌類	ドロホコリ科	*Reticularia*（=*Enteridium* ドロホコリ属）		稲荷神社	39
変形菌類	クダホコリ科	*Lindbladia*（フンホコリ属）		稲荷神社	39
変形菌類	ウツボホコリ科	アーシリア・グラウカ（*Arcyria glanca* アオウツボホコリ）	DD	糸田猿神社	40

菌類・変形菌類　10種

環形動物	貧毛綱	ミミズ		闘雞神社	12
棘皮動物		ヒトデ（総称）		鉛山村（白浜）	21
甲殻類	ヤドカリ上科	寄居虫（オカヤドカリ）	天然記念物	鉛山村（白浜）	21
節足動物	ムカデ綱	ムカデ		闘雞神社	12
腹足類	キセルガイ科	キセルガイ（総称）		神島	20
哺乳類	ヤマネ科	ヤマネ dormouse	EN（天然記念物）	当国山林	21
両生類	サンショウウオ科	アキソロトルレンシス様（ハタフリ）		安堵峯	21
両生類	イモリ科	アカハライモリ（ヰモリ）		安堵峯	21

動物　8種類

KUMA

第4章

神社合祀反対と継承される獅子舞

——南方熊楠と上富田の神社

三村宣敬

GUSU

はじめに

二〇二二年一一月二三日に和歌山県西牟婁郡上富田町岡の八上神社と岩田神社において祭礼が行われ、獅子舞が奉納された。新型コロナウィルス感染症（COVID-19）が拡大してからは自粛されていたが、感染者の状況をみて実施可能な範囲での奉納であった。

これらの神社は南方熊楠が神社合祀反対運動を行った際に執筆された「南方二書」などの関係資料にも登場しており、当地の歴史や熊野詣、文化を知るうえでも重要な神社である。

明治期の和歌山県における神社合祀の激しさを端的に示した新聞投稿がある。一九一一年八月二一日『牟婁新報』の読者投稿には「閑なる問題」と題されたコーナーがあった。編集部から出されるお題に対する購読者の簡潔な答案を掲載しており、同年八月一一日号から「君の村の名物はナニか」という編集部からの質問に対して、購読者が答えを寄せている。このなかで八月二一日における回答のひとつに、

十二、唯ツタ一トツ　川添村　天候生

▲曰く、神社合祀

なんとも当時の情勢に対して皮肉をこめた回答である。川添村は和歌山県西牟婁郡にあった村落で、現在の白浜町日置川地域（川添地区）にあたる。『日置川町誌』によると川添の神社は一八七三年に熊野権現社を熊野十二神社と改称し、一九〇九年に村内神社計二〇社を合祀している[1]。こうした合祀の状況が「村の名物は神社合祀」という回答へと繋がったのである。熊楠も白井光太郎宛書簡においても川添村の合祀を例に出し、無法の合祀励行が行われていることを指摘している[2]。

この川添村の例ばかりでなく、当時の『牟婁新報』では盛んに神社合祀を批判する記事が掲載されていたため、牟婁新報の方針としても川添村の回答は社意に沿ったものであった。

熊楠が神社合祀反対のために執筆した「南方二書」などの関係資料は、熊楠の思想や研究視覚を知ることができる資料でもある。熊楠の反対意見における視覚は広く、単なる「自然保護」を叫ぶのみならず、「環境」の意識、そして人間、歴史を対象とした柔軟な姿勢があったことが伺える。

この神社合祀反対運動の着地点はどこだったのだろうか。最善たるものは熊楠が反対運動を行いだした頃から神社合祀が鎮静化していくことかもしれない。しかし、神社合祀の問題は国と交渉すれば順次地方の合祀の流れも止まるという単純な構造ではなかった[3]。それでも熊楠の活動は地方の合祀に反対する氏子に力を与え、最善ではないにしろいきすぎた神社合祀を留まらせたのではないだろうか。それは時を経て行われた神社の復社にも関係している。事例によっては合祀政策の最中に復社されたものもあるが、旧社地を保護し、時勢をみて復社させた氏子たちの姿勢は熊楠が訴えていた郷土愛の理念が体現されたものではないだろうか。

熊楠が反対運動を行う最中積極的に足を運んだ地域がある。それは西牟婁郡岩田村であり、現在の上富田町である。熊楠は八上王子、田中神社、岡川八幡神社などの名を度々出し保護を訴えているのは、同郡朝来《あっそ》村の神社が合祀され、神林が伐採されたため、危機感を感じていたのだろう。結論から言ってしまえば、旧岩田村にあった八上王子、田中神社は合祀されるのだが、神社林は伐採を免れ、第二次世界大戦後に復社し、後に八上王子は世界遺産になっている。さらに上富田町岡の獅子舞は県指定無形文化財（一九七二年四月一三日）になっている。こうした民俗芸能も神社が残らなければ継続は難しかったことであろう。

先行研究と本論の目的

熊楠の神社合祀反対運動に関しては、大山神社の問題をあつかった畔上直樹氏の「再考・大山神社合祀問題と南方熊楠[4]」がある。大山神社合祀の資料を解きほぐし、入野地区の歴史的背景、古田と熊楠の思考の乖離などから合祀を論じている。武内善信氏は『闘う南方熊楠』において、熊楠の行った神社合祀反対運動や熊楠の自然保護観を示し、大山神社の合祀には国や県が合祀緩和の指示をだしていたが、村レベルの意向にまで合祀反対を浸透させねばならなかったことを明らかにした[5]。さらに近年では野村さなえ氏が「南方熊楠の神社合祀反対運動――関連史料の多角的分析による全体像の再構築――[6]」において熊楠の新聞論考を中心に分析を行っている。その他にも鳥取県の神社合祀問題を扱った喜多村理子氏は熊楠が行った対議会工作について言及している。[7] このような神社合祀反対運動に関する研究では資料面からも大山神社に関する問題が大きく取り上げられている。

では、熊楠が執筆した神社合祀反対関連の文書にでてくる現上富田の神社はどうか。合祀に関する研究ではないものの田村義也氏は「田中神社の手水鉢：南方熊楠の未成熟な言語[8]」において上富田町岡の田中神社を取り上げ、熊楠と柳田の「田の中の神社」の齟齬について述べた。上富田は県内他地域の合祀からみれば、地元住民の反発もありその速度はゆるやかであった。現在では世界遺産となっている八上神社や稲葉根王子は、熊楠が合祀を阻止したにも関わらず、その後合祀され、第二次世界大戦後に復社という経緯がある。

本章では上富田の八上神社、岩田神社（稲葉根王子）を中心に熊楠や地元住民の合祀反対運動の動きと後の合祀、そして復社の経緯を検討する。最後には現代に継承される民間芸能を取り上げ、神社を中心とした伝統継承を扱う。

熊楠の合祀反対運動

熊楠は「神社合祀反対意見」や「南方二書」を執筆し、合祀反対を訴えたのは周知のことである。これらの文書は単に植物学や生物学といった単一の学問的視点からの訴えでは無く、博物学者南方熊楠としての視覚の広さを感じさせるものである。

熊楠がいかにして神社合祀反対運動へ邁進していくのかについて先行研究を参考にまとめていく。

熊楠が述べる反対運動の動機は、「南方二書」によると当時の稲荷村の高山寺南麓にあった猿神社の合祀であった。[9] 熊楠は生涯で粘菌の新種を一〇種ほど発見しており、猿神社ではその最初となる新種[10]のアオウツボホコリ（*Arcyria glauca* Lister）を採取した。その翌年の一九〇七年にこの神社林は合祀のため、更地となったのである。これは動機としては非常にわかりやすいが実際の熊楠の動きとは異なっている。本件で熊楠のなかに合祀政策に対しての問題意識は生まれたのであろうが、直ちに動くことはなかった。

では実際に熊楠が神社合祀反対運動をはじめたのは、いつだったのか。武内善信氏の分析によると、熊楠は大浜台場公園売却反対の活動に刺激を受けて、神社合祀反対運動を始めたのであり[11]、毛利柴庵の『牟婁新報』を自身の意見を出す場に選んでいる。

さらに諸研究のなかで明らかにされてきたのは、熊楠が神社合祀政策には反意を示していないというものである。熊楠が批判したのは、神社合祀の方法や手段[12]に対してであり、合祀の令は「凡俗衆が一時の迷信から立てた淫祠《いんし》小社を駆除するものなり。[13]」と理解を示している。

武内氏が指摘するように熊楠の神社合祀反対運動の言説となると、大山神社合祀を機に、熊楠が社会運動へ参加していったという説が現代でももっともらしく述べられている。[14] ひとえに、大山神社における合祀の問題は、熊楠の「実父のルーツに関わる神社」であり、熊楠が力及ばず合祀され保護できなかった「負の遺産」としての側面がある。これは合祀されたものの、神社林は残された田中神社と正反対に位置している。大山神社は熊楠が反対運動に従事したものの、合祀された「悲劇の神社」、「報われなかった熊楠」という要素を持っているからこそ、先述したような言説が出回っているのであろう。

この大山神社とは反対に熊楠の意が反映されたのは、現上富田町にある八上神社、田中神社、岩田神社である。熊楠は田辺町近郊の農村であった村々の神社を早急に保護せねばならないと感じたのだろうか、古田幸吉へ遠隔から書簡を送っていた大山神社の件とは異なりひどく積極的で、岩田村の松本神社へは熊楠が現場に駆けつけ、郡長を大いに弱らせた[15]という逸話まである。また田中神社は熊楠が本格的に神社合祀反対運動をしなくなった一九一六年に『牟婁新報』へ「岩田村大字岡の田中神社について」という新聞投稿を行い、「かかる古社はなるべき保留を望む[16]」と記しているように、積極的な反対運動からは身を引いたものの、絶えず睨みをきかせている状態であった。

上富田町の概要

上富田町は和歌山県南部に位置し、田辺市や白浜町に隣接するやや内陸の自治体である。海岸に隣接しておらず、山林の多い土地である。

上富田町には熊野古道中辺路と大辺路の分岐点があり、「口熊野」と呼ばれた。なかでも熊野本宮の五所王子（若宮・禅師宮・聖宮・児宮・子守宮）を勧請したものが五体王子と呼ばれ格別の崇敬をうけていた。これらのなかに稲葉根王子が入っていたらしく、熊野参詣において奉納の舞が行われていた[17]。稲葉根王子の眼前には水垢離場《みずごりば》があり、富田川で水垢離をすると罪障が消滅するとされていたため、要所であったことは事実だろう。

現在の町域は一九五六年に市ノ瀬村・岩田村が合併して上富田町となり、その後一九五八年に富田川町を合併し、現在の上富田町となった。

この町の中央を富田川が流れているが、明治期までこの川は氾濫し、流域に未曾有の被害をもたらしている。特に一八八九年の大洪水は岩田村中溺死者一二〇余人[18]とされ、富田川流域では五六五名の犠牲者がでた[19]。同町内で人柱伝説のある彦五郎堤は、同年の大洪水に耐えられず決壊したという。

このような災害との歴史もある上富田町であるが、富田川には国指定天然記念物のオオウナギが生息し、南画家の稲田米花《べいか》や郷土の漢学者高橋藍川などを輩出した文化的にも注目すべき土地である。

熊楠を取り巻く人物にも現上富田町の出身者は多い。熊楠のもと菌類四天王と呼ばれた樫山嘉一、北島脩一郎、田上茂八、平田寿男らは西牟婁郡岩田村岡（現上富田町）の出身であり、熊楠と牧野富太郎の間をとりもった宇井縫蔵も同じく岩田村岡の出である[20]。また熊楠没後の人物だが、南方熊楠顕彰館初代館長及び名誉館長の中瀬喜陽氏も上富田町の出身であった。これらが単なる偶然にすぎないとしても、上富田における熊楠の影響力を改めて検証する必要があると考えている。そのため本章では熊楠が神社合祀反対運動で取り上げた上富田町内の神社と復社を対象とし、さらには現代に継承される獅子舞も扱っている。

熊楠と上富田の神社

熊楠は現在の上富田町に所在する神社を神社合祀反対運動の際に、「南方二書」などの神社合祀反対関連資料にその名を挙げ、写真をのこしている。この運動時に撮影した写真のなかで有名なものは「林中裸像」とよばれるもので、松の木の根で肌脱ぎになった熊楠が咥えタバコで仁王立ちをしているものである。この写真は現在の上富田町岡にあたる、田辺と上富田をむすぶ新岡坂トンネルの上の峠で撮影されている（写真1）。熊楠の日記によると

> 一月二八日朝八時頃起き。辻氏感冒平治の由ゆえ、午下家を出、同氏を訪い共に横手八幡（写真とる）より三栖千法寺、それより岡に出、途中松グミ生たる松の下に予裸にて立ち喫煙するまま写真。岡の八上王子及中宮写真、それより岩田大坊、松本神社写真、黄昏なり、朝来入口にて丸で淡昏《あわくら》くなる。それより新庄を経帰る。予脚絆はくを忘れ脚はなはだ痛む（一九一〇年一月二八日）。

この日田辺の中屋敷町を午後に出発し、湊村の横手八幡（高雄三丁目）から三栖《みす》千法寺（現報恩寺）へ行き、峠越えの途中で「林中裸像」を撮影するのである。そこから八上王子（現八上神社）から岩田村の大坊に出て松本神社（現岩田神社）を撮影している。距離にして往復二〇キロメートル以上を歩いていることになる。写真の一九一

写真1　林中裸像（南方熊楠顕彰館蔵）

〇年一月二八日当時は、熊楠の背後には森林が広がっていたが、現在は梅林になっており、この場所で熊楠が仁王立ちをしたと認識するには、背後の山を見るしかない（写真2・3）。

熊楠が注目した上富田の神社林は、熊野古道の中辺路にある八上王子、稲葉根王子、岡の田中神社などであった。これらは明治期の神社合祀令によって存続の危機に瀕していた。

八上王子

八上王子（現八上神社）は上富田町岡にあり、古来より口熊野・田辺から本宮へ向かう熊野参詣道（熊野古道）「中辺路」の道筋にあることから、熊野九十九王子のひとつに挙げられていた（写真4）。一一〇九年の藤原宗忠の記録や西行法師の歌にも八上王子の様子が残されている。

熊楠が八上王子を撮影したのは一九一〇年一月二八日である。先に引用した日記には当日の行程しか書かれていないが、八上

写真２　林中裸像撮影場所の案内板

写真３　案内板の背後

写真４　八上神社

王子の植生について後に次のように述べている。

> カラタチバナと申すものは、前年牧野氏が植物雑誌（『植物学雑誌』）へ出されたときは、土佐辺の栽培品に基き記載されしと存候。小生知る所にては、本州には紀州の外にはあまり聞えず。扨九年斗り前に、那智で小生、三、四本見出す。（中略）此田辺より三里斗りの岡と申す大字の八上王子の深林中に宇井氏見出す。（中略）右の八上王子は『山家集』に、西行、熊野へ参りけるに、八上の王子の花面白かりければ社に書き付ける
>
> 待ち来つる　八上の桜　咲きにけり　荒くおろすな　三栖の山風
>
> とて、名高き社なり。シイノキ密生して昼もなお闇く、小生、平田大臣に見せんとて写真とりに行きしに光線入らず、止むを得ず社殿の後よりその一部を写せしほどのことなり。[21]

熊楠はこの八上王子に希少なカラタチバナの自生種があることを挙げている。そしてそれを発見したのは、上富田出身の宇井縫蔵であった。さらに八上王子を撮影した当時は樹木が密生し、「昼なお闇《くら》く」という状態であった。そのため写真撮影に必要な十分な光量が得られなかったことがわかる。熊楠が撮影をしてから一一二年経った現在でも境内を覆う樹木の陰によって薄暗く感じる神社である。後年熊楠は八上王子のヤツシロランが絶滅したことについて平田寿男へ以下の書簡を送っている。熊楠の弁では、「岩田村で見出せりというだけにてよろしく、その上のことはかならずいわぬことに候。それをヤツシロランは岡の八上王子にありとか、また、何れの

写真５　田中神社の社叢

写真６　オカフジ

ところにありとかいうは、盗人を募集するようなもの」と諌めている[22]。

ここは当初次に述べる岡の田中神社を吸収合祀するはずであった。しかし、途中から合祀後に岩田村の松本神社（現岩田神社）へ合祀の方針となり氏子の反感を買うのである。

田中神社

田中神社は上富田町岡の神社で、田園の中に鎮座する社叢が特徴である（写真５）。その昔、岡川八幡社の上手の倉山から、大水のときに森全体が流れ着いたのだといい伝えられており、境内の手水鉢は楠の根に囲まれてみえなくなっている。

ここに自生するオカフジは、樫山嘉一が熊楠に同定を依頼したことで、オカフジという種類であることが判明する。熊楠は地名の岡と重なる、古来の名の一つであるオカフジという呼び方をした（写真６）。

さらに熊楠は「南方二書」などで柳田国男の名をだし、この神社を「本邦風景の特風といえる田中神社あり、勝景絶佳なり。[23]」や「本邦特有の風景[24]」としている。しかし、これは熊楠による意図的な意味のすり替えであることを田村義也氏は指摘した[25]。柳田が偶然とはいえ『石神問答』で用いた「平衍なる水田の中に立てる所謂田中の森」という語と、岡の田中神社が熊楠のなかで結びつき、柳田の最初の来簡に対する返信で、面識がないのに熊楠が神社合祀反対運動への助力をいきなり要請したのである。[26] 熊楠から柳田に宛てられた書簡は書き出しこそ「山の神とオコゼ」、「山男」の話題に触れているが、『奇異雑談集』を柳田の蔵書にあるならば借用したいという要件を伝えたのちに、突如話題が神社合祀となる。

小生、当県の俗吏等むやみに神社合祀を励行すること過重にして（三重県の外にかかる励行の例なし）、一切の古社神林を濫伐するを憤り、英国より帰りて十年ばかり山間に閉居し動植物学を専攻致し候も、もはや黙しおる時にあらずと考え、一昨年秋より崛起してこれに抗議[27]〔以下略〕

このように熊楠は柳田への最初の書簡で自身の活動について伝えている。おそらく受け取った柳田も当初は驚いたことであろう。これもひとえに「田中神社」という語がもたらした結果だろう。

田中神社の森は約八アールという小さな森だが、全林が藤で覆われており、クス、モッコク、スダジイ、アラカシ、ツバキなどが見られる。[28] そして現在は県指定天然記念物となっている。

この田中神社も八上神社に合祀された。しかし、この地の神社林は熊楠の言にしたがい合祀後も住民により保護されていたため、現在に姿を見せているのである。

岩田神社（稲葉根王子）

稲葉根王子は上富田町上岩田にある王子跡である。町の教育委員会による案内版には、この王子の初出は一一

○九年に藤原宗忠が記した『中右記』一〇月二二日だという。その他一二〇一年の後鳥羽上皇の熊野参詣でも参拝されているという。近世には「岩田王子」ともいわれ、岩田村の産土神として祀られたともいう。

この場所にかつて岩田神社が存在していた。熊楠も「南方二書」に岩田神社を「岩田王子」として「重盛が父の不道をかなしみ死を祈りし名社あり。」(29)として挙げている。さらにこの場所は、熊野古道に入ってから最初の水垢離場があり、眼前の富田川で水垢離をする場所であった。「南方二書」において熊楠は岩田神社の合祀について以下のように記している。

大社七つばかりを、例の一村一社の制に基づき、松本神社とて大字岩田の御役場のじき向かいなる小社、もとは炭焼き男の庭中の鎮守祠たりしものを炭焼き男の姓を採りて松本神社と名づけ、それへ合社し、跡のシイノキ林を濫伐して村長、村吏等が私利をとらんと計り(30)[……]

熊楠はここで松本神社のことを「小社」と述べている。現在南方熊楠顕彰館には松本神社と思われる写真7があり(31)、これを見ると境内も小ぢんまりとしているように見える。松本神社と岩田神社との格を比べると、この合祀は不可解な印象が残る。熊楠が語るところによると基本金を背景に役場が強硬に合祀を迫ったとあり、それをうけてある村民が熊楠のもとへ訴えに行った。そこで熊楠は現地へ赴き、「小生このことを論じて大いに村長をやりこめ、合祀の難をのがれ今日までも存立しおる。小生みずから走り行き、役場員が呆れ見る前で写真とり」(32)と切迫した状況を語っている。しかし、当時の熊楠日記を確認しても熊楠が語る状況のものは見当たらなかった。

日記からはあたかも熊楠が一人で写真を撮影したように読みとれるが、当時の写真撮影は現代ほど簡単ではなく、写真技師が行うのである。日記に書かれた内容は、一九一〇年一月二八日に撮影したことを述べているのであろうか。

岩田神社・田中神社合祀の過程

岩田神社、岡の八上神社と田中神社が合祀された後は「岩岡神社」と改称され、適当な社地へ移転される計画であった。しかしこれは氏子の反対によって、書類上は合祀の許可がでていたものの、延々と合祀を先延ばししている膠着状態であった。しかし、これで合祀が取り消しになるわけではなく、いつ合祀されるかもわからない危険性を秘めていた。

当時上富田町の岩田、岡で何があったか時系列を整理して紐解いてみよう。

書類上では一九〇三年一二月一八日付けで、松本神社へ岩田神社（稲葉根王子）の移転を出願し、一九〇五年に許可がでた。これにより村社岩田神社は無格社の松本神社の境内へ合祀されることとなった。[33]さらにここへ

大字岩田の四社と大字岡の八上神社は、一九〇八年一一月二六日に「松本神社へ合祀許可」されている。（中略）大字岡の田中神社と八幡神社は「一九〇八年一一月二十六日同村大字、八上神社へ合祀許可[34]」（引用内の元号は西暦に修正した）

さらに一九〇八年一一月二六日に松本神社は「岩田神社」へと改称し、同日に岩田・岡の神社を合祀するという計画である。さらにここへ同地の大山神社が加わり、「八上神社と大山神社は松本神社へ合祀許可されるという複雑な関係[35]」となったのである。すなわち、八上神社と大山神社は合祀を受け入れるのみで終わるはずが、その二社も松本神社へ合祀するという混乱ぶりであった。氏子も無闇に反対をするのではなく、郡が神社を存置するための基本財産を作れと命じると、二〇〇〇円の積み立てを行い、神社存続のために郡側の要望を受け入れる行動をとっている[36]。郡も強硬姿勢で合祀をすすめていたが、ここへさらなる混乱を招く事態がおこる。中央政界で平田内相が「地方庁の合祀強制を戒めており、それを受けた和歌山県も七月に通牒せざるを得なくなり、強行な合祀は停止[37]」されたという氏子にとって事態が好転する動きもみられた。

一村一社を置くようにしたい郡側は、なぜこうも松本神社という立地にこだわったのか。その理由は『上富田町史』でも明らかにされていない。上富田町が公開しているウェブページ「上富田町文化財教室シリーズ　岩田村の大字一村社―岡村の抵抗―」によると、

田辺田所家所蔵の元禄七年と享保十年、寛政四年の「田辺領神社改」に、松本大明神は「所の産宮」であるとし、稲葉根金剛童子王子権現は「熊野九十九所王子の内」で、産土神とはされていない。しかも両神社の神官は同一人が兼役していたから、村中に鎮座した産宮へ合併し、松本神社が社名と社格を引き継いで、岩田神社と改称したのであろうか[38]。

岩田神社が合祀後にも名前を使われたのは、「熊野御幸記」に准五体王子と記された稲葉根王子に比定されている神社であったからとされるが[39]、ではなぜ合祀先が岩田神社（稲葉根王子跡）ではなく無格社の松本神社だったか、この理由は判然としない。推定されるのは松本神社と岩田神社を管理していた神職が「所の産宮」を優先したことによるものか、一八八九年に岩田村に未曾有の災害をもたらした洪水を警戒し、高所にある松本神社への合祀を望んだことが考えられるが推測の域をでない。

熊楠は岩田神社について、「南方二書」を書いた一九一〇年八月には「合祀の難をのがれ今日までも存立しおる。」と述べている。これは一九〇八年に合祀許可が下りた岩田と岡の神社は、その後合祀が実行に移されずに旧来のままあった。熊楠はこうした状況をみて「難を逃れ」たと述べているのである。当時の状況は合祀に反対する氏子と合祀推進派では、氏子の方が強かったようだ。一九一二年に退職した元村長山本甚作の「事務引継書」は膠着状態となった合祀の状況を示している。

事務引継書（岩田村）　本村大字岩田、大字岡ニ鎮座アラセラル神社ハ松本神社へ合祀シ、岩岡神社ト改稱シ、夫々適当ノ社地ヲ選定シ移転スルコトニ協定シ、明治四十一年十一月二十六日本縣知事の許可ヲ経タルモ、其後移転社地ニ就キ協議一定セザルヲ以テ、合祀決行届出デヲ為サズシテ今日ニ至レリ（中略）一大字ニ一村社ヲ存置スルコトトシ、其二村社ハ由緒アリ名蹟アル岩田神社、八上神社ノ両神社トシ、他ノ無格社ハ遙拝所トシテ、現在ノ侭存置保存スルノ許可ヲ得バ、敢テ異議ナカルベク認メラルル（中略）現在ノ侭ニテハ神職ノ奉仕モ十分ナラズ、崇敬シ欠クノ事多ケレバ、永ク此侭ニ放置スルコトハ氏子タルモノノ道ニアラサ

レバ、何レ機ヲ見テ適當ナル方法ヲ講ジラレ、神社崇敬ノ實ヲ挙グルコトニ力メラレンコトヲ望ム[40]

このように一九一二年に至っても岩田と岡の神社合祀ができていないことを述べ、神職の奉仕が十分できないことも考慮されている。しかし、氏子が合祀を欲しないからで、氏子の民意に沿えば、岩田、八上の両社は名蹟のため残し、その他の無格社は合祀した後に、遙拝所として保存することを提案している。いずれ機をみて適当な方法を講じるとあり、氏子らの合意は先延ばしされたのである。次の村長らは

「大字岩田・大字岡神社合祀決行ニ付テハ移転地協議一定セザルタメ、引継後某侭ニ放置シアリ、未ダ其運ビニ至ラズ」と「事務引継書」が記しているように、放置した状況であったが、山本甚作村長の提案したとおりに、大正四年に八上神社の松本神社への合祀は取り消されることになった。「明細帳」によると「大正四年十一月四日、合併変更許可に依り独立した」とあり、知事が合祀許可を変更[41]

このような経緯で、当初は岩田神社（松本神社）に合祀されるはずであった八上神社は旧社地のままで祭祀されることとなった。これが山本甚作の「事務引継書」にあった「適当なる方法」であったのだろうか。この独立祭祀が認められた一九一五年に田中神社と岡川八幡は八上神社へ合祀、岩田神社と改称された松本神社へは岩田神社、大山神社などが合祀されたのである。当時の村長も合祀はしたものの、岡の田中神社を八上神社の神田にすることもせず、氏子の意向を反映してか旧社地や神社林は遙拝所として保存され、祭祀が行われた。[42]

合祀後の岩田神社跡は樹木の伐採は免れ、長年にわたって転用されることなく放置されていたという。地元の方の話によると岩田神社跡は遙拝所として保存はされたものの、社もなく牛などを放牧する場所になっていたという。

神社の復社

合祀された神社のなかには後に復社したものもある。特に第二次世界大戦後という時代の転換期に復社したものなどがあるが、なかには神社合祀が盛んにすすめられている時期に復社した例もある。

和歌山県西牟婁郡白浜町中字鳥之倉の金刀比羅神社は郷社・日神社に合祀されたが、住民からの再三の要望が受理され一九一一年に復社している。当時の牟婁新報は同年五月三〇日の誌面において、「中村の神社復舊《ふっきゅう》」と題した記事を掲載し、「誠に喜ばしき事也」としている。白浜町のような例は珍しいもので、やはり時代が転換した第二次世界大戦後に復社は増加したようだ。神社の復社について櫻井治男氏は

第二次世界大戦後以降における神社制度の解消という要因があるものの、地域住民にとって自己の氏神鎮守社との関係を新たに覚醒させ、その再興を促した[43]

と述べ復社の機運を分析する。和歌山市の神社を対象とした森田椋也氏らの研究[44]によると神社の復社の背景には

「災害や不慮の事故などの神社とは直接関係のない出来事を取り上げ、集落で神を祀っていないことが原因」[45]とする例もみられた。このような住民の信仰心に関する原因は畔上氏や喜多村理子氏も報告[46]していることであり、神社合祀では表で大々的に語られることはないものの住民の間では復社の要因となることを考慮せねばならない。

岩田神社の例

上富田町岡の田中神社は一九一五年に八上神社へ合祀された。その後熊楠は『牟婁新報』に田中神社に関する寄稿を発表し、森の保全を訴えた[47]。それをうけて地元民らが樹木を保存し、一九五六年に森全体が県指定の天然記念物第一号に指定されている。

写真7　岩田神社址

岩田神社は、合祀から四一年後に復社することとなる。復社といっても名前をかつての「松本神社」へ戻すわけではなく、旧社地へ分霊し、その社を建立した。現在の稲葉根王子には「岩田神社址」との石碑が立っている（写真7）。この岩田神社の復社には地元上富田出身の南画家である稲田米花が関わっている（写真8）。

稲田米花について簡単に述べておくと、一八九〇年西牟婁郡岩田村上岩田（現上富田岩田）の稲田太與橘《たよきつ》の長男として生まれ、本名は登という。岩田高等小学校高等科を修了した一九〇五年郷土の漢学者谷本三山の門下に入り、四書五経、漢詩や南画を学ぶ。その後一九〇八年西牟婁郡湊村（現田辺市湊）に在住していた南画家の青木梅岳から本格的に南画を学ぶ。「梅《ばい》

写真8　狛犬の施主　稲田米花　きみ

写真9　岩田神社からの分霊式（稲田家蔵）

嶂《しょう》」と号し、大阪・京都へ南画の修行に出ている。作品が宮内庁に献上されるなど活躍をみせる。晩年は出身地の岩田へ戻り、画業を行っている。「米花」の号は昭和への改元を記念して改めたといわれる。

　米花のご令孫である稲田太門氏によると、一九五五年頃から、米花と妻きみが稲田神社の復社のために募金活動を行っていたという。復社の目的は産土神であった岩田神社（稲葉根王子）が長年放置されていたため、その旧社地を復活させる意図もあった。また、おおやけに語られていないものの一説には地域の各家に不幸事が立て続けに起こったとの説を語る方もおられた。このような不吉な事態を収めるためには、岩田神社の霊を旧社地で祭祀し、鎮めねばならないと考えたのだろう。

　米花は約二年間の募金活動を行い、一九五六年に岩田神社は旧社地へと分霊され祀られたのである（写真9）。この社の前の狛犬は稲田米花と妻きみが施主として一九八二年に寄進したもので、現在も社を守っている（写真10・11）。

　ここであげた田中神社、岩田神社は熊楠が関わった神社合祀反対運動のなかで、一旦は合祀されたものの復社した成功例といえるものである。ではなぜ、この二社はそうなり得たのだろうか。ひとつは旧社地を保護した

写真10　狛犬（阿）

写真11　狛犬（吽）

点である。本殿はなくとも旧社地とその神林を残し遙拝所として保存したことが復社の要素として大きい。そして二点目にして最大の要因は、住民たちの協力である。八上神社存置のために氏子は基本財産を積み立てるなど積極的な行動に出ている。これは熊楠にとって「悲劇の神社」として例を挙げた大山神社と比較すると正反対である。大山神社では、合祀否定派が少数であり、さらに神社存置の基本財産を氏子たちから望むことは不可能に近かった。すなわち氏子から基本財産の出資を求めることが合祀推進派へ傾斜させかねない状態であった。[48]畔上氏の弁を借りれば、熊楠は大山神社がある入野地区の状況把握に失敗[49]していた。これこそが熊楠が大山神社の合祀を阻止できなかった要因である。転じて田中神社や岩田神社は、氏子も合祀反対に積極的であった。これは先にも述べたが、熊野参詣において重要視されていた八上神社、岩田神社（稲葉根王子）が「無格社の松本神社」へ合祀されるということで、余計に氏子たちの反発を招いたのであろう。そうした氏子たちの不満を後押しする形で熊楠の合祀反対意見があったのだと考えられる。だからこそ上富田における熊楠の神社合祀反対運動は、功を奏したのであろう。そして、どんな形にせよ旧社地を保護したことで、次に挙げる神社の獅子舞のように現代へ脈々と継承される伝統が生きているのである。

現代に継承される獅子舞

ここでは神社合祀後に復社を遂げた八上神社と岩田神社の獅子舞を例に現代へ継承された獅子舞について述べる。和歌山県の県無形文化財になっている「岡の獅子舞」は、田中神社の祭典と、八上神社の秋祭りで奉納される。しかし、二〇二〇年の新型コロナウィルスの感染拡大による影響で、日常の様々なものが自粛され、祭礼や獅子舞も自粛され、練習さえもできない期間があった。獅子舞のような民間芸能は、披露の場が消えてしまうと技能が継承されなくなることがある。そして祭礼のような地域と神社との結びつきが強いハレの舞台がなければ次世代へつないでいくことも難しくなるだろう。

岡の獅子舞

岡の獅子舞は一九七二年四月一三日に和歌山県の無形文化財に指定されており、毎年七月の丑の日に行われる田中神社の祭典と、一一月二三日の八上神社の秋祭りで奉納している。

この獅子舞は安政年間（一八五四〜六〇）に田野井（現、日置川町）に伝わっていた古座流を取り入れたもので、古座流を導入する以前は、佐野流という比較的簡単な仕草の道中神楽の獅子舞があったといわれている。[50]朝来の獅子舞も古座流でかつて熊野古座荘から伝播し、和深《わふか》（現東牟婁郡串本町和深）から日置、そして朝来へと受け継がれたというが、年代や系路は明らかになっていない。[51]演目は、幣の舞・剣の舞・乱獅子を主体として、曲剣・神明賛（社）・神供（宮）・寝獅子（うかれ獅子）・天狗賛（上の舞・下の舞）・玉天狗賛・玉獅子・花天狗賛・花掛り（上の獅子・下の獅子）・扇の技[52]とバリエーションが多い。二〇二二年の『紀伊民報』には「演目は計二〇余りにのぼる[53]」とある。公開されている情報を参考にまとめると祭礼の流れは以下のようになる。

①宵宮には早朝から氏子の家を一軒毎回って「門まわし」を舞う。

②祭りの当日は獅子宿から神社への渡御で、雄雌の獅子が天狗とお多福に先導され、二頭の獅子は前後にならび、頭を高く掲げて前後左右を睨みまわしながら、道神楽の曲によって道中を舞い進む。

③神社では祝詞奏上の後、幣の舞から奉納される。

以上が岡の獅子舞の流れである。

写真12　八上神社の獅子舞（2022年11月23日撮影）

二〇二二年は、新型コロナウィルス感染拡大の影響により十分な練習ができていないとされたが、八上神社の

写真13　獅子舞の渡御

神殿で「幣の舞」「剣の舞」「しゅぜの舞」「神楽頭の舞」が奉納された（写真12）。人の移動や行事開催の制限が解除された二〇二三年は、天候に恵まれたこともあり、多くの見学者が見守るなか獅子舞に熱が入っていた。

岩田神社の獅子舞

岩田神社の獅子舞に関しては、『上富田町史』史料編下に祭礼日のみ書かれており、詳細な記録がない。そのため、二〇二二年一一月二三日に行われた祭礼調査から過程を明らかにする。

岩田神社の祭礼は新型コロナウィルス感染拡大の状況もあり、二〇二一年には二年ぶりに開催された。[54]上富田町岩田に到着した一二時三〇分には、神社の御幣を先頭に獅子が岩田の地域を練り歩いていた。すでに稲葉根王子跡にある岩田神社址への挨拶を済ませており、道路を現岩田神社に向かって練り歩いていた。

獅子は赤い肌に金の目と歯をだしているが、頭部に縄をかけられている（写真13）。頭に一人、胴体に三〜五人が入っている。渡御における獅子は、頭を大きく持ち上げたかと思えば、地を這うほどまで下げ、左右に回転させるなど激しい動きを行い獅子の猛々しさを表現していた。

一三時に岩田神社の鳥居までくると、そこで一層激しく舞ったのちに境内へのぼっていく。

境内では獅子頭をつけた舞い手が御幣を持ち踊る「幣の舞」（写真14）、椿の木に造花をつけたものに獅子がおどける「花の舞」（写真15）、天狗とお多福が登場する「剣の舞」（写真16）、ひょっとこと獅子が力くらべをする「寝獅子」、御幣と鈴を持ち荒々しく舞う「乱獅子」が行われた。舞の終盤になると、獅子頭の舞い手が参道の端から本殿へ向かって走り出す演目を行った後に祭りは終わりを迎える。

写真14　幣の舞

写真15　花の舞

写真16　剣の舞

これらの獅子舞は神社合祀が行われなければ、本来は稲葉根王子跡にて行われていたものである。現在は本来の場所に岩田神社が分霊されているため、祭礼の折にはまず岩田神社址の祠へ挨拶に行くという。

この岩田の獅子舞も現在まで順当に継承されてきたわけではない。実はこの地区の獅子舞は一度継承が跡絶えていたものを復活させたという経緯をもっている。一九六五年頃には祭りの担い手の数が少なくなったことや当時は祭りで暴れる若者もいたため、青年団が行うものは実施されていなかった。しかし、有志が獅子舞を再び岩田神社に奉納したいと立ち上がり、再起したのである。この再興をなしたのが、稲田米花のご令孫である稲田太門氏をはじめとする地元の有志である。稲田米花が岩田神社の復社運動をしていた姿をご記憶されていることが、巡り巡って獅子舞再興の行動へ繋がっていったのではないだろうか。

太門氏のお話によると再起した当初は有志の集いと見做され、実施には地域が賛否に割れたという。しかし、長年真摯に獅子舞を続けた結果、地域で次世代へ継承できているのである。

岩田の獅子舞は、旧松本神社境内で行われているものの、祭りを担う人々は岩田神社の祭礼として行っている。過去に一度は継続が危ぶまれたものの、現代まで継承されてきたのは、岩田神社がこの地域の人々にとって、何物にも代えがたい信仰や精神の拠り所であり、地域のシンボルであることを意味している。そのため合祀後に復社運動がおこり旧社地へ分霊がなされ、現代でも祭礼の折には旧社地へ挨拶に行くことを欠かさないのである。そこには形は変わろうと伝統を次世代へ継承していこうとする姿が見られるのである。

まとめ

熊楠が行った神社合祀反対運動の影響は、現在の上富田の地で発揮された。これは熊楠の名が近郊に知れ渡り、強い影響力を発揮したというよりも、氏子たちの八上神社や岩田神社の合祀についての強い憤りが根底にあり、そこへ熊楠の合祀反対の主張が重なったことでさらなる反対運動の推進力となったのだろう。氏子にしてみれば、郡の役人が推進する松本神社への合祀は、理不尽なものであり熊野参詣の歴史を踏みにじるものと受け取られたと考えられる。熊楠が度々挙げている八上神社や田中神社といった名蹟は書類上の合祀許可がだされていたものの、実際には合祀を保留されたままで明治という時代を終える。熊楠も一九一三年の大山神社の合祀を機に神社合祀反対運動に対する積極性を失い、執筆と研究へ没頭する日々へと戻っていった。しかし、反対運動の期間に知遇を得た宇井縫蔵や樫山嘉一といった上富田在住の協力者とのネットワークは田中神社の森を保護することに影響を与えたのだろう。さらにそうした人物とのネットワークが構築されたからこそ、保護された神社林は熊楠没後も大切に維持され続け、約四〇年後に住民の意向により田中神社と岩田神社は復社するのである。

こうした神社の復社については、合祀に比べると非常に簡単にまとめられる傾向があり、今後さらに掘り下げて研究する必要がある。復社は住民の信仰に関わる問題であり、一旦合祀したものを再び戻す手続きは簡単ではなかった。特に岩田神社の復社に祟りの言説が見受けられたのは、合祀された後に神社に対して住民の不安や畏れが時を経て表出したものであろう。

最後に現代にも継承される上富田町の八上神社と岩田神社の獅子舞を取り扱った。民俗芸能は神社を中心として行われており、地域の少子高齢化や近年の新型コロナウィルス感染症（COVID-19）拡大により継承が危ぶまれた時期もある。民俗芸能は祭礼や奉納を行う場を残すことが次世代へ継承する糧となっているため、神社の存置は必須であった。また、神社の存置は神社林があってこそ、なし得ている面もある。特に熊野参詣において重要視されていた岩田神社は、神社に伴う森林を残したからこそ復社があり、氏子による民俗芸能が継承されているのである。

上富田という地を総合的にみると神社合祀へ住民が反対する機運が高まっていた地であった。本章では扱わなかったが、同町内の市ノ瀬、生馬、朝来地区でも神社合祀が行われた。しかし、郡役所が合祀を強行した朝来、合祀を行わなかった市ノ瀬や生馬とでは対極にある。これをみるとなぜ郡は市ノ瀬や生馬では合祀の強行をしなかったのだろうか。現在では上富田町に合併されているが、旧村のレベルで調査を行う必要がある。

さらにこの地からは熊楠を研究面で支えた人物たちが輩出している。これは明治から昭和にかけての当地は宇井縫蔵をはじめ、樫山嘉一ら菌類四天王、画家の稲田米花などの知識人や文化人を輩出する厚い下地があったことが想像される。そうした文化的な下地や熊野参詣にまつわる神社を崇敬する念が、神社合祀反対運動において発揮されたのではないだろうか。今後熊楠に関わった人物を含め上富田という地域の再検証にあたることで、これまでの田辺の近隣地域、口熊野、熊野古道といった視点とは異なる文化の拠点としての上富田町が見えてくるのではないだろうか。

謝辞
本章に取り組むにあたり、上富田町の岩田神社合祀と復社について稲田太門氏に貴重なお話と写真を借用させていただきました。二〇二三年十二月末にご逝去された稲田太門氏にこの場をかりてご冥福をお祈り申し上げます。

［参考・引用文献］

・畔上直樹『「村の鎮守」と戦前日本 「国家神道」の地域社会史』有志舎、二〇〇九年。
・上富田町史編さん委員会『上富田町史』史料編下、一九九二年。
・上富田町史編さん委員会『上富田町史』通史編、一九九八年。
・喜多村理子『神社合祀とムラ社会』岩田書院、一九九九年。
・紀南文化財研究会編『改訂　南方熊楠書簡集』紀南郷土叢書第十一輯、二〇〇八年。
・櫻井治男『神社復祀の研究』一九九六年。
・櫻井治男「神社整理のモデル県と神社復祀」『現代神道研究集成　第6巻　神社研究編』神社新報社、二〇〇〇年。
・櫻井治男『地域神社の宗教学』弘文堂、二〇一〇年。
・武内善信「神社合祀反対運動の始動と展開」『闘う南方熊楠　エコロジーの先駆者』勉誠出版、二〇一二年。
・武内善信「南方熊楠及び柳田国男と「鎮守の森」―森神と神社合祀―」『熊楠研究』第十二号、二〇一八年、一一八－一四三頁。
・武内善信「神社合祀問題における県会議員毛利柴庵の活動と南方熊楠―大山神社の合祀を中心に―」『熊楠研究』第十七号、二〇二三年。
・田村義也「田中神社の手水鉢：南方熊楠の未成熟な言語」（ＴＩＥＰｈ第1ユニット　自然観探究ユニット）『東洋大学「エコ・フィロソフィ」研究』第九号、二〇一五年、五一－六〇頁。

・中瀬喜陽『覚書　南方熊楠』八坂書房、一九九三年。
・野村さなえ　同志社大学文学研究科文化史学科　博士前期課程　修士論文、二〇二三年。
・芳賀直哉『南方熊楠と神社合祀―いのちの森を守る闘い―』静岡学術出版教養ブックス一一〇〇〇三、静岡学術出版事業部、二〇一一年。
・日置川町誌編さん委員会編『日置川町誌』通史編　上巻、一九九六年。
・松居竜五・田村義也編『南方熊楠大事典』勉誠出版、二〇一二年。
・南方熊楠「岩田村大字岡の田中神社について」『南方熊楠全集』第六巻、平凡社、一九八五年、一二六－一三九頁。
・南方熊楠『南方熊楠全集』第七巻、平凡社、一九八五年。
・森田椋也、後藤春彦、山崎義人、野田満「再祀後の神社の運営に関する基礎的研究　明治末期の神社整理の対象となった和歌山市の神社の変遷」『都市計画論文集』四九巻三号、公益社団法人日本都市計画学会、二〇一四年、一〇五九－一〇六四頁。
・飯倉照平編『柳田国男・南方熊楠往復書簡集』上、平凡社ライブラリー、一九九四年。

［注］

（1）「第3編文化　第一章宗教」『日置川町誌』通史編　上巻、四八六－四八七頁。なお四五七－四五九頁には川添村の合祀状況を記録している。熊野十二神社は一九〇九年（明治四二）に社名が川添神社と改称される。その後一九五二年（昭和二七）九月に社名を熊野十二神社に復している。
（2）明治四五年二月九日朝六時　白井光太郎宛　『南方熊楠全集』第七巻、五三四頁。
（3）武内　二〇二三年、一二二頁。
（4）畔上　二〇〇九年、八七－一一五頁。
（5）武内　二〇二三年、九七－一二五頁。

（6）野村　二〇二三年。
（7）喜多村　一九九九年、一一－一二頁。
（8）田村　二〇一五年、五一－六〇頁。
（9）松村任三宛書簡『南方熊楠全集』第七巻、平凡社、五一四頁。
（10）武内　二〇一二年、一二三五頁。
（11）注（10）に同じ、一二三九頁。
（12）注（10）に同じ、一二三四頁。
（13）松村任三宛書簡『南方熊楠全集』第七巻、平凡社、五〇九頁。
（14）注（10）に同じ、一二三六頁。
（15）南方熊楠　第七巻、四九七頁。
（16）南方熊楠　一九八五年、一二六頁。この投稿記事よりも一九一六年一月一三日掲載の談話「岡の田中神社をツブしちゃ困る─南方先生の談話─」が熊楠の意見がわかりやすい。熊楠は「近来岡川や田中神社の神林を伐採するという話がある。伐られては学問上大損害を受けるわけじゃから、ドウかそのような無知なことはぜひ思い止まって貰いたい。」と述べている。
（17）「第三章　中世前期の上富田」『上富田町史』三五頁。
（18）上富田町岩田三宝寺「明治二十二年大洪水水位標」（平成一八年）より。富田川の堤防上には「庚申松（人助け松）」の碑がある。これによると明治二二年八月の大洪水の際、ここにあった松につかまり数名の命が救われたという。松は一九七二年（昭和四七）に枯死し、伐採された。
（19）「第二節　明治の大水害」『上富田町史』五〇五頁。
（20）熊楠と最初期に連絡をとっていたと考えられるのは宇井縫蔵である。宇井は一九一一年（明治四四）頃に熊楠の植物標本を牧野富太郎へ送っている。熊楠との邂逅は樫山が一九一四年頃、北島は一九一九年頃、田上は一九二九年頃とされている〔『南方熊楠大事典』参照〕。

(21)『南方熊楠全集』第七巻、四九六頁。
(22)平田寿男宛、昭和五年五月七日『改訂　南方熊楠書簡集』紀南郷土叢書第十一輯、紀南文化財研究会編、一一七頁。
(23)注(20)に同じ、四九六頁。
(24)『南方熊楠全集』第七巻、五八九頁。
(25)田村　二〇一五年。
(26)武内　二〇一八年、一二〇頁。
(27)『柳田国男・南方熊楠往復書簡集』上　飯倉照平編　平凡社ライブラリー、十六 - 十七頁。
(28)『上富田町史』史料編下、九一一頁。
(29)『南方熊楠全集』第七巻、四九六頁。
(30)『南方熊楠全集』第七巻、四九六 - 四九七頁。
(31)この写真は長年神社名が不明であったが、上富田町出身の顕彰館職員によって二〇二二年に松本神社と同定された。
(32)『南方熊楠全集』第七巻、四九七頁。
(33)「明治期の上富田」『上富田町史』通史編、五九〇頁。
(34)注(33)に同じ、五九〇頁。
(35)注(33)に同じ、五九〇頁。
(36)注(33)に同じ、五九〇頁。
(37)注(33)に同じ、五九一頁。
(38)「上富田町域の神社合祀強要する県と住民の対応―岩田村と市ノ瀬村―」http://www.town.kamitonda.lg.jp/section/kami50y/kami50y11003.html（二〇二三年四月二一日閲覧）
(39)注(33)に同じ、五八九頁。
(40)「上富田町域の神社合祀強要する県と住民の対応―岩田村と市ノ瀬村―」http://www.town.kamitonda.lg.jp/section/

kami50y/kami50y11003.html（二〇二三年四月二一日閲覧）
（41）注（33）に同じ、五九一－五九二頁。
（42）注（33）に同じ、五九二頁。
（43）櫻井　二〇一〇年、一八六頁。
（44）森田椋也ら　二〇一四年、一〇五九－一〇六四頁。
（45）注（43）に同じ、一〇六一頁。もう一つの原因として、氏子らの身近に神社がなく参拝の不便さへの不満から復社させようという動きがあった。
（46）畔上　五三－五四頁。中津川地区の八坂神社合祀について古田幸吉が熊楠にあてた書簡を紹介している。ここでは合祀直後に赤痢が発生し、「氏神の罰」として表出した（喜多村八六頁）。神社の御神体奉遷に関わった神職、人夫が急死したり、不幸な状態になったりした。またチフスが流行った際にも「罰だ」と噂された。
（47）中瀬　一九九三年、二四八頁。
（48）注（4）に同じ、一〇三頁。
（49）注（4）に同じ、一〇五頁。
（50）「―ふるさとの伝統―上富田町の民俗芸能」http://www.town.kamitonda.lg.jp/section/kami50y/kami50y11003.html（二〇二三年四月二一日閲覧）
（51）『上富田町史』史料編下、六八八－六八九頁。
（52）「―ふるさとの伝統―上富田町の民俗芸能」http://www.town.kamitonda.lg.jp/section/kami50y/kami50y11003.html（二〇二三年四月二一日閲覧）
（53）「岡の獅子舞　秋祭りに向け練習」『紀伊民報』二〇二三年一一月一九日。
（54）「岩田神社で獅子舞奉納　上富田町、子どもたちも参加」『紀伊民報』二〇二一年一一月二四日。

KUMA

第5章 蟻のマンダラ
――高山寺蔵新出土宜法龍宛南方熊楠書簡一通

末木文美士

GUSU

はじめに

高山寺にはかつての住職土宜法龍師の所蔵資料がかなりの分量遺されている。現在、その調査を進めている。調査は必ずしも順調に進んでいるわけではないが、貴重な資料の全貌が少しずつ明らかになりつつある。

今回紹介するのは、従来未発見であった土宜法龍宛南方熊楠書簡一通である。高山寺には、法龍宛の熊楠の書簡が多数残され、一括して保存されてきた。それらについては、奥山直司・雲藤等・神田英昭編『高山寺蔵南方熊楠書翰　土宜法龍宛１８９３‐１９２２』（藤原書店、二〇一〇年）〔高山寺本〕として、全四三通が翻刻紹介された。それらは、それ以前に知られていた両者の往復書簡を翻刻した熊倉照平・長谷川興蔵編『南方熊楠・土宜法竜往復書簡』（八坂書房、一九九〇年）〔八坂本〕と共に、熊楠研究上、並びに法龍・熊楠の交流研究上、基本となる資料である。

今回発見された書簡一通は、他の書簡とは別に、法龍師関係資料の中に紛れていたものである。法龍師関係資料としては、拙稿「土宜法龍研究序説」(『令和二年度高山寺典籍文書綜合調査団研究報告論集』)で紹介したように、段ボール箱三箱とさらに聖教資料の番外第四函に納められたものがある。令和三(二〇二一)年三月の調査の際に、この番外函を調べてみた。そこには多くの釈雲照からの来簡がまとめて収納されていて、熊楠とともに雲照が法龍にとって特別の存在であったことが知られる。その雲照の書簡中に、熊楠の書簡一通が紛れ込んでいたのである。

この書簡は、三紙を継いだ和紙に筆で記されていて、冒頭を破損しているが、おそらく宛書の住所が記されていたものと思われる。封筒はなく、日付は記されていないが、後の解説に述べるように、明治三五(一九〇二)年四月三日のものと推定される。熊楠が自らの霊魂論を展開した一連の書簡の中の一通で、その欠けていた部分を補う重要な内容のものである。

そこで、本書簡を翻刻紹介することにしたが、熊楠の字はきわめて読みにくく、十分に解読できなかった。そこで、熊楠の書簡に詳しい奥山直司氏、小田龍哉氏のご教示を得て、何とか翻刻したが、なお検討すべき箇所は少なくない。識者のご教示を頂きたい。

翻刻に当たっては、行取りは原文のままとし、句読点や濁点も原文に付されたものだけを付した。本文中の括弧も原文の通りである。また、二つの図が用いられているが、翻刻の該当箇所に写真を挿入した。この後の方の図が仮に「蟻のマンダラ」と呼ぶものである。これは重要な図であるから、解説の後に拡大して掲載した。

翻刻

（前部欠損　宛書の一部か）

土宜法龍様　　　　　　　　　　　　　　　　　　南方熊楠

拝啓

前書来屡々申上候霊魂云云ノ事　疑惑ヲ生セヌ為
左ニナホ補テ申上候也
第八識　末那識ハ霊魂 soul ト貴書ニ見タリ　然レドモコレハ
soul トハ全ク合ハヌカト被存候　一体末那識ヲ菩薩以上ニシテ
感知スヘキ　微細識トスルト同時ニ　毎人必ス末那識アルヲ説ク、
耶蘇徒等ガイフ soul モ亦霊妙超絶ニシテタヾ神ニノミオトルトイ
ヒ乍ラ人毎ニ soul ヲ神ヨリ頒与サレタリトイフ、故ニ双方ノ解トモ
霊魂ハ超絶微妙ナルモノト　今一ツハ　コンペイ糖ノ中心ノケシ粒
如キ生活ノ本原識トイフト名一実二ナル至極曖昧ナル名
ト義ナルガ如シ、予ガ前書来申上シ物心（人心ヲモ含ム）ノ最単簡ナル
基元識ハ乃チコノ生活ノ本原識タル末那識ニシテ　其問ニアル
無実有名ノ物体凝集ノ観スル力ノ基点トイフモノナリ　扨

超絶ニシテ菩薩以上ノ知ヘキモノカ小生ノ主トシテイフ霊魂ナリ、
コノ別ヲ知テ予ノ論ヲ読ミ被下度候
然ラハ　何故ニ純粋超絶ノ霊魂ガ堕落シテ睡眠間ニモ
存スルトイフ最単簡微弱ナルコト針点ノ如キ末那識（生活ノ
原識）トナルカトイハンニ　是レ業障ニヨル、業障ノ元ハナニカ
トイハンニヤハリ如来識（乃チ霊魂団タル大日）ニ外ナラズ、
大日自ラソンナコトヲシテ自分ヨリ生タル諸物諸心ヲ苦シムルカトイハンニ
是レ苦ミニ非ルコト最初来ノ状ニ見エタル芝居ノタトヒニテ可知、
今例ノアナロジー（譬喩但シオドケノ如キ考ニ非ズ）ヲ以テ
論センニ

　天下ノ事アナロジーノ外ニ論法ナキコトハ前書ニイヘリ、是れ同《ホモロジー》
トイフコト殆ド絶無ニシテタトヒ有ルモ共境タル同一物ニ限リ他ニ及サ
ヽレハナリ、

多年来　化学者ノ研究ニテドウモ諸原素ハ水素乃チ
原子上□（破損）ノ一ナルモノヲ基トシ　水素ガ種々ニ進化重畳シテ諸素
ヲ成スコト明カニナリタリ、但シ実験上ノ証左ハ未ダ挙ラズ然シ
ナカラ理窟ハ左様ナクテナラヌ迄ト分レリ、然ラハ今日知レタル

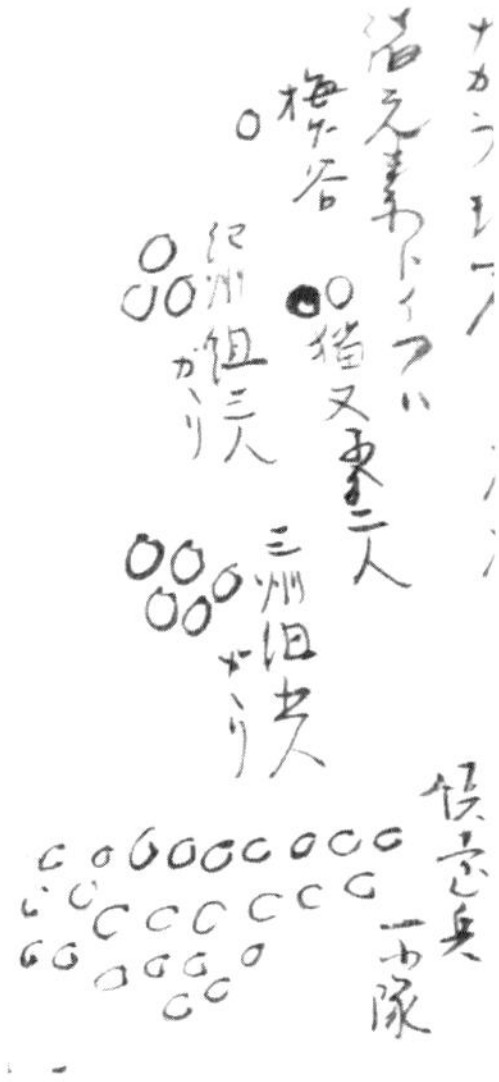

諸元素トイフハ図ノ如ク一人ヲ梅ヶ谷ト名ケ二人ハ猫又ノ子分ノ組　三人ハ紀州組　五人ハ三河組　二十人ハ鎮台第十一小隊ト勝手ナ都合上名ヲツケテ分チソノ間ノ交渉ヲ論スル迄ノコトニシテ実ハ諸派繁雑ノ化学合離作用ト水素原子ガ或ハ一箇ニテ（水素）或ハ二箇或ハ三箇或ハ四箇ノカタマリニテ酸素塩素炭素ナド、アラハレ取リ組ミ引キ分レルニ過ズ恰モ人間ノ箇人ガテンブウデ梅ヶ谷ト名ノリ二人三人四人ト組ヲクメバ組ノ名ツキテソレ〳〵合従分離スル如シ、故ニ諸原素ノ親和トカナントカイフモノ、諸原素トテホンノ人間ガ化学ヲ学智スル符牒トイフ迄ニテ実ハ化学界ノ事ハ一切水素一ツノ或ハ単簡ニ或ハ雑錯ニ或ハ大雑錯ヲ極メテハタラクニ過サルナリ、此国ハ古エ伊勢ヲ割テオキシモノナリ近ク迄砒素ハ一原素トシタガ一昨年アタリコレハ燐素ヨリ化成セシモノト知レタリ、恰モ志摩ハ一国ト見シガ三重県ニナリテカラ伊勢ト同一ト見ルヤウナコトナリ、然シ都合上ハ砒素化合

アンバイガ燐素自ラノ他ノ化合アンバイト多少チガフモノモアルカラ、ヤハリ
砒素ト唱ヘオル也、伊勢ト同一ナガラ、便宜上志摩ヘ之クトイヘバ
新宮ヤ津辺ヘ之カヌコトガ分ル如シ、又アンモニウム如キハ久キ
以前ニ水素ト窒素ガ合シテ成レルモノト分ケタレドモ酸類ニアフテ
硫酸アンモニアナド、後ニ化合物多ク生スル力アルカラ今モ便宜上
一ノ原素如クニ序スルナリ、有機体ノ諸成分如キハ炭酸水
窒ノ四素ヲ基トシ、其他ハ広カル　此ニ細ノ痕跡ヲ他ノ原素ヨリ入ル、
コトナガラ之ヲソレラノ炭素等ノ下ニ序シテハ教授ノ都合ニ中入《ナカイ》リガ
甚ク入リ無用ノ時間カツブレルカラ無機化学ニハ之ヲ一切ノセズ別ニ
含炭乃チ有機化学トイフ別門迄モ開キアルナリ、是レ人間ノ便宜上ノ
事ト知ルヘシ

蟻ガ道ニ迷フトキカ、ル雑乱
ナル線ヲ画ク乃チ自ラノ
往シ道ノ為ニイヨ／＼往クヘキ
道ヲ謬ルコトナリ、
糸ヲ図ノ如ク
モツラセルニ

アノ様コノ様ト迷
ハズニ道ハ一トスヂト
サト／リ／迂／廻ナ
ガラ／一トスヂ
ヲソノ／マ、
タドリ／ユカバ

イヨリハノ間ハ通
ナリ、ハヨリロノ間ハ
一線ヤラ二線ヤラ乃至
三四十線ガ寄タヤウ一寸分ラヌナリ、然レドモ実ハ
一線ニシテ三十線トモ四十線トモ見ユルハ　便宜上サシ当リ
テノ方便ナリ、（右ノ図ハ実ニ一線ニテ画キシナリ）
サレバ世ニ一元ノミニシテ多般ノ象ヲ認ズルコト無シトイフ論ハ大ニ誤レリ、
イヨリハノ間ノ如ク直線ニモドラバ霊魂ナリ、ハヨリロノ間ハ精神又ハ
物心ナリ、サレド此間ノ線路イカン　曲ルモナホイヨリ出シ性ノ具
スル所ガ末那識（物心原基）ナリ、
何レト右ニテ御分リノコトト存ヤ、右ノ如ク分リヲ予ノ状初ヨリヨミ
被下候ハヾ幸甚ニ候、而シテ予ハ此ハヨリロニ至ル間ノ混雑中
ノ諸則ヲ研究スルガ金粟ノ徒ガ大ニ仏教ヲ拡張シテ外道ヲ
摧伏スルノ要事件ト存ジコレヨリ又熊野ニユクモ先ヅ羯磨
法則ヲ調ベテ教エヤラントスル也、
其間試ニ筆ヲトリテ線路アトデナルベク追蹤ノ出来ルヤウ
明カニ千辺斗リ大混雑ノモノヲ画キ見玉ヘ其間ニ必ズ原則ノ

往ヘキ／方ニ／ユキ得
ル也、末／那識ヲ拡
張シテ如来／ニ到ル如シ

伏シ在ルヲ見ン、決シテ絶対的ニ無茶ナモノハ画ントスルモ画キ得ヌモノニ候、　以上、
ナント金粟王ノ微細智ニハ驚嘆ノ外ナカラウ

解　説

一、熊楠の霊魂論――明治三五年の画期

南方熊楠は、明治三三（一九〇〇）年に、一四年近くに及ぶ海外生活から帰国する。当初、和歌山の実家などに寄宿するが、翌三四年には勝浦に移り、やがて大阪屋旅館に落ち着く。ただし、三五年の三－五月、歯の治療のために和歌山に戻った。

霊魂論はロンドン滞在中からの課題であったが（小田龍哉『ニニフニ』、左右社、二〇二一年）、この頃改めて取り上げられ、とりわけ明治三五（一九〇二）年の和歌山滞在中に一つの頂点に達する。従来、明治三六（一九〇三）年に完成されたいわゆる「南方マンダラ」だけが注目されてきたが、じつはその前年の霊魂論も、きわめて注目されるものである。その間に、時代の課題であるとともに、熊楠自身としてもどうしても解決しなければならない実存的問題でもあった霊魂問題に対して、彼独自の立場を確立するに至る。他方、法龍は宗門内の統一の為に奔

走しながら、熊楠のために時間を割き、仏教の立場を示して、熊楠に刺激を与えた。

ちなみに、時代の課題というのは、一九世紀後半に欧米でさまざまな心霊現象が流行し、心霊学が盛んになったり、神智学が形成されるような状況を生じて、霊魂問題が大きく取り上げられるようになっていた。他方、日本では、キリスト教が市民権を得るに伴い、仏教界でも霊魂不滅論は大きな問題となり、仏教の立場を取る哲学者井上円了の『霊魂不滅論』（一八九九年）などが著されるようになっていた。それに対して、唯物論の立場から中江兆民が遺著『続一年有半』（一九〇一年）で霊魂否定論を説き、大きな議論を引き起こしていた。熊楠は、円了や兆民にも関心を持っていて、そのような動向に刺激を受けながら、自らの霊魂論を確立しようとしたと考えられる。

熊楠と法龍の間でやり取りした書簡のリストは、奥山直司「南方熊楠・土宜法龍往復書翰表」（〔高山寺本〕付載）に非常に分かりやすく一覧表として示されている。そのうち、明治三五年の項（同、三五〇頁）を見ると、同年三－五月の間に、熊楠からは一一通、法龍からは五通の書簡がやり取りされている。しかも熊楠からは長文の書簡が次々と出されていて、集中的にその霊魂説を確立していく様子が知られる。

なお、法龍側の五通のうち、未翻刻であった三通は、小田龍哉の前掲書に翻刻され〔小田本〕、これで両者のやり取りがはっきりと分かるようになった。熊楠の論に法龍がコメントし、それに刺激されて次の熊楠の議論が展開していくのである。

二、霊魂論の確立――三月二二日から二六日まで

熊楠の霊魂論は、まず三月二二日の書簡〔八坂本43〕に見え、ついで翌二三日の書簡〔高山寺本25〕に続く。その要点は「吾れ吾れ何れも大日の分子」であるというものであった。それに対して、二四日の法龍の書簡〔小田本7〕では、もしそうであれば、「没同梵王体説、印度婆羅門ノ真説ト同一ニシテ業輪廻説、又仏ノ小乗人空法有説ト同一ニ見ユ。果シテ然リヤ。然ラハ霊魂トハ其モ何物ゾ」と、疑問を提示している。

すると、熊楠は、二五日には続けざまに二通の長文の書簡を書き〔高山寺本26・27〕、さらにおそらく二六日と推定される書簡〔高山寺本28〕で補足している。熊楠の説の要点は、霊魂（ソール）、精神（スピリット）、心（マインド）を分け、霊魂は大日如来と一体で不死であるが、そこから精神へ、さらに心へと展開していくというものである。

〔高山寺本27〕によると、「集合霊魂」が大日であり、それが個別に分かれた「一部霊魂」が個人の霊魂である。その霊魂が精神と化し、さらに「精神が原子とふれて物心と化し、〔……〕原子は精神とふれて物力を生じ、物体を顕出す」というのである。「物心」というのは、純粋な精神ではなく、物質的なものと関わって生ずるからであり、「人心も物心の一種」であるが、動物や植物、ひいては死物（土石など）にもあるという。死後、物心は精神界に入るが、直ちに霊魂に至ることはできない。そこには「悟」が必要とされる。

熊楠の霊魂論は、単純に人間の精神的要素を唯一のものとするのではなく、霊魂・精神・物心などに分け、そ

こに大日如来から発する世界生成と絡めて段階を立てるというものである。世界生成を逆転させることで、心の上昇が可能となり、最終的に大日に帰着することになる。その様子は、〔高山寺本27〕では、下のような図で示されている（同、二六九頁）。

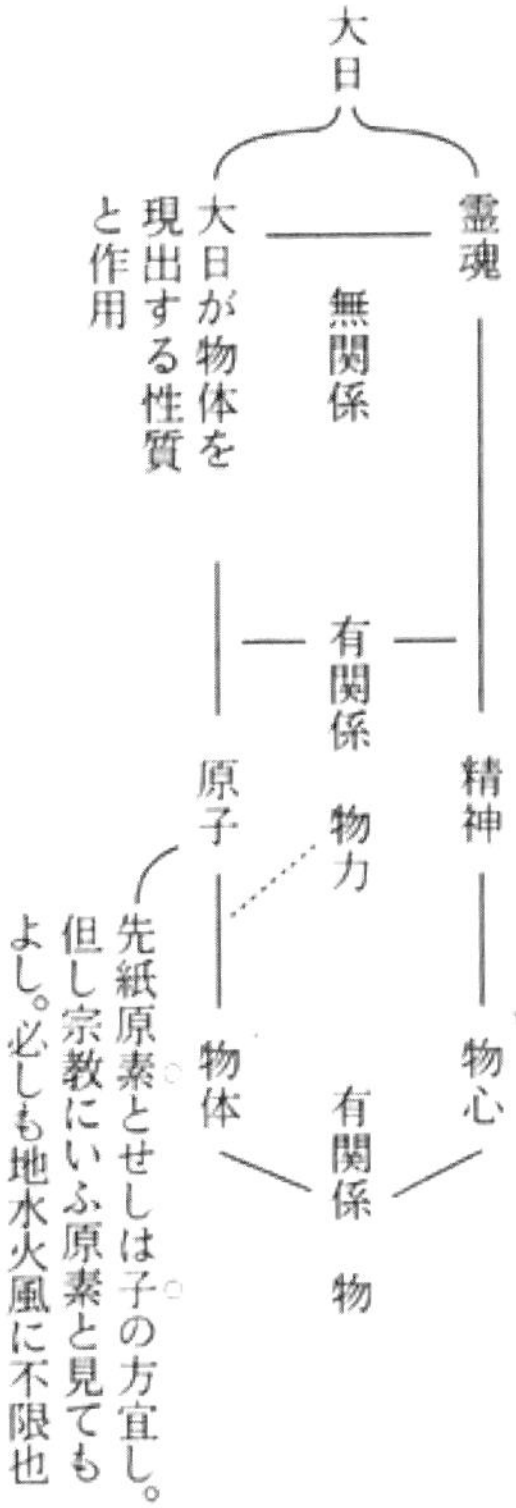

この図は、〔高山寺本26〕にも少し違う形で示されているが、そこではそれを「猶太《ユダヤ》のマンダラ」と呼んでいる。それは確かにユダヤ教神秘主義カバラのセフィロトの樹を思わせるところがある。熊楠がセフィロトの樹に関心を持つに至った過程では、神智学の影響があったのではないかと推測されている（唐澤太輔「南方熊楠は「猶太教の密教の曼陀羅」で何を表現しようとしたか：セフィロトの樹との比較」、『比較思想研究』四五、二〇一八年）。

図を使って自説を表わすのは、熊楠の得意とするところであるが、翌年に形成されるいわゆる「南方マンダラ」の源流として、仏教の密教のマンダラとともに、この「猶太のマンダラ」があったことが分かる。

三、霊魂論と仏教――三月三一日から四月四日まで

その後、法龍がすぐに返事をしなかったところ、熊楠は三月三一日にも書簡を出して〔高山寺本29〕、「此の粟散辺土の弊風として、他人の説に服従した時、服従したといはずにやりながしに返事出さぬこと多し。貴下も其流と見えたり。前書予の説に疑あらば何回なりとも申来れ」と挑発している。

そこで、法龍は四月一日付でやや長文の返事を書き〔小田本8〕、熊楠の説に対して、仏教の立場からコメントを加えた。法龍は、「過般来病気ノ為メ二十五日より三十日迄病院ニ居リ、三十一日帰リ来リタリ。貴書ニ接スルニ第一ハ難読、而シテ後チ二三回読了セネハ十分ニ腹ヘ容ラズ」と言い訳している。法龍は気管支が弱く、そのために入院していた。熊楠の書は、実際文字も読みにくく、内容も込み入って直ちには分かりにくい。忙しく、病身でもある法龍が、このわがままな年下の友人に気を遣っている様が興味深い。

この書簡は、熊楠の霊魂論を仏教の理論と結び付ける点で重要である。法龍は、六識の根底に第七末那《まな》識、第八阿頼耶《あらや》識を立てる唯識説を紹介し、「彼ノ至極微細ナル第八識ガ即チ貴下ノ「ソール」ト同一物体ニテ、霊魂ト予カ称スルモノナリ」と、第八識＝霊魂説を展開している。ただし、その立場を取ると、霊魂は人身を離れるものでなく、「人身去レハ霊魂ナシト云フ、所謂唯物論ニ帰着スル」ことになるとする。

さらに、大乗の立場では、「身モ心モ共ニ生滅即不生不滅」という「真如観」の立場を取り、小乗では、「五蘊ノ人体ハ〔……〕生滅スルモ、霊魂ハ別ニ不生不滅ニテ、五蘊ノ作業ノ因果ニヨリテ苦楽昇沈ヲ受ケ」るという。

法龍自身は大乗の「生滅即不生不滅」の立場で「今日ハ安心シ居ル」けれども、小乗の説も「随分道理アル説」とも見ていて、揺れていることが知られる。法龍は、「貴説モ究竟ハ予カ大乗説ト同一ノ結論ト見ユ」と、熊楠の説を大乗の「生滅即不生滅」と同一視している。

ちなみに、法龍は同じ書簡の中で、「大日ヲ具体的ニ信仰スルヤ否ヤノ問題」について、「遍一切処ノ大日ヲ具体的ニ信スルハ難シ」と告白している。興味深いことに、熊楠のほうが大日の絶対性を立てて、霊魂不滅を主張しているのに対して、法龍のほうが合理主義的な立場から、躊躇を示しているのである。

この書簡を受け取って、熊楠は直ちに四月二日に返信を送っている。この書簡は、後に法龍から熊楠に宛てて送られた書簡の中に同封されていたために、〔八坂本〕では見逃され、別途翻刻されている（東京・南方熊楠翻字の会編「土宜法龍宛南方熊楠書簡——南方邸所蔵未発表分」、『熊楠研究』七、二〇〇五年）〔東京翻字1〕。そこで熊楠は、「予は末那識と阿頼也《ママ》識の事は十分に解せず」としながらも、「末那識は〔……〕余の所謂精神に出たる、〔……〕阿頼耶は相当か不相当か不知が霊魂に相応する位置のものなり」と、阿頼耶識＝霊魂、末那識＝精神を認めている。この他にも、この四月二日の書簡には注目されるところがあるが、今はさておく。

さて、この四月二日書簡の後、さらに翌四月三日に補足として出したと推定されるのが、今回の新発見の書簡である。熊楠は、法龍の四月一日書簡に触発されて、さらに四月四日にも書簡を出している〔高山寺本30〕。その編者注（1）にこう記されている。

『熊楠日記2』二五二頁によれば、熊楠は四月二日に法龍から書翰〔法龍来簡2978〕（〔小田本8〕に当たる——引用者注）を受け取って、即日〔東京翻字1〕を返し、翌三日にも一状（未発見）出し、この日さらに本

書翰を認めている。〔高山寺本、二八七頁〕

ここで（未発見）とされていたのが、今回発見された書簡と考えられる。いささかややこしくなったので、三月三一日以後の両者のやり取りを整理しておくと、次のようになる。

三月三一日　熊楠→法龍　〔高山寺本29〕
四月　一日　法龍→熊楠　〔小田本8〕
四月　二日　熊楠→法龍　〔東京翻字1〕
四月　三日　熊楠→法龍　〔今回翻刻〕
四月　四日　熊楠→法龍　〔高山寺本30〕

この後は、四月一八日の熊楠書簡〔高山寺31〕まであくので、連日のやり取りはここで一段落することになるが、これまで欠けていた一通が発見されたことで、この間のやり取り、とりわけ熊楠側の思考の展開がほぼ完全に明らかになった。

四、南方マンダラ以前の蟻のマンダラ――新出書簡をめぐって

もっとも、本書簡には日付がないのであるから、ここに位置付けられるかどうかは検討されなければならない。

その点については、冒頭に「前書来屡々申上候霊魂云云ノ事　疑惑ヲ生セヌ為左ニナホ補テ申上候也」と述べていることから、霊魂に関して論じてきた問題を補足していることは明らかである。内容的に見ると、霊魂と第八識・末那識などとの関係を論じていることから、四月二日付書簡の後に来るのがもっとも自然のように思われる。日記の記述なども考えて、四月三日と考えて矛盾がないばかりか、そう考えるのがもっとも適切である。

さて、その内容であるが、いささか問題がある。前日の書簡では、よく分からないとしながらも、阿頼耶識＝霊魂、末那識＝精神と認めていた。ところが、本書簡では「第八識　末那識ハ霊魂 soul ト貴書ニ見タリ。然レドモコレハ soul トハ全ク合ハヌカト被存候」と、第八識や末那識を霊魂と同一視する説を全面的に否定している。本書簡で、熊楠は阿頼耶識と末那識を混同しているところがあり、やや分かりにくいが、その議論の流れを追ってみよう。

熊楠は、末那識に「菩薩以上ニシテ感知スヘキ微細識」という面と、「毎人必ス末那識アル」という個人の本源という面の二側面があるという。そのうち、「毎人必ス末那識アル」という側面は、「物心（人心ヲモ含ム）ノ最単簡ナル基元識」であって、それは「生活ノ本原識タル末那識」である。それに対して、「超絶ニシテ菩薩以上ノ知ヘキモノ」こそが、「小生ノ主トシテイフ霊魂」だというのである。

即ち、霊魂は、菩薩以上にしてようやく知り得るような「純粋超絶」のものであり、「如来識（乃チ霊魂団タル大日）」である。それが業障によって、「末那識（生活ノ原識）」に堕落するというのである。

それではなぜ大日が、自ら作った諸物諸心を苦しめるのかということが問題になる。それは「最初来ノ状ニ見エタル芝居ノタトヒ」で理解できるという。これは、三月二十二日の書簡〔八坂本43〕に見えるもので、この世界は一大劇場で、苦しい役もあるが、終わったら誰もが「一大愉快を催す」ことになるというのである。熊楠の中で、この時からの議論が継続していることが知られる。

このように、熊楠はさまざまなアナロジー（譬喩）を使って議論を進めており、これは熊楠のレトリックの大きな特徴である。本書簡では、続いてこの「アナロジー」ということについて、興味深い論が展開されている。特に当時の科学の最新知識に基づいて、原素（元素）がすべて水素を基にしているという例を挙げているのは、興味深い。

この書簡には、二つの図が使われているが、とりわけ後の方の図は注目される。熊楠の説明によれば、これは霊魂から精神や物心が生まれる様を記したものだという。イからハは、まっすぐな霊魂である。それが迷ってぐちゃぐちゃになって、ハからロに至るのが、精神または物心であるが、どこまでも一続きのものであって、もとはイから出て続いているのである。熊楠によると、この図は蟻が道に迷って乱雑の線を描くことにヒントを得ているという。そこで、これを仮に「蟻のマンダラ」と呼ぶことにしたい。この呼称は松居竜五氏の提案されたものであるが、本図の特徴を適切に表わしているので使わせていただく。

なお、この図は重要なものであるが、翻刻中に挿入した図では小さくて分かりにくいので、拡大して本稿末に掲載する。

この図についてさらに注目されるのは、熊楠が、「予ハ此ハヨリロニ至ル間ノ混雑中ノ諸則ヲ研究スルガ金粟ノ徒ガ大ニ仏教ヲ拡張シテ外道ヲ摧伏スルノ要事件ト存候」と述べていることである。則ち、自らの研究を、ハからロに至る混雑したところを解明し、その法則を明らかにすることだと自任して、それを通して仏法を拡張し、外道を摧伏するというのである。このように、この図式は、自らの自然科学的研究を大日を根源とする霊魂論と結びつける重要な意味を持っていることになる。

このごちゃごちゃした線からなる図が、翌明治三六年のいわゆる「南方マンダラ」〔八坂本46〕につながることは、直ちに見て取れる。そこでは、明治三五年段階で中心的問題であった霊魂論に加えて、今度は事実的世界の探求である「事」の問題が大きく入ってくることになる。それ故、新出書簡に出る「蟻のマンダラ」は、「猶太のマンダラ」から「南方マンダラ」に至る過程で描かれた、南方マンダラ以前の独自のマンダラだったということができる。

ちなみに、このような一筆書きの糸が絡まったような図には、ヒントとなったものがあったように思われる。三月二五日の書簡〔高山寺本26〕に、ロンドン滞在中に孫逸仙〔孫文〕とともに遊戯の迷路に入って、到達点にも至らず、入り口にも戻れずに迷った話を記し、その迷路の図を下のように描いている〔高山寺本、二六六頁〕。

迷路のように込み入った物心の世界の筋道を見出し、それを根源の大日＝霊魂に戻していくことこそ、熊楠が自らに課した壮大な課題であったのである。

イト起ヘし

イ

ハ

糸が道ニ迷ツテ出ル難れ
九條ニ直り刀チ自ラ
得む道フ君ニイヨく得ヘ辛
遣り澄んてり

糸ノ囘ノ妙
モッラてんと

イ分ハノ名ハ道
なり、ハ分ヒリ名ハ
一條キョ 二條十ョ名ハ
三七ト條か寄ゝキャラ一寸全ラヌナりハ
一條シ三十條トモ空ケ條トモ又二六ハ女レも実ゝ
テノ方伎り、（カノ囘ハ実ニ一條ニョ思ヒして）

アノ條ニノ條ハ迷
ハ道ニト又ホト
サリ
糸ノ方リ
カラ
一下ニ糸
ラソノ

ロ
圧
面ナ
女レ方
六方ハ
得年
方ニ
ゴキね
んと末

那城ノ塊
株ノ如来
削ルかし

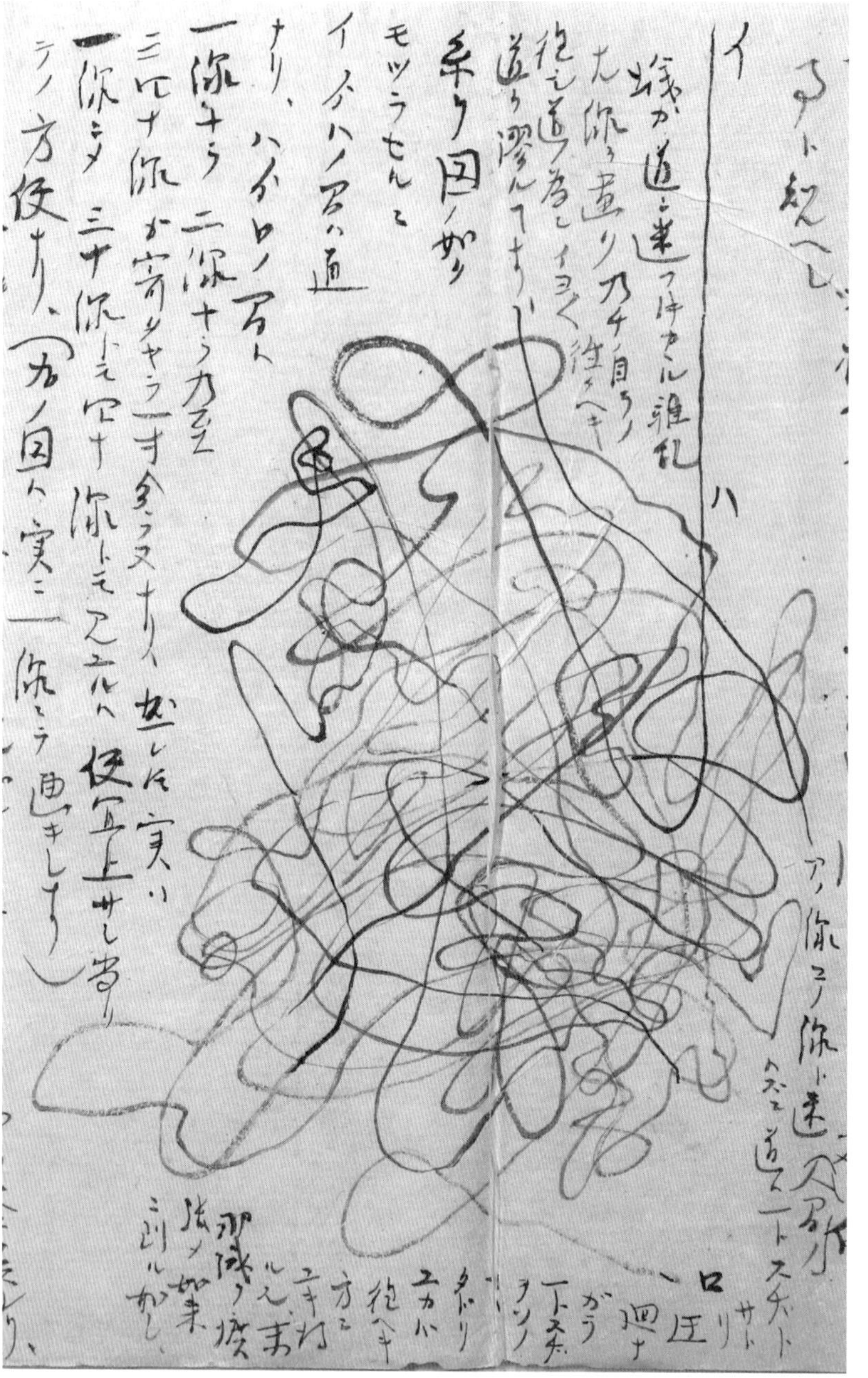

（後記）

本稿は、もと「高山寺蔵新出土宜法龍宛南方熊楠書簡一通」と題して、『令和三年度高山寺典籍文書綜合調査団研究報告論集』に発表したものをもとにして、タイトルを変更するとともに、多少の訂正を施した。高山寺並びに高山寺典籍文書綜合調査団には快く転載をご許可頂いた。なお、本研究は、ＪＳＰＳ科学研究費助成金 JP20H01192の研究分担者としての成果の一部である。

KUMA

第6章 けものたちへの視線——世界の動物園・博物館をめぐる旅

松居竜五

GUSU

生物研究の広がり

南方熊楠の生物研究の対象と言えば、真っ先に挙げられるのは粘菌（変形菌）だろう。熊楠が早くから粘菌に関心を持っていたことは、一八九二年六月二一日、二五歳の時にフロリダ州ジャクソンヴィルから送られたと思われる羽山蕃次郎宛の書簡に「これははなはだけしからぬものにて」（全集七巻九七頁）[1]という言葉とともに、そのライフサイクルの図と説明が示されていることからわかる。

またロンドンにいた三一歳の時に、福本日南の訪問を受けて下宿で見せたという次の標本は、粘菌の変形体のことだったと考えられる。[2]

彼（熊楠）はやがて珍客に示すべき物があるとて、取り出したのは、素人目に似た植物の標本で、紙に貼り着けた物であった。彼はこれを手にしながら、これが動植物の両性を具えて居るしごく気まぐれな野郎であると、ピンセットを把《と》り出して、その一枝を摘み取り、これを水中に投じた後、顕微鏡を自分に与えて、サア視ろと掛声する。何だと目鏡ごしに透視すれば、これは不思議、植物先生はノソノソと水底において匍《は》い出した。彼はこれについても説明を加え、こやつもっとも後れて、遷化に就きつつある処と言い聴かせくれた［……］(3)。

熊楠にとって粘菌は、生命とは何かという大問題を探るための手がかりとして特別視されていた。福本日南に「気まぐれな野郎」として紹介したのは一八九九年三月のことだが、それから帰国を経て三年後の一九〇二年三月には、土宜法龍に対して粘菌のライフサイクルを図として示し、「取も直さず右の図をただ心の変化転生の一種絵曼陀羅（記号《シンボル》）と見て可なり(4)」と、生命と心の世界を説くためのマンダラだと評価している。一九三一年八月の岩田準一宛書簡では、人間と異なる粘菌の生死の状態について『涅槃経』との対比を試みるなど、その関心は生涯にわたって続いた。

その一方で熊楠は、自分の生物研究の対象が粘菌にとどまらないことについても、何度か強調している。たとえば「履歴書」（一九二五）の中では、自分の粘菌に関する研究上の貢献を述べた上で「しかし、小生のもっとも力を致したのは菌類」（全集七巻二八頁）と、いわゆるキノコの研究の比重の大きさを述べる。また淡水藻の研究にかけた情熱についても言及しつつ、「恋の骨折り損」というシェイクスピアの戯曲の題を用いて、費やした労力に反して成果がほとんど公にできなかったことを嘆いている。

こうした帰国後の紀伊半島での大規模な生態調査のきっかけについては、ロンドンにいた際に自然史博物館の館員だったマレー（George Murray）から「日本には隠花植物（菌、藻等）の目録いまだ成らぬは遺憾なり、何とぞひまあらば骨折られたきことなり」（全集七巻四九五頁）と頼まれたことにあるという。これを受けて「主として淡水藻と菌類および粘菌を集め」と、マレーの依頼を実行に移したことを、みずから述懐している。つまり、帰国後の熊楠が「隠花植物」（花が目視できない植物として顕花植物に対比された当時の分類上の名）の研究を、自分の生物学における専門分野として自認していたことは明らかである。

しかし、最近の研究からは、熊楠の関心が隠花植物の範囲にとどまらず、ほとんどありとあらゆる生物に伸びていたことがわかってきている。たとえば高等植物と呼ばれる草花に対する関心にもなみなみならぬものがあり、特にミシガン州にいた頃には採集の中心を占めているし、帰国後も那智などで精力的に集めている。田辺定住後に神社合祀反対運動を開始してからは、伐採される樹木の植生にさらに敏感になったようで、各方面に訴えるために、細かい調査記録を残した。

小動物に関しても、和歌山にいたこどもの頃から採集や観察を繰り返していて、さまざまなスケッチや甲殻類のコレクションなどが残されている。那智にいた頃にはガラスケースに入れた昆虫標本の作製に熱中し、京都からピンを取り寄せたりもしていた。田辺定住後に作成されたと思われるウミヘビやアサヒガニなどの海産動物のアルコール漬け標本も、旧邸の蔵の中から数多く発見されている。

こうしたすべての生物に対する熊楠の関心が、やがてそれらの関係性に目を向けさせ、エコロジー（生態学）という方向性に結実していったのは必然的なことであった。熊楠の学問の大きな特徴は、現代の専門化した生物学のように一つの分野や一つの現象に絞って探究するのではなく、常に生物の世界の全体を見据え、生命とは何かという問いに向かって視界が開かれている点にある。南方熊楠の思想活動は、生涯にわたって生き物を知るという純粋なよろこびに満たされていた。

大型のけものに対する関心

そうした中で、熊楠が哺乳類や爬虫類など、比較的大型のけものについてどのように観察していたのかという問題は、これまで意外に看過されてきたように見える。熊楠が犬や猫などのペットを愛好し、実際に飼っていたことについては、それなりに語られてきた。しかし、トラやライオン、ゾウやカバ、ワニやトカゲのような、いわゆる野生獣との関わりについてはどうだったのだろうか。

幼い日の熊楠が、当時から現代に至る多くのこどもがそうであるように、大型のけもの類に心を奪われたことは想像に難くない。熊楠は七・八歳の頃から『訓蒙図彙《きんもうずい》』や『和漢三才図会』を熟読しているが、これらの図鑑の中で野生獣が登場する頁は、生き生きとした挿画と相まって人目を引く花形部門であった。たとえば『訓蒙図彙』の獅子や虎が描かれた「畜獣類」の部には、幼い日の熊楠が書き付けたメモの跡が見られるが、肉食獣や架空のけものが並べられていて、愛着をもっていたことがわかる。

さらに熊楠は、これらの博物学書を読み終わる頃、今度は洋書を通じて得た欧米の最新の科学知識に基づき、一三歳の時に「動物学」と題する小冊子をみずから編纂し、第一稿から第四稿まで半年かけて改良を重ねている。このうち第四稿は無脊椎動物の部分が多く、やや他と異なっているが、第一稿から第三稿までの中心をなすのは、さまざまな哺乳類である。それらは当時考えられていた動物界の秩序に従って、ヒトからサル類、肉食獣、草食獣と並べられており、熊楠が諸本から模写したたくさんの挿図が見られる。

また熊楠の大型動物に対する関心を示すものとして見逃せないのは、四七歳から五六歳までの間、博文館の『太陽』誌上に連載した「十二支考」である。言うまでもなく、十二支は唯一架空の生物である竜を除いては、実在の動物からなっている。熊楠が書いた順で行けば、虎、兎、竜（トカゲやワニなどの実在の動物についても詳述）、蛇、馬、羊、猿、鶏、犬、猪、鼠であり、牛のみは書かれることなく終わった。哺乳類八種、爬虫類数種、鳥類一種ということになるが、その年の干支として主役となったもの以外にも、多くの種類の動物が活躍し、熊楠の博物学的知識が総動員されている。

これらの動物に対する熊楠の関心については、従来、古今東西の書物から得た情報という点に光が当てられてきた。たしかに熊楠の文献渉猟の広範なことには感嘆するほかなく、主に日本で入手した和漢書の他、大英博物館で筆写したり、田辺定住後に購入したりした英語・フランス語・イタリア語・ドイツ語などによる洋書からの情報が縦横無尽に引用されている。熊楠の動物に関する関心のあり方を、こうした多文化的な文献研究の側面から論じることには理由がある。

しかし、その際に自然観察者としての熊楠の視点を忘れてしまうのは不当なことである。熊楠は「十二支考」などの中で、さまざまな文化圏の人々による動物の記述を資料として用いるだけでなく、しばしば生物学や生態学的な文脈からそれをとらえ直そうとしていた。だから熊楠の論考は、動物に関する文献を編纂したものとしてだけでなく、実際の生態を視野に入れた自然科学的な研究としても評価されなければならないのである。

とは言え、個人で活動できる範囲での採集と、室内の顕微鏡での観察によって最新の研究に参入することが可能な粘菌やキノコなどとは異なり、大型の動物の実地での調査には困難がつきまとう。熊楠がアメリカ大陸、キューバ、紀伊半島などでおこなったフィールドワーク程度では、たまたま野生獣と遭遇することはあったとしても、じっくりと間近に観察することはほぼ不可能だっただろう。むしろ隠花植物の採集を第一の目的とする熊楠にとっては、下手をすると危険極まりないことになる偶発的な出会いは避けるべきものだったはずである。

では、熊楠はどのようにして大型のけものに対する欲求を満たしていたのだろうか。その答えとなるのが、一九一一年五月一八日付の柳田国男宛書簡に見られる「在欧中毎度諸処の動物園で生きたる諸獣を観察候」（全集八巻二一一頁）という言葉である。つまり熊楠は、主として動物園で生きたけもの類を観察していた。それも、当時の日本では、まだなかなか見ることができなかった多種多様な動物が飼育されていたアメリカと英国の動物園での実地見学が、重要な役割を果たした。

さらに動物園と並んで、博物館での体験も大きかったはずである。東京、アメリカ、英国と、熊楠は行く先々で自然史系の博物館に立ち寄っている。これらの博物館には多くの剥製の動物標本が展示されており、その身体の細部をじっくりと観察することができた。特にロンドンの自然史博物館（当時は大英博物館の分館）では、多くの専門的な研究者に知己を得て、さまざまな動物に関する情報交換をおこなっている。帰国後の「十二支考」などの著作における動物の生態に関する記述には、書物だけではなく、こうした動物園や博物館での観察が活かされていると考えるべきだろう。

書物の知識を動物園と博物館で補完する

では、そうした熊楠の海外の動物園や博物館での体験は、その後の動物に関する研究の中で、実際にどのように使われていたのか。先ほどの柳田宛書簡の「在欧中毎度諸処の動物園で生きたる諸獣を観察候」と書いている部分で紹介されている実例を見てみることにしよう。

熊楠はまず、和漢の博物学書に登場する「狒々《ひひ》」というけものに注目する。狒々は紀元前三〜二世紀頃に成立した『山海経』にすでに見られるもので、別名「梟羊」と言う。「その状《さま》人の面《かお》のごとく、長き唇あり、長き毛、黒き身《からだ》にして［……］、人を見ればすなわち笑い、笑えばすなわち上唇その目を掩う」（全集五巻二九三頁）という不思議な生き物である。この言葉が日本に伝わった後には、猿の妖怪として知られることになり、「狒々じじい」のような形容として今に残っている。

狒々は『訓蒙図彙』にも『和漢三才図会』にも項目として挙げられているから、熊楠はこどもの頃から親しんでいたはずである。そしておそらく、半人半獣のこの生き物に強い関心を抱いたのであろう。その正体について、長い間考察することになる。

熊楠の頃までには、狒々は英語でバブーンと呼ぶ猿の仲間、正確に言えばオナガザル科ヒヒ属（Papio）のことであるという説が有力となっていた。この種は主にアフリカに生息しており、地上で集団生活をしている。日本でよく名の知れたマントヒヒ（*Papio hamadryas*）は、このヒヒ属の一種である。「ヒヒ属」という和名は、もちろん狒々から来ており、その後もこの同定がなんとなく継承されていることを示している。

だが、熊楠は狒々がヒヒ属のことであるというこの説には不満だったようで、柳田に対して次のように書いている。


狒々は、合信氏の『博物新編』には、たしか英語の baboon をもってこれに宛ており候と記臆候。しかし、baboon 類は支那近くに存せず、また形状も漢書に記すところとかわり申し候。須川賢久氏の『具氏博物書訳』には、たしかに狒々をバブーンに宛ており候。小生も従来この説を至当と存じおり候ところ、在欧中毎度諸処の動物園で生きたる諸獣を観察候より、狒々は baboon（猴の類）には無之、全く熊の類と思いつき申し候［……］。（全集八巻二二一頁）

合信とは英国人のベンジャミン・ホブソン（Benjamin Hobson）の中国名である。宣教師および医師として長くマカオや上海に滞在したホブソンの著書『博物新編』は、一八五五年広州出版の漢文による博物学書で、中国と西洋の両方の博物学からの知識が用いられている。熊楠は、前述の一三歳の時に自作した「動物学」第二稿で、この『博物新編』を主な情報源としていた。ただし、筆者は今のところ『博物新編』に当該箇所を見つけられず、熊楠の記憶違いかもしれないので、さらに調査が必要である。またグードリッチ（Samuel G. Goodrich）の著書を須川賢久が訳した『具氏博物書訳』についても、熊楠は十代前半に購入していた(5)。

そして熊楠は、その後の海外の動物園での実見に基づいて、『山海経』以来の中国で分類されてきた「狒々」

は、ヒヒ属のことではなく、クマの一種だという発見に至ることになる。では、この「諸処の動物園」とは具体的にはどこかということだが、熊楠自身は先ほどの文章に続けて、次のように書いているので、まずはロンドン動物園と考えて良いだろう。

脣熊と申す獣はロンドン等の動物園にて常に見る。シンガポール等の熱地の動物園には一層常に見及び候。これが狒々なりと小生は確信候。（全集八巻二三三頁）

一八二八年に開園したロンドン動物園は市内西地区のリージェンツ・パーク内にあり、世界最初の学問的関心に基づく公立の動物園と言われている。後述するように、二五歳から三三歳まで八年間ロンドンに滞在していた時期の熊楠は、この動物園に度々出かけており、かなり時間をかけて、さまざまな動物を観察していたことが窺える。そこで、その体験に基づいて「脣熊」と呼ばれる種類の熊が、古代の中国で「狒々」と呼ばれていたのだろうと推測した。

この「脣熊」とは、現代の呼称ではクマ科ナマケグマ属（*Melursus ursinus*）と言うことになる。「ナマケグマ」の名の元になった英名はSloth Bearで、熊楠はこの名を和訳した「樹懶熊」という呼称も用いている。そして、自身が若い頃から愛用したJ・G・ウッドの『新編博物学図鑑』(6)を訳して、脣熊、つまりナマケグマの特徴を次のように紹介している。

この熊を唇熊と名づくるは、その両唇長くして捲き曲がらすを得べく、きわめて種々に動かし得べきに因る。この唇を奇妙奇体に延ばし、また縮め得。したがって、その顔をきわめて奇怪に種々奇天烈《きてれつ》極まる面相に変成し得。（全集八巻二五頁）

熊楠はまた、自身が動物園で観察した結果として、「唇熊、唇をのばし戯るるところは小生毎《つね》に見たり」（全集八巻三〇頁）と記している。熊楠のこの説は、その後あまり顧みられた気配がないが、アフリカに生息するヒヒ

鳥山石燕の描いた妖怪としての狒々（上図）（https//commons.wikimedia.org/wiki/File:SekienHihi.jpg）と柳田国男宛書簡中に熊楠が模写した唇熊（下図）（全集８巻24頁）

属ではなく、南アジアに生息するナマケグマの方が、『山海経』の時代の中国人にとって現実に接触しうる存在だったはずだという点を根拠としている点でも、説得力があると言えるだろう。

さて、ここで少し気になるのは、熊楠がロンドン動物園の他に「シンガポール等の熱地の動物園」にも言及していることである。熊楠は、ロンドンから日本に帰国する船便の寄港地として、シンガポールに丸二日間滞在しており、現地の動物園を見ていた可能性がある。シンガポール動物園にはたしかに熱帯ならではの珍しい動物が飼われていたはずで、熊楠が訪れたかどうかは、本章の趣旨からするとけっこう重要な論点となり得る。

しかし、熊楠は柳田宛書簡では「日本人でシンガポール等の動物園でこれを見し人、みな老婆のごとき熊を見たりと語られ候」（全集八巻二五頁）とも記している。また、当日の日記[7]（一九〇〇年一〇月一日・二日）を見ると、一日目は驟雨で夕方から上陸して「支那街より日本娼妓街に到る」、二日目は「午後上陸、近隣の丘及海中に少々採集す」という状況であった。そこで、熊楠はおそらくシンガポールでは動物園に立ち寄らず、その後の船中で、訪問した人たちから様子を聞いたと解釈するのが妥当だと思われる。

いずれにしても重要なのは、熊楠がそれまで書物の中でのみ知っていた知識について、動物園で実際に観察することで、自分なりの見方を開拓しようとしていたことである。それは動物園だけでなく、自然史博物館などの動物標本の展示でも同様だったのだろう。

その一方で熊楠が、動物園や博物館での観察には一定の限界があることを理解していたことも、「十二支考」中の虎に関する次の記述からは読み取ることができる。

動物園や博物館で見ると虎ほど目に立つものはないようだが、実際野に伏す時は草葉やその蔭を虎の章条と混じやすくて目立たず、わずかに低く薄く生えた叢《くさむら》の上に伏すもなお見分けがたい。それを支那人が誤って、骨があるいは伸び脹《ふく》れ、あるいは縮小して、虎の身が大小変化するとしたんだ。（全集一巻八頁）

おそらく熊楠が海外で見た動物園や博物館のトラの実物や標本は、人気のアトラクションだけに、目立つように展示されていたことだろう。しかし、野生の状態でのトラは、捕食のために極力、その身体を隠すようにして移動する。そのことは、むしろ中国の古典籍に伝説的に語られた「身が大小変化する」という観察の方が、より現実を反映していると言えると、熊楠は解釈したのである。

こうして、さまざまな文化圏における動物の文献上の記述と、諸方の動物園や博物館で見た実際の姿を往還しながら、熊楠は多角的な動物観を養っていった。

上野動物園と東京博物館

それでは熊楠は、具体的にはどのような動物園と博物館を訪れていたのだろうか。ここからは、東京、サンフランシスコ、アナーバー、ニューヨーク、ロンドンという若き日の放浪の軌跡に沿って、それぞれの場所での体験について見て行くことにしたい。

一八八三年三月に、熊楠は一五歳で和歌山中学を卒業し、一八歳まで東京での学生生活を送ることになった。

この時期に足繁く通ったのが、上野の博物館と動物園である。実は、今日、上野と言えばイメージするような一大文化ゾーンは、一八七七年の東京教育博物館（現国立科学博物館）の創立に始まる。その本館が竣工し、動物園を併設するかたちで本格的にオープンしたのは、熊楠が東京にやって来る一年前の一八八二年三月二〇日のことである。

熊楠の記録の中に、できたばかりの東京教育博物館が登場するのは一八八三年七月二〇日のことで、「四銭五厘　博物館」と記されている。『上野動物園百年史――資料編』[8]には、平日三銭、日曜五銭とあり、少し学生割引されていたのかもしれない。当時の物価としては、白米一升が六銭五厘なので、それなりの入館料である。一一月一日には「教育博物館目録」を三〇銭で購入しているが、学生の出費としてはかなり高額なものだったろう。

そして一〇月三日には、上野動物園に行ったことが初めて記録されている。こちらの入館料は出納帳に二銭と記されている。前掲書[9]によれば、平日は一銭、日曜は二銭と決められていたらしいから、博物館よりはかなり安い。東京大学予備門に入学してからの熊楠は詳細な日記をつけているので詳しく動向を知ることができて、一八八五年正月から一八八六年二月に予備門を退学するまでの一年余りの間に、上野の博物館を一七回、動物園を四回訪れていることがわかる。

一六～一八歳頃の学生時代の熊楠が、あの上野動物園を闊歩していたというのはほほえましい光景と言える。「うをのぞき」という名前の、日本で最初の水族館も楽しんだことだろう。ただし全体としては、おそらく動物園にはそれほど心を引かれなかったのではないだろうか。オープンしたばかりの上野動物園の施設は、まだまだ粗末なものに過ぎなかったからである。

この頃の上野動物園について詳しく調査した佐々木時雄によれば、動物たちが収容されていたのは「日本の在来のウマ小屋、ウシ小屋などの伝統様式を出ない、文字通りの小屋であった[10]」という。一八八三年に海軍軍艦からカンガルーを寄贈されたり、一八八四年にオナガザルを有栖川宮から下賜されたりという記録があるものの、環境の異なる動物を長期間飼育し、展示する環境にはなかったろう。

実は、上野動物園が飛躍的に発展を遂げていくのは、熊楠が東京大学予備門を退学し、一八八六年一二月に横浜からアメリカに向けて出航して以降のことである。まず、翌年二月にトラの子の雌雄、四月にダヴィッド・ジカを獲得した。またその次の年にはシャム皇帝の贈り物として、インドゾウのつがいを得ている。さらに三年後の一八八九年七月にはヒョウ、一八九〇年八月にはシロクマを収容するなど、年々珍しい動物が増えていくことになる。

だから熊楠にとって、上野での動物観察に貢献したのは、むしろ動物園ではなく博物館の方だったと考えられる。こちらは、ジョサイア・コンドルが設計した本格的な二階建て西洋建築の本館の中に、教育用器具類と博物標本が展示されていた。『国立科学博物館百年史』によれば、二階部分に置かれた博物標本は、当初は植物、動物、金石という順であったが、一八七九年に金石、植物、動物の順に改められたという。一八八一年までには、展示資料の名称と解説が整えられ、一階第一室〜第七室、二階第八室〜第十三室と区分して整備され、列品分類目録や案内書が刊行された[11]。

このうち二階中央の第十室「哺乳動物」の展示物は次のようなものだった。

指肢動物・二手類（佛蘭西人及び日本人男子骨骸、日本人髑髏）四手類（幾内亜《ギニア》地方産のチンパンヂ、印度諸島産のヲランウータン、本邦産の獮猴《サル》、亜非利加産の果然《ヲナカサル》、亜非利加産猴、南亜米利加産吼禺《ホヘサル》、馬達加斯加《マダガスカル》嶋産の一種の猴）、翅手類（蝙蝠類）、啖肉類（欧羅巴産の蝟《ハリネズミ》、本邦産黄鼬《テン》、亜非利加産獅の骨骼、亜米利加産獅、狐、狸、狼）、帯嚢類（亜米利加産袋獣《オポッサム》、墺太利亜《オースタリヤ》産袋獣《カンガロー》）、齧歯類（鼯鼠《ヲカヅキ》、栗鼠《キネズミ》の類、米国産齧歯類）、貧歯類（南亜米利加産懶獣《なまけもの》、南亜米利加産・墺太利亜産の貧歯類）。

蹄肢動物・多蹄類（南亜米利加産貘《バク》、亜米利加産野猪《ヰノシシ》）、単蹄類（本邦産馬の骨骼）、雙蹄類（南亜米利加産駝羊、野牛骨骼、亜米利加産野牛）。

鰭肢動物・鰭脚類（米国産海豹《アザラシ》、本邦産海豹、本邦産膃肭獣《オツトセイ》、本邦産海驢《アシカ》）、游水類（ヂユゴンの骨骼、海豚《イルカ》、スナメリ、一角魚の衝歯(12)）。

各種のサル類の他、コウモリ、ハリネズミ、テン、オポッサム、カンガルー、ナマケモノ、バク、アルパカ、バッファローなど世界のさまざまな地域から来た剥製が並ぶ。さらにアザラシ、オットセイ、アシカ、ジュゴン、イルカ、スナメリなどの海洋生物の剥製もあった。ただし、ライオンなど一部は骨格標本のみだったようだ。

熊楠は、第八室「金石類」、第九室「植物」、第十一室「鳥類」、第十二室「爬虫類」、第十三室「魚類と無脊椎動物」などの二階の他の博物学部門とともに、哺乳動物のコーナーを何度もじっくりと観察したにちがいない。

さらに、こうした常設展に加えて特別展のようなものもあったらしく、一八八五年三月二八日の日記には次のような記事が見られる。

午前十時より上野へ如《ゆ》き、動物園、博物館を観る。仏人パリエー氏より献せる品廿五品を列したるをみる。古土壁、トカゲ、カメレオン、爬虫数種、水蛇雌雄、蛇皮三種、蛇頸鳥、鳥類六七種、山猫、霊猫一種、禺二種、バツタ、カマキリムシ、鰐児二疋等なり。多くは交趾の産なり。又数品はイタリア産なり。

トカゲ、カメレオン、ミズヘビ、ワニの子のような爬虫類や、ヘビウなどの多数の鳥類、ヤマネコ、ジャコウネコ、オナガザルのような哺乳類、さらに昆虫等を見たことが記録されている。「交趾」とは当時はフランス最大の海外植民地であったコーチシナ、つまり現在のインドシナのことであるから、「パリエー氏」は植民地執政官だったのではないだろうか。可能性として考えられるのはシャルル・マルタン・デ・パリエール（Charles Martin des Pallières）で、一八五八年から一八六〇年にかけてベトナムのサイゴン（現ホーチミン市）と中国浙江省の舟山市に駐在し、一八七六年に死去した人物である。[13]

熊楠の記述だけから見ると、この展示は動物園でおこなわれた可能性もあるが、博物館でのことだったと考える方が妥当だろう。これらの「品」とは生きた動物や昆虫ではなく、すべて剥製などの標本だったはずだからである。それでも熊楠にとっては、初めて目の当たりにする熱帯の生物ばかりで、大きな刺激を受けたにちがいない。

熊楠は一八八四年九月に東京大学予備門に進学するが、日記などの記録からは、大学の授業よりも学外での体験に心をそそられていたことがうかがえる。大森や西ヶ原での考古学探索、小石川での植物観察、浅草に開館した水族館の見学、江ノ島での海産動物観察、日光での高山植物採集などである。その中でも、上野の博物館と動物園で、諸動物の実像に触れることができたのは、東京での学生時代の大きな収穫だったのではないだろうか。

しかしその反動として、学校での熊楠の成績は振るわなかった。一年生の三学期の試験を欠席し、二年生の一学期でとうとう留年が決定してしまう。それを期に熊楠は予備門を中退し、故郷和歌山での保養期間を経た後、一八八六年の暮れに一九歳で横浜を出航し、アメリカに向かうことになる。そして三三歳で英国から帰国するまで、一四年足らずという長い海外生活を送ることになるのである。

サンフランシスコの遊園地からミシガン大学博物館へ

一二月二二日に横浜を出港した熊楠の乗った船が、太平洋を越えてサンフランシスコの港に着いたのは、年が明けて一八八七年一月八日のことだった。サンフランシスコでの熊楠は、パシフィック・ビジネス・カレッジという専門学校のようなところで学びながら、アメリカでの生活の準備期間を送ることになる。この間、熊楠は初めて見る異国の体験を満喫していたようだ。

到着してすぐの一月一二日の晴れた日、熊楠は市内のウッドワーズ・ガーデンに遊びに行っている。これは一八六六年にオープンした博物館、美術館、動物園、水族館を有する総合遊園地である。町外れのこの場所までは、熊楠の下宿からなら、目抜き通りミッション・ストリートを走る路面電車ですぐに着いたはずである。一月一二日の最初の訪問の後も、熊楠は一月一六日、一月二二日、二月一〇日、三月二〇日と、計五回ウッドワーズ・ガーデンに出かけている。

この施設は、カリフォルニアのゴールド・ラッシュの際に財産を築いたウッドワード（Robert B. Woodward）が、自宅の邸宅と庭を一般に開放したことに始まる。ウッドワードは名うてのコレクターで、日本の鉱石なども集めていた。ウッドワーズ・ガーデンの様子については、一八七六年に刊行された『カリフォルニア覚書[14]』に概要が書かれているので、それを参考に紹介してみることにしよう。

まず二五セントの切符を買って入場すると、広い博物館に入ることになる。ここには世界中からのさまざまな動物標本が陳列されていた。また博物館の隣には温室があり、美しい熱帯産の花々が咲き誇っていた。そこを抜けると、数は多くないものの西洋画のコレクションを並べた部屋があった。

外に出ると、温室の側には大きな二つの池があり、その中心部は岩場になっていて、生きたアザラシやアシカが飼われていた。グリズリー（灰色熊）のための大きな洞窟、らくだや鹿やバッファローなどの四足獣のための園があり、さまざまな家禽類のケージを見ることができる。みどころはアメリカ国内最大の水族館である。水槽がいくつかあって、海水のものと淡水のものが分けられている。美しいカワマスが斑点のある魚影をひらめかせている。サメやエイの水槽、またロブスターやカニの水槽もあった。

一八七五年に出版された『ウッドワーズ・ガーデン案内図録[15]』には、トラ、メスライオン、ヒョウ、ジャガー、ハイエナの標本があると記されている。このうちトラに関しては、インドのベンガルから一八六七年頃に運ばれたもので、西海岸唯一という触れ込みが書いてある。一八六八年〜六九年頃に撮影された写真では、これらの肉食獣たちの剥製はサファリ風に屋外に並べて展示されているが、ふだんは室内のケージに収容されていただろう。

剥製とはいえ、熊楠にとっては初めて見る動物たちも多く、それなりに楽しんだのではないだろうか。図録を見ると、哺乳類の剥製は前述のもの以外にもナマケモノ、アルマジロ、アリクイ、キツネザル、シロイワヤギ、オポッサム、カンガルーなどがあった。また鳥類ではゴクラクチョウ、フラミンゴ、エミューなど、爬虫類だとニシキヘビ、クロコダイル、カメレオン、イグアナ、ウミガメなどの標本もあった。

とは言え、ウッドワーズ・ガーデンは一般向けの施設であり、動物学を本格的に学べるというところまでは行かなかっただろう。サンフランシスコ自体が、一九世紀前半の西部開拓からゴールド・ラッシュの結果として急激に人口が増加した新興都市であり、学問や文化の面ではまだまだというところがあった。熊楠はパシフィック・ビジネス・カレッジを半年で辞めて、八月には高等教育機関への入学を目指してアメリカ中部に向かう。

そしてミシガン州のランシングで州立農学校に入るのだが、紆余曲折あって退学。同じミシガン州のアナーバーでの独学を開始した。アナーバーはミシガン大学という全米有数の大学を擁する学問都市で、熊楠は一八八七年九月九日に日本にいる友人の杉村広太郎に送った手紙で、「支那の魯のごとく学問一偏の地にて、人家は過半学生の下宿をして活計しおり」と評している。また、ミシガン大学については、「わが帝国大学ほどどころか、幾層倍も大きな大厦十二、三有之《これあり》」としてその建物の壮大さに驚いている（全集七巻七八～七九頁）。

アナーバーはまた、ヒューロン川の河畔に多くの植物が生育しており、熊楠の草花の採集のための絶好のフィールドを提供してくれた。一方で、動物の観察という意味でもっとも重宝したのは、ミシガン大学博物館であったろう。熊楠の日記には、大学博物館を訪れたという記録が、確認できるだけでも二〇回近く登場し、並々ならぬ関心を窺うことができる。

ミシガン大学博物館の原型は、一八三七年に構内に博物学陳列室が設けられたことに溯る。その後、この博物学コレクションは、さまざまなかたちでの個人からの寄贈やワシントンのスミソニアン博物館からの寄贈などを通して拡張されることになった。博物館の展示と大学の研究が一体となった施設としては、全米で最初の本格的な総合大学博物館として評価されている。

熊楠が訪れた頃の博物館の展示内容の骨格が形作られることになったのは、何と言っても一八七〇年代以降のスティア（Joseph Beal Steere）の探検旅行に負うところが大きい。ミシガン大学を卒業したスティアはアマゾンから太平洋諸島をめぐって動物を採集し、母校の博物館の拡充に大いに寄与した。

スティアは終生敬虔なキリスト教徒であったが、何らかのかたちで神の関与があったことを条件として進化論を認め、観察に基づいて個々の生物の環境への適応を丹念に説いた。熊楠が見た際の博物館の標本も、そうしたスティアの生物観を反映した展示がなされていたはずである。アナーバー時代の熊楠は何度も博物館を訪れ、友人を案内して講釈を行ってもいる。このことから、この博物館で長い時間をかけて、展示内容について彼なりに分析を行って頭の中に入れていたことがわかる。

ヒメアルマジロとヒヨケザルの標本

熊楠は前述の杉村広太郎宛書簡で、ミシガン大学博物館についても詳述している。それによると、当時の博物館は三層構造で、下層が古生物、中層が動植物、上層が人類学と分かれていた。そのうち古生物部門は「アムモナイト（鸚鵡貝《おうむがい》の異属の化石）二、四百種あり。またマストドン（旧世界大象）の下顎骨あり、偉大奇とすべし」という状況であったという。続いて、中層は次のように紹介されている。

中層には動物、植物を安置す。動物の数は、十一万個あり。内に就いて小生かつて聞きて始めて見しものは、クラミフォルスおよび飛狐猴なり。クラミフォルスは、ムグラモチほどの小獣にして、鼻より背は亀のごとく、ちと軟らかそうなり。腹および手足は甲なくして、絹白の毛これを蓋い、はなはだ可愛らしきものなり。また飛狐猴、フライング・レムールは、猿類の極下等、狐猴と蝙蝠《こうもり》のあいだに立てる獣にして、その形はレムールと蝙蝠とを折衷せるがごとく、はなはだ奇なり。前者はブラジルの産にして、後者はマダガスカルの産という。（全集七巻七九頁）

ここで「クラミフォルス」と記されているのはヒメアルマジロ（*Chlamyphorus truncatus*）のことであろう。この動物は熊楠が「ムグラモチ（もぐら）ほどの小獣」と書くように、手のひらに乗せられるくらいの最小のアルマジロで、ピンク色の背中と真っ白で繊細な毛に覆われた腹部を持っている。

熊楠は海外でも帰国後も、よく猫をペットとして飼っており、こうした小動物が好きだったのだろう。ヒメアルマジロのことを「はなはだ可愛らしきものなり」と書いているのは、よほど気に入ったことを示しているようである。ちなみに英語ではヒメアルマジロは pink fairy armadillo つまり「ピンクの妖精アルマジロ」と呼ばれており、その愛らしさは折り紙付きである。

もう一つの「フライング・レムール」は樹間を滑空するヒヨケザル（*Cynocephalus volans*）で、フィリピンやマレー半島に生息している。ただしミシガン大学博物館のこの標本が「マダガスカルの産」となっていたのはやや謎である。マダガスカルにはキツネザル科(Lemuridae)は多くの種が生息するものの、これは霊長目に属するもので、後述するように皮翼目に属するヒヨケザルとは異なっている。おそらくレムール（キツネザル）とフライング・レムール（ヒヨケザル）との混同から起きたものではないだろうか。いずれにしても、熊楠が見たのはヒヨケザルの方だろう。

熊楠は、「十二支考」の中でヒヨケザルについて、英名のコルゴ（Colugo）として紹介している。おもしろいのは、中国で伝説的に語られてきた妖怪のような生き物をヒヨケザルと同定していることである。熊楠はまず、「平猴」「風母」「風生獣」「風狸」と、さまざまな名前で呼ばれている不思議な動物が中国の本草学書に現れることを紹介する。

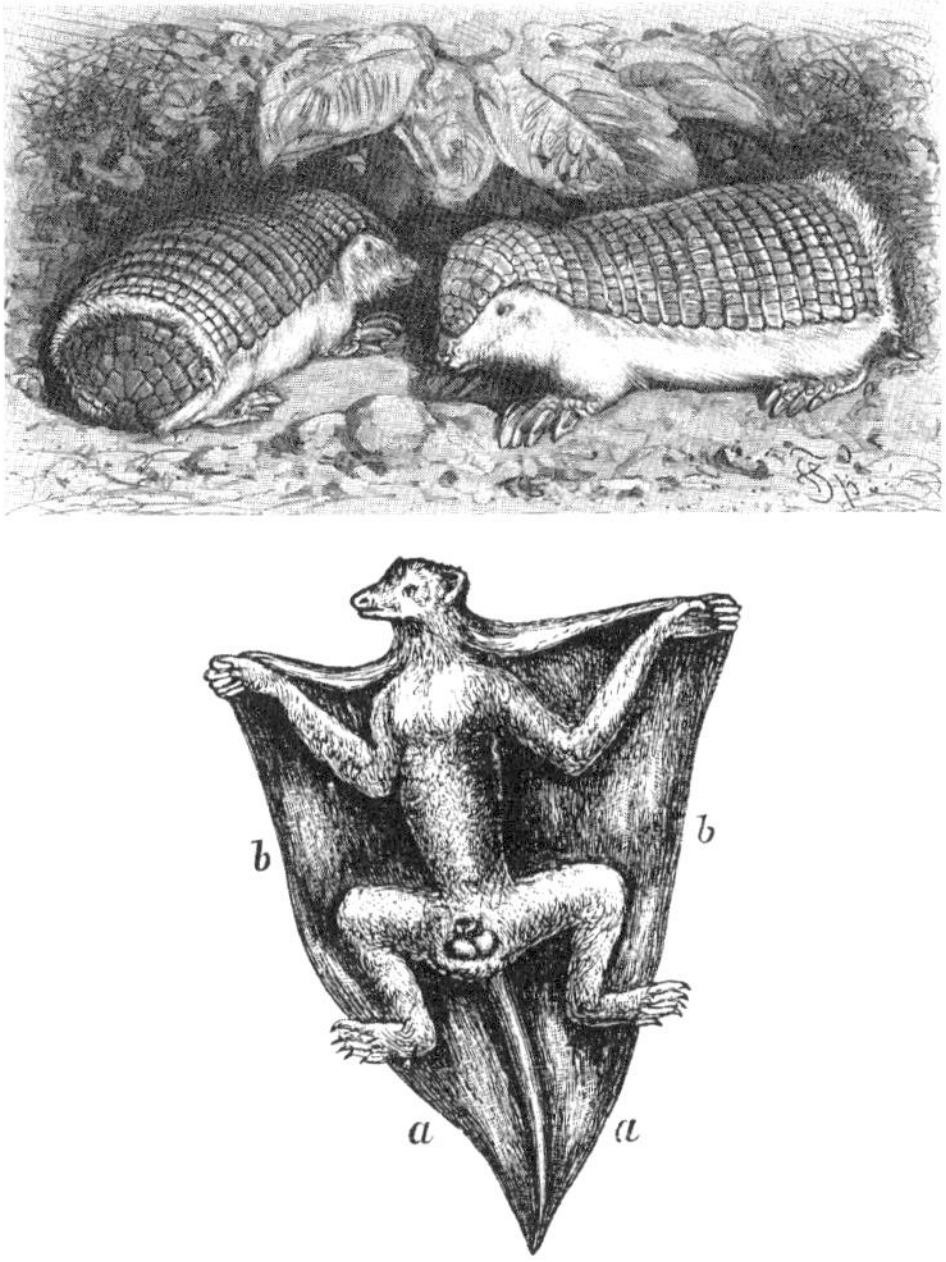

ヒメアルマジロ（上図）とヒヨケザル（下図）
https://commons.wikimedia.org/wiki/File: Guertelmaus-drawing.jpg
Flying Lemur | ClipArt ETC（usf.edu）

支那の本草書中最も難解たる平猴また風母、風生獣、風狸というがある。陳蔵器《ちんぞうき》説に風狸邕州《ようしゅう》以南に生じ、兎に似て短《ひく》く、高樹上に棲息し、風

を候《うかご》う
て吹かれて他樹に至り、その果を食らう。その尿乳のごとくはなはだ得がたし、諸風を治すと。明の李時珍、諸書を考纂していわく、その獣嶺南および蜀西山林中に生ず、状《かたち》、猿猴のごとくで小さし。目赤く、尾短くてなきごとく青黄にして黒し。昼は動かず、夜は風によって甚《いと》捷く騰躍し、巌を越え樹を過《よぎ》りて鳥の飛ぶごとし。人を見れば羞じて叩頭憐みを乞う態のごとし。これを打てばたちまち死す。口をもって風に向くれば復活す。その脳を破り、その骨を砕けばすなわち死す、と。（全集一巻三五三頁）

高い樹木の上に住んでいて、風に乗って他の樹木に移るというのだから、「風狸」はたしかにヒヨケザルの特徴と一致している。サルのような姿で小さく、果物を食べ、夜行性という点でもぴったりである。そこで熊楠は「奇怪至極な話だがつらつら考えるにこれはコルゴを誇張したのだ」と結論づける。尿が諸風（身体の不調）を治すという伝説は「風狸」という名前から生じたのであろうと解釈しており、民俗学的な視点も活かされていて興味深い。

さらに熊楠は、前後の脚の間にだけ皮膜が張られているモモンガと比較して、ヒヨケザルには前後の脚の間、前脚と頸側、後脚と尾の間、脚の指の間にも皮膜があり、コウモリのようだとしている。ただしコウモリの翅膜には毛がないが、ヒヨケザルの膜の上面には毛が厚く生えていると、熊楠は紹介を続ける。そして、話は次のようなヒヨケザルの動物学上の分類にまで及んでいる。

この獣、以前は猴の劣等な狐猴の一属とされたが、おいおい研究して蝙蝠に縁近いとか、ムグラモチなどと

等しく食虫獣だとか議論定まらず。特にコルゴのために皮膜獣なる一類を建てた学者もある。（全集一巻三五四〜三五五頁）

実際に、ヒヨケザルの分類は熊楠の頃から現在までの間に二転三転した。熊楠の言うようにコウモリの仲間とするか、モグラの仲間とするかでもめた結果、ヒヨケザルのみを入れた「皮翼目」（Dermoptera）という項目が作られて、今に至っている。いずれにせよ、ここでもまた、熊楠の動物に対する視線には、博物館の剥製から文献上の知識へという検証の姿勢と、近代の動物学から古代中国の伝承へという連想が見られるのである。

フロリダ、キューバでの動物体験

熊楠はミシガン州で四年間ほど過ごした後、一八九一年四月二九日にフロリダ州へと向かった。シカゴのアマチュア植物学者のカルキンス（William H. Calkins 一八四二〜一九一四）との交流を通じて菌類や地衣類に関心を深めていた二四歳の熊楠は、さまざまな隠花植物が繁茂するフロリダでの採集を薦められて、決然と汽車に乗り込んだのである。そして三日間かけて、フロリダ州の北の玄関口ジャクソンヴィルにたどり着いた。

さらに熊楠は八月一八日にジャクソンヴィルをいったん離れ、キーウェストに三週間過ごした後、九月一六日にカリブ海を渡りキューバのハバナに着いた。そして翌一八九二年一月七日までキューバにいてから、ふたたびジャクソンヴィルに舞い戻り、八月二二日まで滞在することになる。

この一年四か月に及ぶフロリダとキューバでの日々は、熊楠に熱帯の自然を満喫させたことだろう。主たる目的であった菌類や地衣類の他にも、熊楠はさまざまな植物や昆虫の観察と採集にいそしんでいる。たとえば、キーウェスト滞在中の一八九一年八月二六日から二八日にかけて、Walking Stick つまりナナフシが交尾しているのを、次のようにじっくりと観察することになる。

八月廿六日［水］　半晴
海辺叢林中に歩し採集。椰子の枯葉の上に、ウォーキング・スチック虫二偶交合しおるを獲。一寸見れば芥塵枯葉の如く、中々分ち難し。手につかめば尻をあげて刺さんことを擬す。又甲虫トラムシの一種蟻を擬するを得。(16)

八月廿八日［金］　晴
夕五時過より海岸に採集、菌類凡十種、地衣（樹状）一種、藻一種を得。又一昨日見出せるナ、フシ多く得。臭気ゴムの如く強烈なり。交合せる雌雄急にはなれ、其精液予の右眼に入り大に痛む。幸に近傍の瀬水にて浄ひ暫時にして平治。帰途を失ひ二時間斗りまわりありく。帰れば九時也。

あまりに間近で眺めていたために、ナナフシの精液が目に入って七転八倒したようである。またキューバ滞在中の一一月二六日には、当地で採集したと思われる次の生き物のリストが記されている。

多足類一種、蜘蛛類三種、両翅類一種、半翅類十六個、直翅類十五個、鱗翅類五個、羅翅類一個、網翅類五個、甲翅類四十個、計八十六個　蜥蜴類一種、両棲類二種　動物総計九十三種

この九三種のうち、トカゲ一種、両生類二種、多足類一種、クモ三種を除けば、あとはすべて昆虫である。実は、フロリダやキューバには、海洋生物や鳥類は多いものの、陸上の獣類は意外と少ない。その代わり、高温多湿の環境は昆虫にはもってこいで、珍しい種が生息している。だから隠花植物とともに昆虫を集めていた熊楠の収集対象の選択は、当然と言えば当然である。他にも熊楠は、海岸でたくさんの小さな貝殻を拾っている。

ただし、熊楠はキューバでサーカスの一座と行動を共にしていた時期がある。サーカス団には当然、曲馬のためのウマがいたはずだが、サルも飼われていたようである。「十二支考」猴の回で、熊楠は動物の性的な行動やマスターベーションについて説明しながら、次のようにみずからのサーカス団での体験についても触れている。

牡猴が一たび自瀆を知れば、不断これを行ない衰死に及ぶは多く人の知るところで、一八八六年板、ドシャムブルの『医学百科辞彙』二編十四巻にも、犬や熊もすれど、猴ことに自瀆する例多しと記し、医書にしばしば動物園の猴類の部を童男女に観するを戒めある。予壮時諸方のサーカスに随い行きし時、黒人などがほめき盛りの牝牡猴に種々猥りなことをして示すと、あるいは喜んで注視し、あるいは妬んで騒ぐを毎度睹《み》た。

（全集一巻四〇六頁）

キューバにはもともとサル類はいないから、これはサーカス団が連れ歩いていたものだろう。したがってすでにかなり人に慣れていたはずで、人間とのあるレベルのコミュニケーションが成立した結果として、こうした性的な欲望の共有がおこなわれていたわけである。若き日の熊楠の眼は、こうした状況を興味深くとらえていた。

ニューヨークの動物園と博物館での体験

結局、熊楠がさまざまな生きた野生獣を、初めてその目で見ることになったのは、ジャクソンヴィルから船で移動した先のニューヨークでのことだった。大都会では大型のけものを見世物として楽しむ大量の群衆を見込むことができるために、それらを一箇所に集めた動物園が存在し得た。そうして一八九二年八月二八日のよく晴れた日曜日に、二五歳の熊楠は、現在も市民の憩いの場であるセントラル・パークの動物園に、現在のニューヨーカーや旅行客たちと同じようにふらりと訪れたのである。

午後セントラルパルクに赴き、動物園及びアメリカン・ナチュラルヒストーリーミュージュームを観る。帰途再び園に入り巡査の為に

セントラル・パーク動物園で獣舎を見る人々、1895年

咎めらる。衣服きたなき故なるべし。

此日所見、象、犀、河馬、象狗等、予生来始て熟視を得たる所とす。

ゾウ、サイ、カバといった大型獣を生まれて初めて実際に見て、熊楠が興奮した様子がよくわかる。「象狗」が何を示すかはわからないのだが、長い鼻を持つ四足獣ということだから、アリクイかバクあたりだろうか。当時のセントラル・パーク動物園には、他にライオンやトラやヒョウやホッキョクグマもいたはずだが、なかなか間近には見られなかったのかもしれない。

この動物園は、マンハッタン島の中央部に縦長の長方形のかたちで広がるセントラル・パークの南の角、五番街から少し入った場所に、一八六四年に開園した。広いセントラル・パークの中にあるとはいえ、この頃すでに過密化しつつあったニューヨークの集合住宅からごく近くに、猛獣を含むけものたちが常時住んでいるわけである。初期の頃は、近隣の住民から動物園の立ち退き運動が続けられていたという。

こうした対立を煽るかのように、一八七四年一一月九日の『ニューヨーク・ヘラルド』は「ライオン、サイ、ヒョウが逃げ出し、街中を徘徊し、四十九人が死に、二百人が負傷し、州兵が出動する事態となった」という記事を載せた。実はこれはまったくのでっちあげで、記事の最後にはウソであることが書かれている。とは言え、ニューヨークの人々は朝からパニックに陥ったらしいから、なんとも人騒がせないたずらである。

熊楠が訪れた当時の写真を見ると、人々はそれなりによそ行きの身なりで動物園に出かけており、気楽な社交場といった雰囲気を漂わせている。日曜日は特に家族連れも多く、混雑していたことだろう。当時のアメリカは東洋人に対する差別意識は強く、熊楠の服装を警備員がとがめたのも、そうした状況を反映していた可能性がある。

さて、この時の熊楠が、アメリカ自然史博物館を訪れていることも見逃せないところである。この博物館は一八六九年に創立され、当初は動物園の側にあったが、一八七四年にセントラル・パークのちょうど対角線方向にあるマンハッタン・スクエアの現在の場所に建物が竣工した。熊楠が訪れた際には、まだ広い区画の真ん中の丘にビックモア・ウィングと呼ばれる建物が一棟ぽつんと建っている状況で、周囲は建て増しのための工事中だったはずである。その後、博物館はアメリカの国力の急速な高まりに呼応するかのように増築され続け、大規模な施設へと生まれ変わっていく。

実は、キリスト教の影響が強いアメリカでは、日曜日に博物館を開館するかどうかについて、この頃大きな論争があった。それまで反対派であった自然史博物館の館長が、メトロポリタン美術館などの成功を見て態度を変え、最初に日曜日に客を入れたのは一八九二年八月七日のことである。熊楠が訪れたのは八月二八日だから、長い博物館の歴史の中でも実に四回目の日曜開館日という珍しいタイミングであったと言えるだろう。

この頃のアメリカ自然史博物館は、コレクションも急激に増やしていた時期にあたる。セントラル・パークでは、動物園以前には恐竜などの古生物の化石を展示していたから、そこから継承したものもあっただろう。また、古生物学者として有名なジェイムズ・ホール（James Hall）から購入した七千種に及ぶ無脊椎動物の化石コレクションは、市民には不評だったようだが、熊楠にはその価値が理解できたはずである。

熊楠はその後、九月四日の次の日曜日に自然史博物館を再訪し、この時は午後中じっくりと見学した。九月七日には友人とともにセントラル・パークに遊んでいるが、動物園を再訪したかどうかはわからない。九月一四日には、三週間のニューヨーク滞在を終え、大西洋を越えて英国に向かうことになる。

ロンドン動物園を頻繁に訪れる

こうしてリヴァプール経由でロンドンにたどり着いた熊楠は一九〇〇年九月、三三歳の時まで八年間にわたって、大英帝国の首都に滞在した。この間、大英博物館を拠点として十二分に活用したことはよく知られているし、サウスケンジントン博物館（現ヴィクトリア・アンド・アルバート美術館）や自然史博物館、キュー・ガーデンを利用していたことも、それなりに注目されてきた。

だが、この時期の熊楠が、ロンドン動物園をしばしば訪れていたことはあまり言及されたことがなく、従来の研究上の盲点だったかもしれない。本稿で論じてきたように、熊楠は前半生において、野生獣の観察のために動物園・博物館を利用しており、そのハイライトと言えるのがロンドン動物園での体験であった。日記によれば、八年間のロンドン滞在中で動物園を訪れたことが確認できるのは計一八回ほどであるが、この頃の日記は省略が多いために、実際の回数はそれ以上だった可能性がある。

この動物園は、一八二六年に創立されたロンドン動物学協会が一八二八年に研究用の目的でリージェンツ・パークに開設したものである。その後、ロンドン塔の獣舎から動物が移管され、一八四七年から一般に公開されることとなった。一八四九年に爬虫類舎、一八五三年に水族館、一八八一年に昆虫舎と、すべて世界最初の施設をオープンした。動物園というものの歴史を切り開いてきた、文字通りの先駆者と言うことができる。

熊楠の日記にロンドン動物園のことが初めて登場するのは一八九三年四月三日のことである。

中井氏夫人、中村錠太郎氏二人来訪。共にレジェント・パーク動物園及大英博物館（南ケンシントン）に行く。

中井夫人というのは、横浜正金銀行のロンドン支店長で、同郷の熊楠の面倒を何かと見てくれた中井芳楠の妻のことだ。また中村錠太郎はこの後、同銀行の取締役となる川島忠之助の甥で、当時はロンドン支店の行員である。熊楠によれば、中村は「毎夜事務の暇に科学書を読み、間々小生に疑いを問われ、また時々博物館に同行して種々のものを見る」（全集七巻一五七頁）という人物であった。

その後も、熊楠は動物園には友人・知人と行くことが多かった。名前を挙げると、飯田三郎、木村虎吉、杉田敬太郎、島田担、高橋謹一、栗原金吾、さらにインド人のバグダニや下宿のこどものハーチーなどとも一緒に行っている。一八九七年に戦艦富士の乗組員達と懇意になった際には、館長以下を団体で案内したりもした。大英博物館などと異なり、動物園は有料なので、大英博物館のダグラスや、自然史博物館のシャープに切符をもらっていた。それも五枚、七枚と大口なので、おそらく博物館関係者は融通が利いたのだろう。

本稿の冒頭に登場した新聞記者の福本日南もまた、熊楠が動物園に連れて行った人物の一人である。日南がロンドンを発つ直前にも、熊楠は動物園行きを計画していたようで、「出て来た歟」には次のような手紙も紹介されている。

明日はぜひ貴公を連れて行くつもりにて、動物園に行き、猿類を整列させ返り候処、明朝立つとのこと、誠に残念なり。［……］幸に動物園にありし獅・虎・麒麟《ジラフ》・象・河馬《ヒポポタマス》・河豕《カウイー》の写真を取って来たから、これと別紙公果国《コンゴ》の印紙六枚とを貴公の愚息どもにお与え下されたく候[17]。

君のために動物園のサル類に号令をかけてやる、というのは熊楠流のユーモアであるが、霊長類には特別の親近感を持っていたことが窺える。また、ライオン、トラ、キリン、ゾウ、カバ、河豚（不詳[18]）の写真を動物園で購入していたこともわかる。熊楠にとってロンドン動物園は、生物に対する自分の関心を他人に伝えるための恰好の舞台と考えていたのだろう。福本は、熊楠が他にもキュー・ガーデンや自然史博物館を案内しながら、動植物の世界を進化論を用いて説明したことについて証言している。

ロンドン動物園で熊楠が見ていたもの

それでは、熊楠自身はロンドン動物園で何を見て、どのような感想を抱いていたのだろうか。ロンドン滞在中の熊楠は、英文論文の投稿に、大英博物館での筆写に、日英両国の知人との交際にと、忙しかった。たぶん時間がなかったために、リアルタイムでの動物園の詳細な記録は残されていない。しかし、帰国してからの後半生のさまざまな時期に書いた文章には、ロンドン動物園での体験について、ある程度類推できるような記述が散見される。たとえば、次のようなものである。

また自宅に亀を十六疋畜《か》いあるが、［……］交会は水中でするを、ロンドンの動物園で一度見た。（全集二巻一八〇頁）

小生はロンドン動物園にて異属の猴が交わりて間種を生み、その子育ち上がりたるを見候。（全集八巻二三頁）

ロンドン動物園で見た水中でのカメの交尾や、サルの異種交配のことが記されている。熊楠はサル類については、特に他の動物に増して注意を払って観察していたようで、次のような詳細な記録も残している。

またある時ロンドンの動物園で飼いおった黒猩（チムパンジー）が、ことのほか人に近い挙止を現ずるを目撃した。それは若い牝だったが、至って心やすい番人よりその大好物なる米と炙肉汁の混物を受け、徐《しず》かに吸いおわり、右手指でその入れ物ブリキ罐《かん》の底に残った米を拾い食うた後、その罐を持って遊ぼうとするを、番人たって戻せと命じた。そこで黒猩暴《にわ》かにすね出し、空罐を番人に投げつけ、牀に飛び上り毛布で全身を隠す。その体《てい》気まま育ちの小児に異《かわ》らなんだ。（全集一巻三六六〜三六七頁）

チンパンジーが飼育員に対して人間のこどものような振る舞いをする一部始終を、熊楠はずっと見ていた。このように、ロンドン動物園での熊楠は、けものたちの生態をかなり長い時間をかけて観察している。こうした熊楠のロンドン動物園での体験は、動物たちを見るという純粋なよろこびに支えられたものであったことが、次の文章からは見て取ることができる。

［……］霊魂界に至りては、衆苦も至楽と見え、この世の楽も楽とするに足らぬほどの大楽あること、中亭に坐して噬搏の虎獅、肉を貪るの梟鷹、妻恋ふ鹿、身を忘るる信天翁《あほうどり》、混雑がすなわち整調にして、紛擾がすなわち条理あるを観ずるの楽しみ、ロンドンの動物園にて毎々験せしほどのことなり。（『熊楠研究』七号一六九頁上段）

虎やライオンが座って戯れる様子、フクロウや鷹が肉をむさぼる様子、オスのシカがメスを呼ぶ様子、アホウドリが放心しているかのような様子。動物たちのたたずまいを見ながら熊楠は、そうしたけものたちの行動自体は混乱したものだが、その中にこの世を統べるすじみちを見つけることができるととらえている。

こうした動物園のけものたちを見る熊楠の視線は、一方では冒頭に紹介した粘菌の奇態な生態に向けるまなざしと変わらない関心に貫かれている。大型の野生獣から粘菌のような顕微鏡下の生命まで、生き物に対する熊楠の関心は、種の枠組みを超えて広がりながら、個々の観察がつながって行くような性質のものだった。熊楠の生命観を理解するためには、粘菌などの特定の種に限定するのではなく、すべての生物に対するそのまなざしを射程に入れる必要があるだろう。

自然史博物館、そして帰国後の動物観へ

ここまで本章では、熊楠の動物園と博物館での体験を中心として、その動物観の形成を探ってきた。このような観点から見ると、生涯を通しての熊楠の生物にまつわる思考に関して、これまでの研究とは異なるいくつかの新しい視角が開けて来るように思われる。ここではその中から、ロンドンからの帰国前後と後半生での動物観に関する研究上の課題について指摘することで結びとしておきたい。

まず熊楠が、一八九八年一二月に大英博物館閲覧室を追放され、その後サウスケンジントン博物館とともに自然史博物館を拠点としたことの意味に関してである。もちろん大英博物館の円形閲覧室は、当時世界最大の図書館として、ありとあらゆる書籍を熊楠に提供してくれた場であった。熊楠自身、ここでの筆写の作業、つまり「ロンドン抜書」の作成は、自分がロンドンにいる唯一の理由だとまで言っている。だから、その楽園からの追放が熊楠にとって大きな痛手であったことは論を俟たない。

しかし、追放後の熊楠が、下宿から近いサウスケンジントン博物館と自然史博物館に日参したことは、その研究人生の上での新たな局面を切り開く機会となったと考えることもできる。特に、自然史博物館では、熊楠は前述の隠花植物研究者マレーの他、古生物学者バサー（Francis A. Bather）、爬虫類学者ブーランジェ（George A. Boulenger）、鳥類学者シャープ（Richard B. Sharpe）のような、さまざまな分野の生物学者との親交を深めることができた。

そのことは、熊楠にとって生き物に対する視野を大きく広げる機会となったのではないだろうか。帰国後の熊楠が粘菌研究の第一人者であるアーサー・リスター（Arthur Lister）及びその娘のグリエルマ・リスター（Gulielma Lister）と共同研究をするきっかけとなったのも、自然史博物館のジェップ（Anthony Gepp）の紹介を通してのことであった。こうした、ロンドンでの最後の二年間と帰国後の研究生活を結ぶものとしての自然史博物館での体験を考える必要があるだろう。

もう一つは、「十二支考」を中心とする帰国後の動物をモチーフとする著作において、実際の観察に対する関心が果たした役割についてである。帰国後、ほぼ和歌山県内のみで生活した熊楠は、海外放浪時代とは異なり、動物園や博物館を利用することはほとんどなかった。それでも、府立博物場付属動物檻から天王寺動物園となる大阪の動物園には、ある程度の興味を持っていたようだ。本格的に日本語で書き始めた頃の一九〇九年の著作には、次のような記述が見られる。

予惟うに、『晋書』は二十一史中もっとも無稽の談に富めるものと称せらるれども、すべて全く種なき啌《うそ》はつけぬものにて、上文記載するところ、正に今日マラッカおよびインド諸島に産する貘《タピルス》に恰当《こうとう》せるは、現に大阪動物園に畜《か》うところを観て、首肯すべし。（全集三巻九四頁）

熊楠が実際に大阪の動物園に行ったかどうかについては、一九一四年の著作に「貘は［……］大阪の動物園とかにも活きおると聞いた」（全集五巻四四一頁）という記述もあるので、行かなかったと見る方が妥当だろう。それでも、「十二支考」執筆以前の論考においても、中国の古典籍の知識を動物園の実物を見て再検証するという姿勢が見られることは確認しておく必要がある。

さらに次のような記述からは、動物園での飼育の方法についての関心を持っていたことがわかる。

さて吾輩在外のころは、いずれの動物園でも熱地産の猴や鸚哥《いんこ》を不断人工で熱した室に飼うたが、近時はこれを廃止し、食物等に注意さえすれば、温帯寒暑の変りに馴染み、至って健康に暮らすという。何事もあまり世話焼き致さぬがよいらしい。（全集一巻三五八～三五九頁）

個々の動物にはそれなりに環境に適応する能力があるので、熱帯から来たサルやインコも、特に暖房をほどこした部屋でなくても生育する。こうした手探りで野生獣を飼っていた時代の動物園の状況について、熊楠は注目していた。熊楠はさらに、知人のアッカーマン（Otto Ackermann）の著書を引用して「ロンドン動物園書記ミッチェル博士がかの園の案内記に書いたは、世人一汎に想うと反対に、猴が蚤に咋《くわ》ることきわめてまれだ」（全集一巻四一四頁）と、ロンドン動物園の学芸員の実地観察の結果を紹介している。

結局、熊楠がさまざまな著作において動物に関して述べている際には、文献的な知識だけではなく、実際のすがたを念頭に置きながら考察がなされているという面を考慮しなければならない。本章で詳述したように、熊楠はそのような自然観察者としての感覚を、上野、サンフランシスコ、ミシガン、ニューヨーク、ロンドンと旅を続ける中で、その土地の動物園と博物館での体験を通じて養っていたのである。

［注］

(1)『南方熊楠全集』、平凡社、一九七一〜一九七五年。以下、全集に関しては本文中に引用箇所を示した。
(2) 土永知子氏のご教示によると、変形体の乾燥標本を水に入れた際に、動き出すことはあり得るとのことである。
(3) 飯倉照平・長谷川興蔵編『南方熊楠百話』、八坂書房、一九九一年、四七〜四八頁。
(4) 奥山直司・雲藤等・神田英昭編『高山寺蔵南方熊楠書翰　土宜法龍宛1893－1922』、藤原書店、二〇一〇年、二六二頁上段。
(5) 英・合信『博物新編』三巻、一八七四年（南方熊楠顕彰館蔵書〔中640. 01〜03〕）、須川賢久訳『具氏博物学』一〇巻一〇冊、一八七七年（〔和古620. 15〕）
(6) J.G. Wood. *The new illustrated natural history*, n.d.（〔洋433. 22〕）
(7) 長谷川興蔵編『南方熊楠日記』、八坂書房、一九八九年。以下、日記に関しては頁数は示さず、日にちのみを記した。
(8)『上野動物園百年史—資料編』、上野動物園、一九八二年、一五頁。
(9) 同一五〜一六頁。
(10) 佐々木時雄『動物園の歴史』、講談社学術文庫、一九八七年、一四四頁。
(11)『国立科学博物館百年史』、国立科学博物館、一九七七年、九八〜九九頁。
(12) 同一〇六頁。
(13) パリエールはフランス軍隊に勤務し、晩年は国会議員として活躍した。ただし日本に生物標本を寄贈したかどうかは確かめられなかった。
(14) Turrill, Charles B., *California notes*, 1876.
(15) *Illustrated Guide and Catalogue of Woodward's Garden*, 1875.
(16) 石井実氏のご教示によると、「トラムシ」とは tiger beetle の邦訳の可能性があり、その場合はハンミョウのことを指す。ハンミョウにはアリなどに擬態するものがいる。

（17）『南方熊楠百話』四八頁。

（18）河豕は一般にはフグのことだが、ちょっと文脈に合わない。海豚（イルカ）、水豚（カピバラ）あたりだろうか。

KUMA

第7章 熊楠と菌類図譜

細矢 剛

GUSU

はじめに

本章では、南方熊楠の代表的な業績といえる菌類彩色図譜（以下、菌類図譜）を紹介する。南方熊楠といえば、「変形菌」で名を知っている方も多いと思うが、その一方で、多数の菌類を集め、描写・記載し、数千枚にもおよぶ菌類図譜も作成したのだ。図譜には一連の番号が付与され、その大部分は国立科学博物館に収蔵されているが、欠けている番号も多数存在する。近年、欠けている部分の一部が見出され、これらを含む、全容についての研究が進みつつある。

本章では、熊楠が数ある生物の中で、なぜ菌類に興味を集中したのか、そこに至るまでの紆余曲折などについて考察する。また、菌類図譜とはどのようなものであるか紹介し、その特徴についても考える。最後に、同時代に生きた顕花植物の巨人、牧野富太郎との違いについても考える。

隠花植物への傾倒

和歌山で過ごした幼少期から、熊楠が様々な博物学の分野（今日でいう自然史の分野）に興味を示したのはよく知られている。熊楠は、様々な和漢の百科事典や本草学などにふれ、その抜書（興味のある部分を模写したもの）作成に精を出した。中でも、『和漢三才図会』、『本草綱目』、『大和本草』などの江戸時代の百科事典に出会って、動物や植物についての知識を広めることに大きな喜びを見出したと考えられている。現存する『本草綱目抜書』には様々な動植物の図が筆写されており、熊楠の興味の幅を伺わせる。熊楠は、筆写することによって、様々な知識を脳裏に刻み込んだものと考えられる。松居・田村らがまとめたスキームによれば、①自分の理解したことを並べて分類する、②分類したまとまりを互いに関連させ、連想のネットワークを作る、③それらを繰り返す、という形で情報を脳裏に定着させていった。(1) 記憶を中心とした博物学的分野では出色の才能があったと思われる一方、熊楠は幼少期から幾何や代数などの数理的な思考を要する学問は、苦手であったとされる。

やがて、和歌山中学に進学した熊楠は、博物学教師であった鳥山啓（一八三七〜一九一四）に出会い、西洋から来た博物学を学ぶことになる。ミミズが嫌いであった熊楠は、鳥山に諭され、自然科学を志すのであれば、ミミズもつかめるようになる必要がある、と自身の心を鍛えてつかめるようになったという。また、鳥山は県の植物園の管理も任されており、植物学を熊楠に指導した。幼少の熊楠の興味は、昆虫などにもあったようだ。南方熊楠顕彰館には、若干の昆虫標本も保存されている。しかし、鳥山による実地指導が生物の名前を覚えるのに効果的であったことは間違いないし、熊楠の植物学分野へ興味をもつきっかけになったのも想像に難くない。また、ミミズのエピソードからも伺い知れるように、どちらかというと、もともと動物よりも植物に興味を持っていたのかもしれない。

中学卒業後の一八八四年、一七歳の熊楠は東京大学予備門（現在の東京大学教養学部）に進学した。ちょうどその頃、アメリカのアマチュア菌学者モーゼス・カーティス（Moses A. Curtis 1808–1872）がイギリスの菌学者マイルス・バークレー（Miles Berkeley 1803–1889）に六〇〇〇点の菌類標本を送ったことを聞き、それ以上の標本を集めようと決意した。しかし、予備門では代数で落第点を取り、ドロップアウトして郷里に戻ってしまった。

博物学的な学問への憧れを捨てきれない熊楠は、その後、商売の勉強のためと父親を説得し、ついに一八八六年、アメリカに渡ったのである。

アメリカに渡った熊楠の人となりに重要な影響を与えたのは、ウィリアム・カルキンス（William Wirt Calkins 1842–1914）である。カルキンスはアメリカの南北戦争で陸軍大佐を務めた軍人であるが、退役後は弁護士として活動するかたわら、菌類や地衣類を研究したアマチュア菌学者であった。現在でこそ地衣類と菌類はあたかも別の生物であるかのように扱われており（後述するように、地衣類は菌類が藻類と共生したものであり、主体は菌類なのであるが）、取り扱いに関する学問的な習慣や文化も異なっているが、この時代の菌学者はいずれの生物群も扱っていた。カルキンスは熊楠とは書簡や標本のやりとりを通じて交流があり、熊楠にも地衣類のコレクションを与え、アメリカ時代の研究を支えるとともにフロリダへの旅行を勧めた。熊楠が菌類に傾倒するきっかけを作った人物といえるだろう。

アメリカに渡った熊楠は、当初サンフランシスコのビジネススクールに入学し、商業と英語を学ぶはずであった。しかし、商売に関する勉強は性に合わなかったため結局退学し、中西部ランシング、アナーバーから、フロリダ、はてはキューバにまで渡り、様々な地衣類・菌類を収集した。

その後、英国に渡った熊楠は、アメリカ時代とはうって変わって、大英博物館の図書室で膨大な書籍を読み漁り、民俗学や自然科学の知識を吸収した。その成果は、「ロンドン抜書」としてノート五二冊に集積されている。一九〇〇年、熊楠は生活の困窮から帰国することになるが、帰国に際して、大英博物館植物研究部門の陰花植物学者ジョージ・マレー（George Robert Milne Murray 1858-1911）に隠花植物の研究を勧められた。

帰国して熊野にいったん落ち着いた熊楠は、再び積極的なフィールドワークに精を出すようになる。帰国直後（帰国したのは一〇月一五日）の一九〇〇年一一月二〇日の日記には、採集目標として「変形菌10、キノコ450、地衣類250、藻類200、車軸藻類5、苔類50、蘚類100」と記されている。多様な生物群である菌類（キノコと地衣類）はこの中では半数以上を占めており、熊楠の日本の隠花植物の多様性に対する慧眼が現れていると感じられる。また、この中には、維管束植物（シダや花の咲く植物）は含まれていない。

いまでこそ古語となってしまったが、植物は顕花植物と隠花植物に便宜的に分類されていた。顕花植物は文字通り花が咲く植物であり、私達が目にする草花や木など、いわゆる「植物」としてまっさきに想像されるものである。多くは肉眼的に容易に認められるような大きさである（例外的にミジンコウキクサのような小型のものもある）。これに対して、隠花植物は、花の咲かないシダ類やコケを始め、藻類や菌類、変形菌類など種々雑多な動かない生物（＝植物的な生物）を含めた用語である。このうち、シダとコケは、系統的には顕花植物につながる植物ということができるので、コケ、シダ、顕花植物を合わせて「陸上植物」などとよぶ場合もあるが、隠花植物は系統学的にも多様な生物である。では、熊楠が興味を持ったこれらの生物はどのようなものであろうか。そして、熊楠はどのようにしてこれらの生物にアプローチしようとしたのであろうか。

（一）変形菌類

南方熊楠を変形菌類の研究者としてご存知の方も多いであろう。実際、熊楠は、日本の変形菌相解明に大きな役割を果たしたし、昭和天皇に変形菌の標本を献上したこともよく知られている。変形菌は、「菌」という名前がついているが、菌類とは系統学的には大きく離れた生物であり、アメーボゾアと呼ばれる生物群に所属する。その名の通り、アメーバ状の変形体と微小なきのこ状の「子実体」の間を行き来する奇妙なライフサイクルを持っており、そのため熊楠の時代は動物と植物の中間的な原始生物と考えられていた。世界では約一〇〇〇種、日本では約六〇〇種が知られている、比較的小さな分類群である。しかしながら、熊楠の時代は日本産の種はほとんど知られていなかった。熊楠は、採集した変形菌を英国の変形菌の研究者リスター父娘に送り、同定を依頼することによって、日本の変形菌相を明らかにした。それにより、日本産の変形菌目録を一九〇八年、一九一三年、一九一五年と次々に更新し、一九二七年に集大成「現今本邦に産すと知れた粘菌種の目録」を発表した(2)。

ここで重要なのは、変形菌類の同定をするに、海外に適切な指導者がいたことである。未知の土地である生物の分類を志す場合、参考になるのは、既知の土地で知られる生物を網羅した文献である。今日でこそ、図や写真が充実した文献が国際的にも流通しており、ネットも利用できるため、未知の生物の姿形は、容易に想像できる場合も多い。しかし、熊楠の時代、文献は希少で高価であった。よしんば文献が入手できたとしても、文字だけで姿形を表した「記載」も簡単すぎる場合が多く、役に立たないことも多かった。そのため、標本のやり取りをして実物を共有して教えを請うたり意見を求めたりする交流は極めて貴重であった。熊楠の時代、隠花植物に関する国内の文献は極めて乏しかったため、先進国に指導者を持っていることは極めて重要であった。変形菌の場合、父娘という長期に渡るそのようなサポーターがいたことが幸いしたのである。一方、欧州の変形菌学者にしてみれば、アジアという容易に訪れがたい地域から標本が入手でき、自身の研究に供することができたのだから、これはWin-Winの関係であったといえる。他方、熊楠にしてみれば、一から十まで自分自身の研究によって達成された業績ではないことから、どことなく借り物の知識であるかのように思い、後述のきのことは異なる執着のなさに結びついていったのかも知れない。

（二）大型藻類

藻類は、生物学的には「酸素発生型光合成をする生物のうち、陸上植物を除いたものの総称」である[3]。このような「●●でない」という定義は、しばしば関係のない生物の寄せ集めを作ってしまう。実際、藻類はそのような寄せ集め的な多様な生物群である。便宜的に大型藻類とよばれる肉眼的な大きさの生物群は大きく、緑藻・紅藻・褐藻に分類され、世界では約一万一〇〇〇種、日本でも約一六〇〇種が知られているが、まだ新種も発表されている。大型藻類の大部分は海に生育する海藻であるが、一部は淡水にも生育している。実際、熊楠は海藻ばかりでなく淡水産の藻類まで採集している。しかし、海外の専門家を求めることができなかったため、これらの成果が出版されることはなかった。

（三）微細藻類

微細藻類は大型藻類とは対照的に、顕微鏡サイズの藻類の総称である。そのため大型藻類以上に多様で、多数の種が含まれているがその実数はよく分かっていない。熊楠はシアノバクテリア（藍藻類）、車軸藻類、緑藻類、紅藻類、渦鞭毛藻類など、多くの主要な微細藻類を採集しており、押し葉の他、多数のプレパラート標本を残している。これらの標本は国立科学博物館で保管されている。また、ピトフォラ・オエドゴニア *Pithophora oedogonia* というアメリカで分布が極めて限られている藻類を日本でも発見し、論文発表している(4・5)。さらに、緑藻類の一群であるツヅミモに関して英国の藻類学者ジョージ・ウエスト（George Stephen West 1876–1919）と共著で発行しようとしたがウエストが四三歳という若さで夭逝してしまったため実現することはなかったのである。

（四）菌類

菌類とは、カビ・きのこ・酵母の総称である。きのこは、肉眼的な大きさの体（子実体）を形成するが、カビは大量に増殖して群落（コロニー）が大きくならない限り認識するのは難しい。しかし、生きた植物の上で増殖し、植物に〝悪さ〟をする植物病原菌については、植物の病徴などから存在を知ることができる。酵母（単細胞で出芽増殖する菌類）となればなおさらで、樹液のような特徴的なコロニーでなければ肉眼的な認識は難しい。菌類は、昆虫についで生物の世界で二番めに多様な（種数が多い）生物群であり、世界では約一〇万種、日本では一万二〇〇〇種ほどが知られている。しかし、推定種数は一五〇万種とも三〇〇万種以上とも言われる巨大な生物群である。

熊楠は、後述する菌類図譜の作成に取り組み、多数のきのこの標本を収集・記載した。これこそが、熊楠のライフワークであった。

(五) 地衣類

菌類の中には、微細藻類と共生関係を営むものがあり、これによって極寒や乾燥などの極端な環境に耐えられるように進化したものがある。これらが地衣類と呼ばれるものである。世界では現在約二万種、日本では約一八〇〇種が知られているが、未記載のものが多く存在する。菌類は、微細藻類から光合成産物を受け取って成長し、菌類は微細藻類に居場所を与えるということで共生関係が成り立っていると考えられている。ここで、居場所を与えるというのはずいぶん勝手な解釈のように見えるが、実際、地衣から得られる藻類は種類が限られている。藻類は本来、光合成をする独立栄養生物なので、原理的には自由生活可能なはずなのだが、それらが自由生活していることが報告されないため、居場所を与えていると考えられているのだ。藻類と共生することによって、地衣類は、独特の形態となる。そのため、地衣類(英語では lichen)という、あたかも菌類とは独立の生物群であるかのように呼ばれるが、菌類の中には複数の系統が地衣類に進化した証拠があるため「地衣化した菌類」というニュアンスの lichenized fungi というべきである。

熊楠は、アメリカ滞在中に多数の地衣類標本を収集した。これにはカルキンスの影響が多大にあったと考えられる。キューバでは、グアレクタ・クバーナ *Gualecta cubana* という新種を発見し、後に、「明治24年(1891年)クバ島で見出した石灰岩生地衣を、シカゴのカルキンス大佐経由、巴里のニランデルに贈り二氏が、グアレクタ=クバナ(*Gualecta Cubana* Nyl.)と命名したのは、欧人の縄張り内で、亜人が生物新種を発見の嚆矢としてほめられた」と回顧している(残念ながらその標本は行方不明となっている)。

熊楠が収集したこれらの生物の標本は、国立科学博物館の植物研究部に保管されている。現在確認されているのは、菌類（彩色図譜、乾燥標本、プレパラート標本）、計約一万二〇〇〇点、変形菌類（乾燥標本）約六六〇〇点、藻類（乾燥標本、プレパラート標本）、計約五〇〇〇点、蘚苔類（乾燥標本）一五七〇点、地衣類（乾燥標本）七〇〇点など、総計二万五〇〇〇点あまりである[6]。

それにしても、熊楠はなぜ、大型の顕花植物やシダ類に興味を示さなかったのであろうか。実は、熊楠は大型の植物も採集しており、それらは和歌山県田辺市の南方熊楠顕彰館に保存されている。多くは現在同定・整理されている段階なので、採集した植物にどのような傾向があるのかについては、今後の検討が待たれる。しかし、きのこを初めとする隠花植物に比べれば、収集数は限られており、やはり隠花植物に強い志向があったのだ。典型的な植物は、すでに西洋の学者によって研究がなされていたし、同時代に、牧野富太郎が活発に活動していたことも多くの出版物から知っていたことは想像に難くない。また、アメリカで見た多様な菌類の世界、対照的にイギリスで低い生物多様性を見た経験から、再び日本に立ち戻ったとき、日本では研究が遅れている隠花植物についで取り組みたいと思ったのは無理のないことである。もちろん、ジョージ・マレーのアドバイスも背中を押したものであろう。

菌類図譜

熊楠は海外渡航から帰国した一九〇一年以降、多数の菌類標本を採集し、その標本から数千点の菌類図譜を作成した。その大部分は、さまざまなきのこである（一部、植物病原性のカビも含まれる）。菌類図譜は、典型的にはA4サイズ程度の大きさの厚紙で作成され、それぞれの資料にはF（Fungi 菌類の頭文字と思われる）を付した番号が与えられている。典型的には次のような要素を含むものである。

①きのこ自体の乾燥標本（多くはスライスされたきのこ）を貼り付けたもの。
②彩色図（きのこの水彩画）。きのこの多くは、乾燥してしまうと、色や形などの生物学的特徴が失われてしまう。今日であれば、カラー写真で撮影するところだが、熊楠の時代には技術的に不可能であったため、これを水彩画によってとどめたものである。なお、水彩画は、きのこの図鑑でも最近まで学術的な表現技法として用いられていた。
③胞子（雲母板に胞子を落下させたものを紙で包んだもの）。多くの場合、新聞紙に包まれたものが標本台紙に貼布され、"Spores"と記されている。
④記載：英文で試料の菌学的性状を記したもの。

このように記すと、一見非常によく整理されたように見えるが、一枚のシートに複数のF番号の資料があったり、一つのF番号が複数シートになっていたりして、整理を難しくしている。また、中には胞子を欠くものがあったり、図のみで標本がなかったりと、完全に一貫した資料ではない。

二〇〇七年に出版された『南方熊楠菌類図譜』[7]は、それまでに見出されていた菌類図譜の中から美しいものや特徴的なものなど、美術的な価値が高いものを編者が選定したものであり、一二一枚の傑作図譜が収録されている。多くの読者は、この本によって、菌類図譜の存在を知り、その迫力に魅了されたものと思う。実際、彩色図と標本の間を埋め尽くした細かい字からなる資料は、熊楠のきのこ観察に取り組む鬼気迫る意気込みを感じさせるものであった。しかし、図譜のすべてがこのような迫力を持っているのか、というと、必ずしもそうではない。大部の資料の部分的な露出は、間違った解釈へ人を導いてしまう。菌類図譜は、熊楠の半生の行動や指向を知る上で貴重な資料であり、日記や他の資料と相互参照・利用するためにデジタルアーカイブ化が求められていた。また、熊楠自身による筆跡の解読は極めて難しく、これらの文字を読みやすくデジタル化した資料として全体を公開することが求められていた。

菌類図譜のデジタル化とデータベース化

これらの大量の資料はデジタル化され、データベース化されてこそ、資料として価値を生むものである。そこで、一九九五年までに国立科学博物館にすでに保管されていた約四五〇〇枚のシート（これを第一集とする）に加え、二〇一四年までに見いだされ、国立科学博物館に保管された約七五〇枚のシート（これを第二集とする）をまとめて、全資料をデジタル化することが進められてきた。まだこの事業は途上であるが、本節では、その一端を紹介したい。

まず、シートの画像のデジタル化である。各シートはスキャナでデジタル化した（第二集の一部はデジタルカメラも使用）。第一集については、この作業は、すでに二〇〇二〜二〇〇四年に行われており、第二集については二〇一五〜二〇一六年に新たに作業を実施した。

次は各シートの文字情報のデジタル化である。記載にはほぼ一定の内容が書かれているとはいえ、位置がバラバラであったり、挿入や削除があったりとわかりづらく、しかもかなり文字にも特徴があるため、読み解くのは容易ではない。しかし、いずれのシートもすでに文字を読み解いた資料（翻刻）があった。これは、北海道大学農学部を一九二四年に卒業された松本豊雄氏によるものであり、熊楠の癖字を美しい英語の筆記体に翻刻したものである。(8) 第一集については、すでにこの翻刻の大部分のデジタル情報化も行われていた。そこで、新たに第二集の翻刻資料のデジタル情報化を行った。以上によって、各シートのデジタル情報が画像情報と参照できるようなデータベースの作成を目指した。

次の作業は、データベースの作成である。データベースとは、一定のデータ項目にデータを整理し、データの追加・削除、順番の変更、検索、データ内容を編集してデータを更新できるようにしたものを指す。表計算ソフトに各資料の情報が整理されたような状態を想像していただければよいが、膨大な文字データを扱うことになるため、専門のデータベースソフトを用いて整理するのが普通である。今回は、マイクロソフト社のアクセスを使

表1　データベースの主要項目

ID	システムが自動付与
Vol	1= 第2集、2 = 第2集
Fno	Fno。記載の主体となる標本の番号。
branch	Fno の枝番（あれば）。
cfNo	参照番号。記載に引用されている他の Fno。
OriSciName	熊楠による学名。無記名の場合は "No Data" と記す。
IntLeg	採集者。
IntY	採集年。データに幅がある場合は最も早い年月日の年。
IntM	採集月。データに幅がある場合は最も早い年月日の月。
IntD	採集日。データに幅がある場合は最も早い年月日の日。
IntGenus	分類学的に解釈（綴り字の正しさなどを検証）された属名。もとの学名に「？」が付いている場合は「？」を外す。
IntSpEpithet	分類学的に解釈（綴り字の正しさなどを検証）された種小名。もとの学名に「？」が付いている場合は「？」を外す。
IntAuthor	著者名。
Habitat	生育情報。冒頭に記載される基質・採集場所・採集年月日など。
OriDescription	記載。記載の主体。
Remarks_TH	細矢メモ。
Status	n. sp. など分類学的特記事項。

用してデータベースを作成している。このデータベースはまだ作成途上である。管理項目についても試行錯誤しながら、研究コミュニティで共有できるものとして完成をめざしているが、現在のところ、次のようなデータ項目を作っている（表1）。言い換えれば、デジタル化されたテキストから、これらの情報を抜き出すことが必要となる。

ここで大きな問題となっているのが、デジタル化されたテキストファイルとデジタルイメージの照合が困難であることである。図1に典型的な例を示したが、この図（F3898、マツオウジ）は、図を取り囲むように数カ所の記述が存在する（便宜的に①〜③とマークした）。それぞれ、連続していない別なブロックであるが、②のブロックは③のブロックに関連しており、②のブロックは図とも曲線で繋がり、これらが関連することを示している。しかし、オリジナルの翻刻資料（図2）においては、この①〜③は、連続あるいはバラバラに

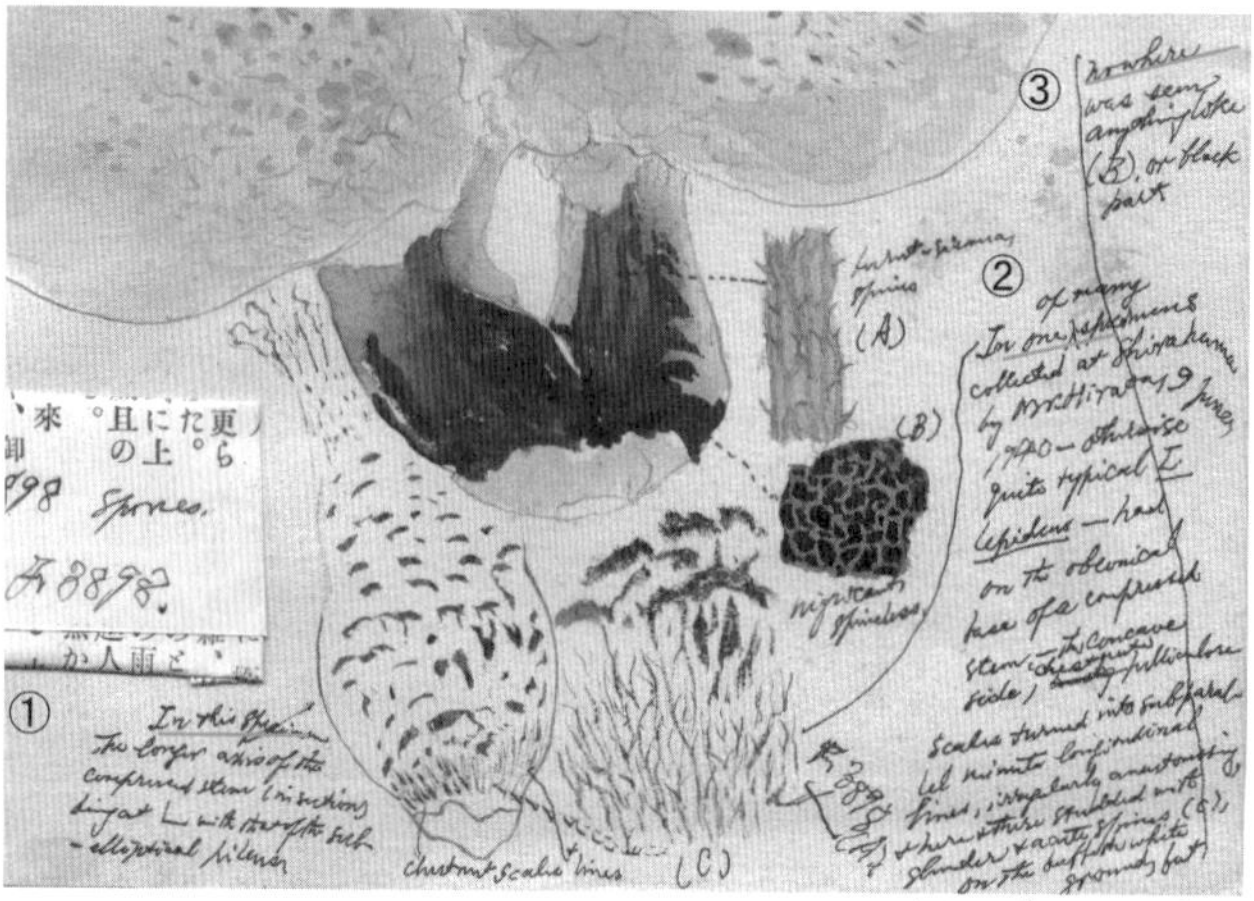

no where was seen anything like (B), or black parts.

In this specimen, the longer axis of the compressed stem (in section) being at L with that of the subelliptical pileus.

In one of many specimens collected at Shirahama by Mr. Hirata, 9 June, 1940---otherwise quite typical L. lepideus had on the obconical base of a compressed stem---the concave side, `chest-nut' pelliculose scales turned into subperallel minute longitudinal lines, irregularly anastomosing, and here and there studded with slender and acute spines (C), on the buffish white ground, but...

図1

出てくるため、そのデジタル情報も同様に出てくることになる。しかし、研究資料としては、①〜③のそれぞれのブロックの英文が何と書かれているかすぐに分かることが重要であろう。つまり、どのブロックがどの英文に相当するか、はデジタル化された英文を参照しながら、結局、熊楠の癖字を改めて解読しなくてはならないのだ。

目下のところ、これを文字だけを扱うデータベースソフト上で解決することは不可能である。しかし、図形的なイメージと文字情報をうまくリンクするような技術はすでに存在しており、現在そのような技術を取り込むための準備を進めている。たとえば、イメージ上にカーソルを合わせるとその部分の英文が見られるようになる、などの仕組みである。将来はこのような技術をうまく使って、データが利用できるようになることを願ってやまない。

研究資料として重要なことはもう一つある。熊楠の菌類図譜は古いため、著作権の保護期間は終了している。しかし、写真には著作権が生じるため、この著作権を処理しながら、自由に使えるようにする処理が必要である。これはどちらかといえば技術的な問題であるが、ＩＩＩＦ（International Image Interoperability Framework）という、画像データの取り扱いを共通化するための規格に合わせた形にデータを加工することによって、データを公開することを目指している。ＩＩＩＦの規格に従っていれば、あるウェブサイトのデータベースにある画像を他のウェブサイトのデータベースで引用して表示できる（互換性を保証）。しかし、そのためには画像だけでなく、その画像の説明をする「メタデータ」をつくる必要がある。

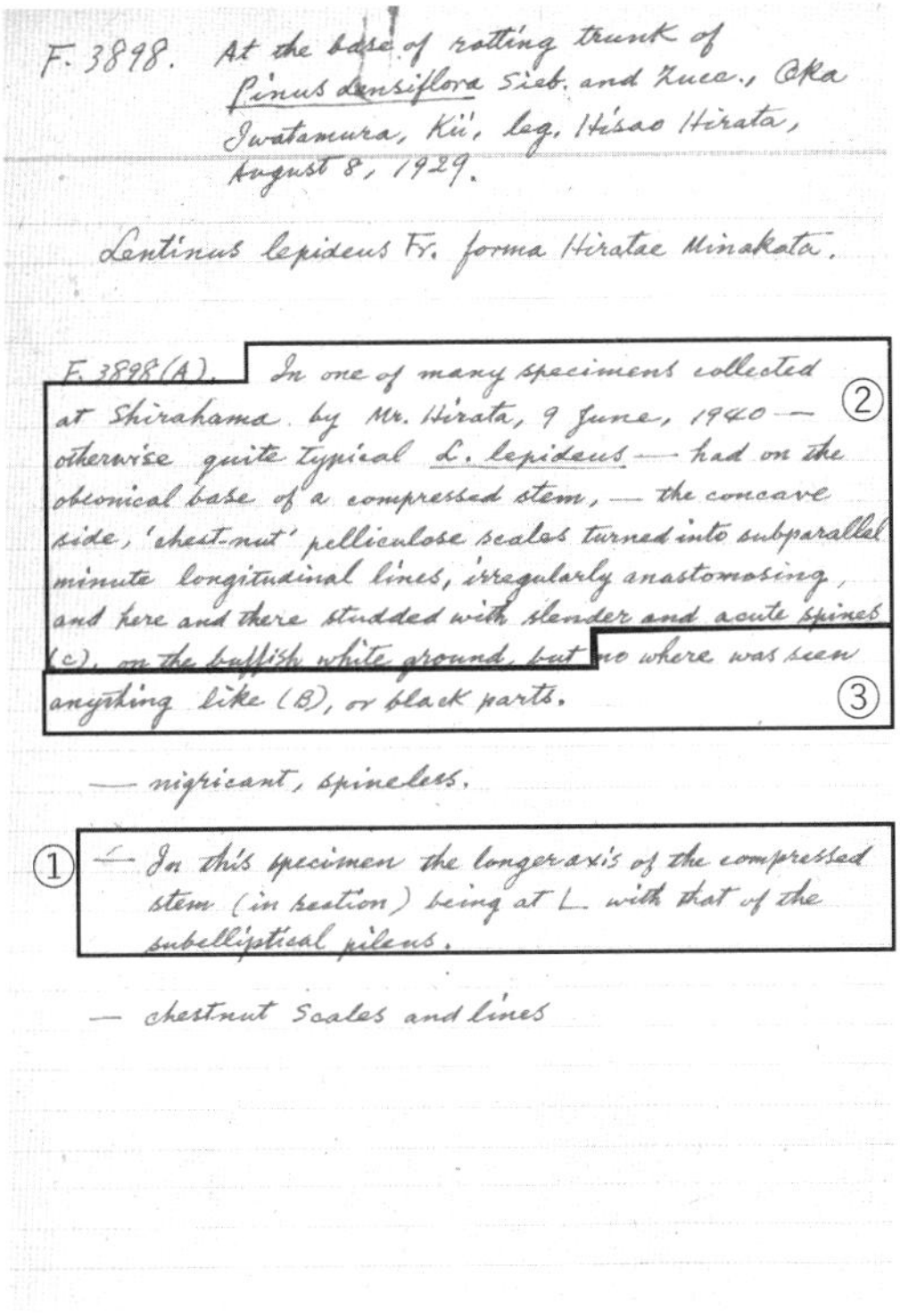
F. 3898. At the base of rotting trunk of Pinus densiflora Sieb. and Zucc., Oka Iwatamura, Kii, leg. Hisao Hirata, August 8, 1929.

Lentinus lepideus Fr. forma Hiratae Minakata.

F. 3898(A). In one of many specimens collected at Shirahama by Mr. Hirata, 9 June, 1940 — otherwise quite typical L. lepideus — had on the obconical base of a compressed stem, — the concave side, 'chest-nut' pelliculose scales turned into subparallel minute longitudinal lines, irregularly anastomosing, and here and there studded with slender and acute spines (c), on the buffish white ground, ② but no where was seen anything like (B), or black parts. ③

— nigricant, spineless.

① ← In this specimen the longer axis of the compressed stem (in section) being at ⊥ with that of the subelliptical pileus.

— chestnut scales and lines

図２

メタデータとは、データ本体（ここでは図譜のスキャンあるいは写真データ）に付帯したデータのことである。たとえば、記念写真は、いつ、どこで、だれが写っており、何のために集合したのか、というデータがなくては意味をなさない。メタデータが存在することによって、データが見つけやすくなる、管理しやすくなる、などの有用性がある。このメタデータには、図譜のイメージデータがいつ、どのように、だれによって作成されたのか、という技術的な情報の他、図譜内容のデータベース内容も含まれる。単なる文字イメージのデジタル化だけでなく、データ項目に合わせた情報の取り出しはここでも必要となるのだ。

菌類図譜——その整然と混沌

菌類図譜の多くは図・標本・文字が雑然と並んでいるような印象を与える。しかし、その中には、分類学的な考察や資料の整理ができているものが多数ある。熊楠の時代、日本における菌類の研究資料はほとんどなかったから、西洋の文献を相手にしながら、手探りできのこの研究をしていった様子が伺える。このような図譜を「整然」型と呼ぼう。

一方、すべての図譜について、資料整理が行き届いているわけではない。果てしない多様性をもった生物群である菌類を前に、先が見えない整理を行おうとすれば、当然結論が出せないことが生じる。判断を先送りにせざるを得なくなったり、考え直しが必要になったりして、結論が出せず、未同定のまま残さざるをえなくなる。菌類図譜にはそのような形跡も多々見られる。このような図譜を「混沌」型の図譜と呼ぼう。

筆者は、「整然」だけでなく、「混沌」型の図譜も公開することが図譜から熊楠の菌類研究の全貌を知るには重要と考え、数百の図譜の整理が終了した段階から、両者の代表的なものを集め、電子展示「南方熊楠　菌類図譜～その整然と混沌～」をウェブで公開した（https://dex.kahaku.go.jp/kumagusu）。本節では、この電子展示から、いくつかのデータを紹介し、「整然」と「混沌」の典型的な例を紹介しよう。

(一)「整然」型の図譜の例

F618（一九〇六年六月一四日採集）*Volvostropharia amanitoides* Minakata nov. gen.（図3）

当初クリタケ *Hypholoma* 属に置こうとしたものを、迷った末に新属とした形跡が辿れる。新属新種 *Volvostropharia amanitoides*（サケツバタケ属（*Strophariа*）に似てツボをもったきのこで、テングタケにも似る、という意味であろう）として記載されたものである。この菌は新属として発表しようとしていただけに、多数の標本を採集している。

F496（一九〇五年五月一五日採集）*Fistulina hepatica* Fr.（図4）

熊楠の墓がある高山寺で採集されたカンゾウタケである。熊楠は非常に多くのきのこを未記載種としたが、本菌に関してはあっさり既知種に同定しており、胞子の顕微鏡図なども示している。慎重に同定しようとしたのか。

F4208（一九三五年五月一九日採集）*Phaeoporus captiosus* Minakata et Tanoue（図5）

Fumie Minakata pinxit とあり、熊楠の指導下で娘の文枝が描いた図である（pinxit は描画の意味）。いったんイグチ *Boletus* 属に分類したが、*Phaeoporus* の未記載種として、熊楠ときのこ四天王の一人、田上茂八の連名で記載している。このように、熊楠は採集者や共同で作業した人物を記録するのにはかなり気を遣っている。

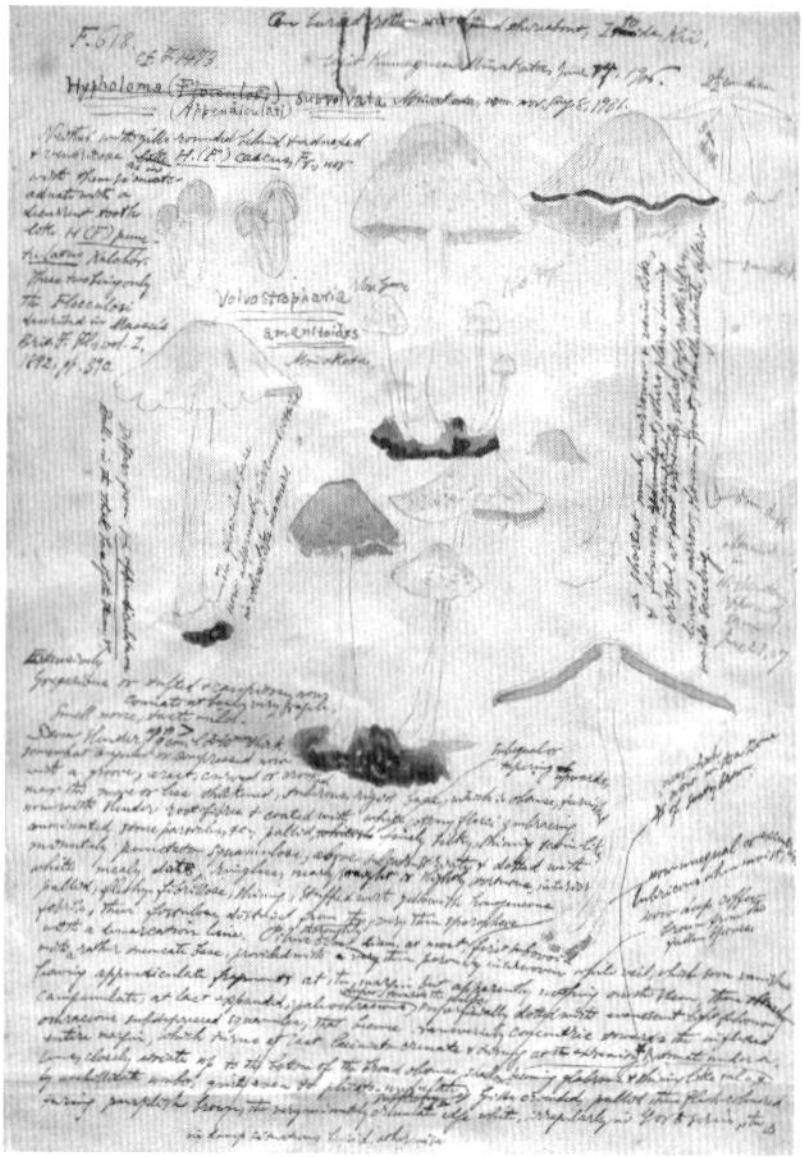

図3

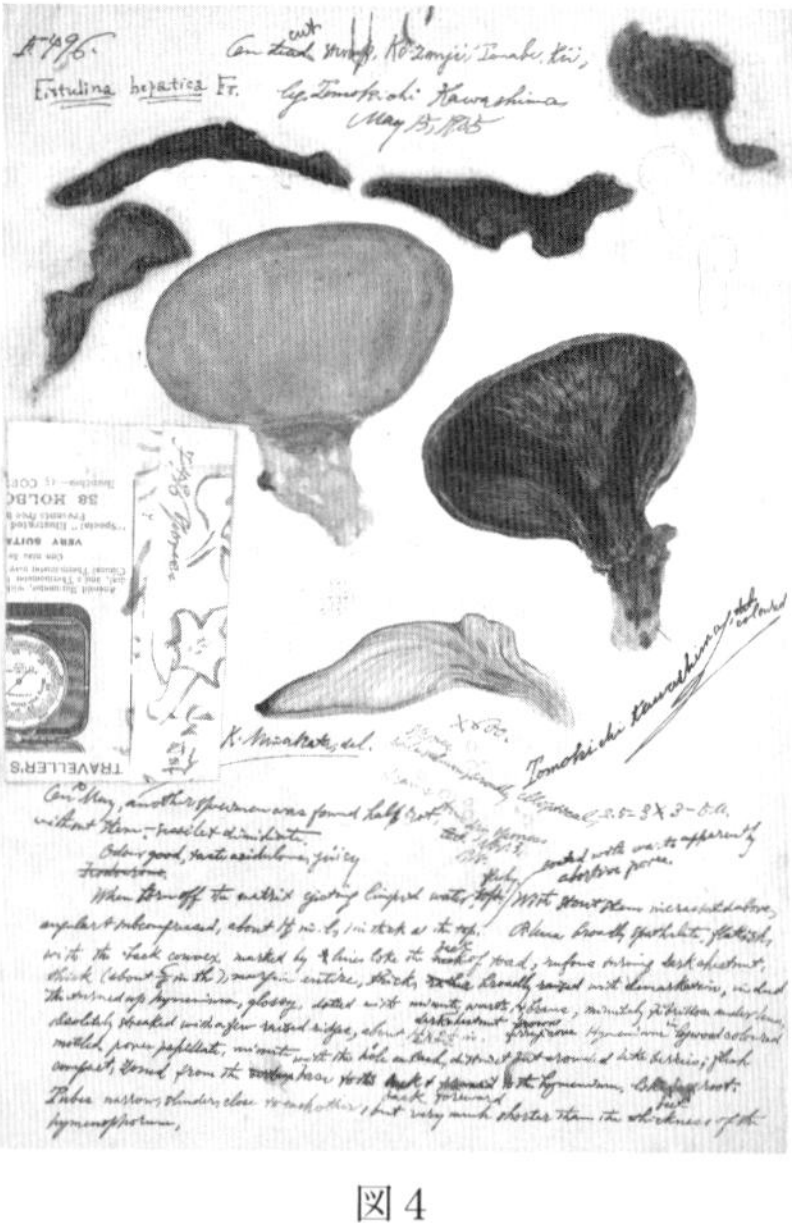

図4

（二）「混沌」型の図譜の例

F2（一九〇〇年一一月、一九三〇年四月一六日採集）*Helvella elastica* Bull.（図6）

これが現存する最も若いF番号が付与された図譜である。熊楠は学名を与えていないが*Helvella*ノボリリュウ属の一種であることは明らかである（熊楠はアシボソノボリリュウと同定）。"specimen sent to Imai"とあり、日本語で「二個今井へ送ル」とあることから、本標本は一部はこの類の子嚢菌の専門家であった今井三子に送られたものであろう。図譜の中で顕微鏡図があるのは限られており、丁寧に観察された様子が伺える。「不要」の字は将来の出版を目指していたものか。また、この図譜は一九〇〇年と一九三〇年の採集品が同居している。標本というのは採集された機会ごとに別のものとするのが通常である（一九〇〇年採集品と一九三〇年採集品は別な番号で管理

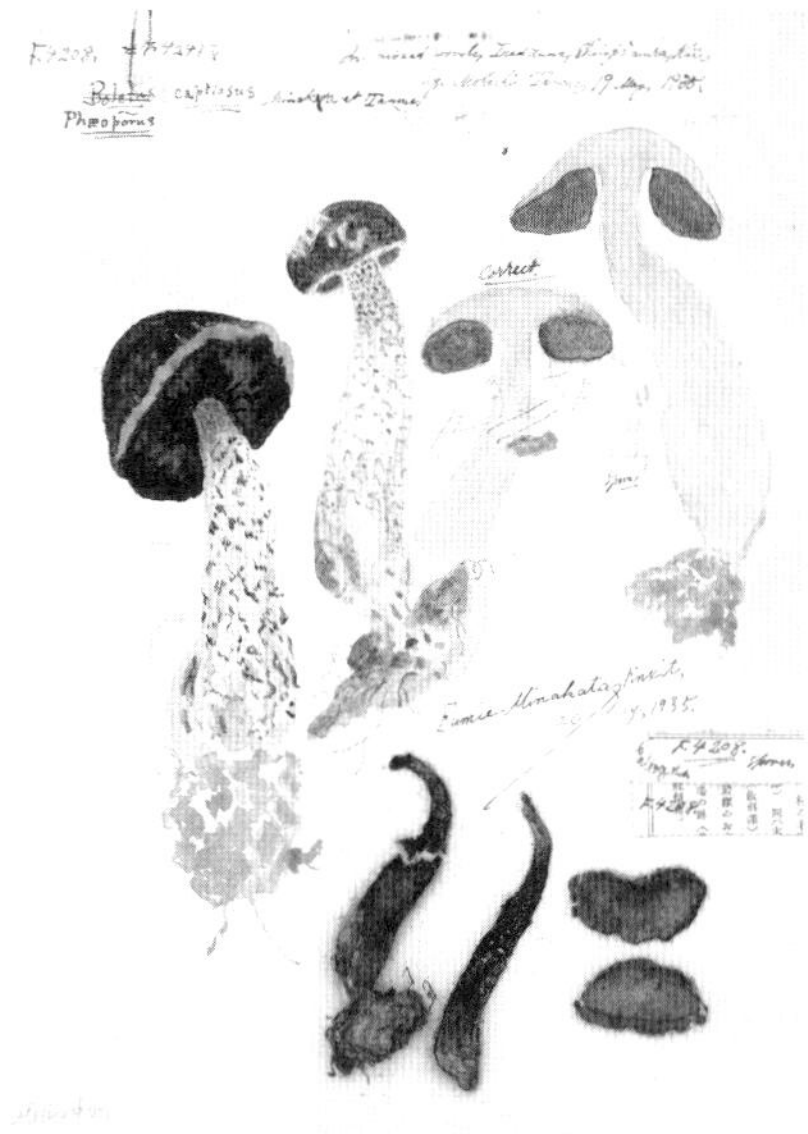

図５

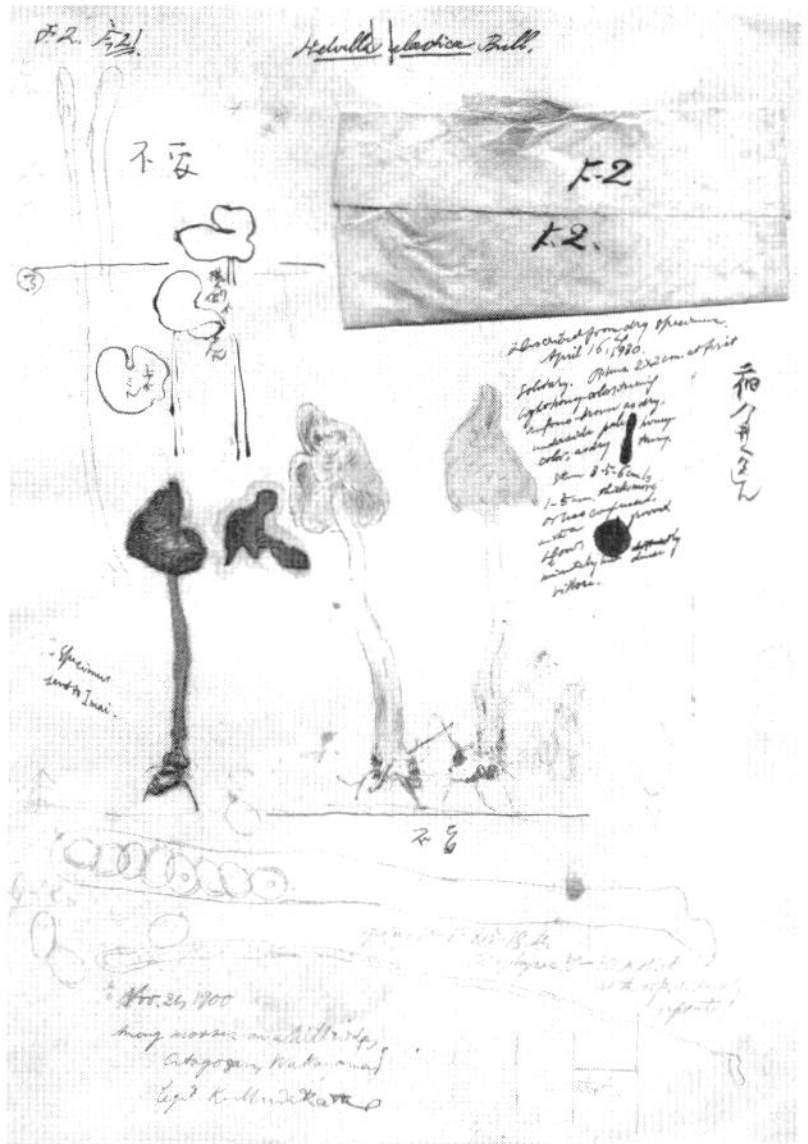

図６

されるべき）。このことから考えて、熊楠のＦ番号は、標本に与えたものではなく、菌種に与えようとしていたものであることが伺える。

Ｆ３２（一九〇一年三月三日採集）*Lycoperdon*（図７）

ホコリタケ *Lycoperdon* 属の一種と同定されたきのこ。丁寧に列をなして押しきのこ標本が貼り付けられており、ユーモラスな印象を与える。イラストも Natural size と添えてあり、実物大の図である。一見整然としているのだが、同じＦ３２が与えられたきのこがもう一つ存在しており、初期には番号管理ができていなかったことが伺える。

F777（一九一三年一一月二六日）菌名不明（図8）

この標本には、きのこも記載も何もない。墨汁の四角には、かろうじてきのこのひだのようなものが見られることから考えると、白色の胞子をもつきのこの胞子紋をとろうとしたように見える。しかし、F777の資料は他になく、全く伺い知ることができない。

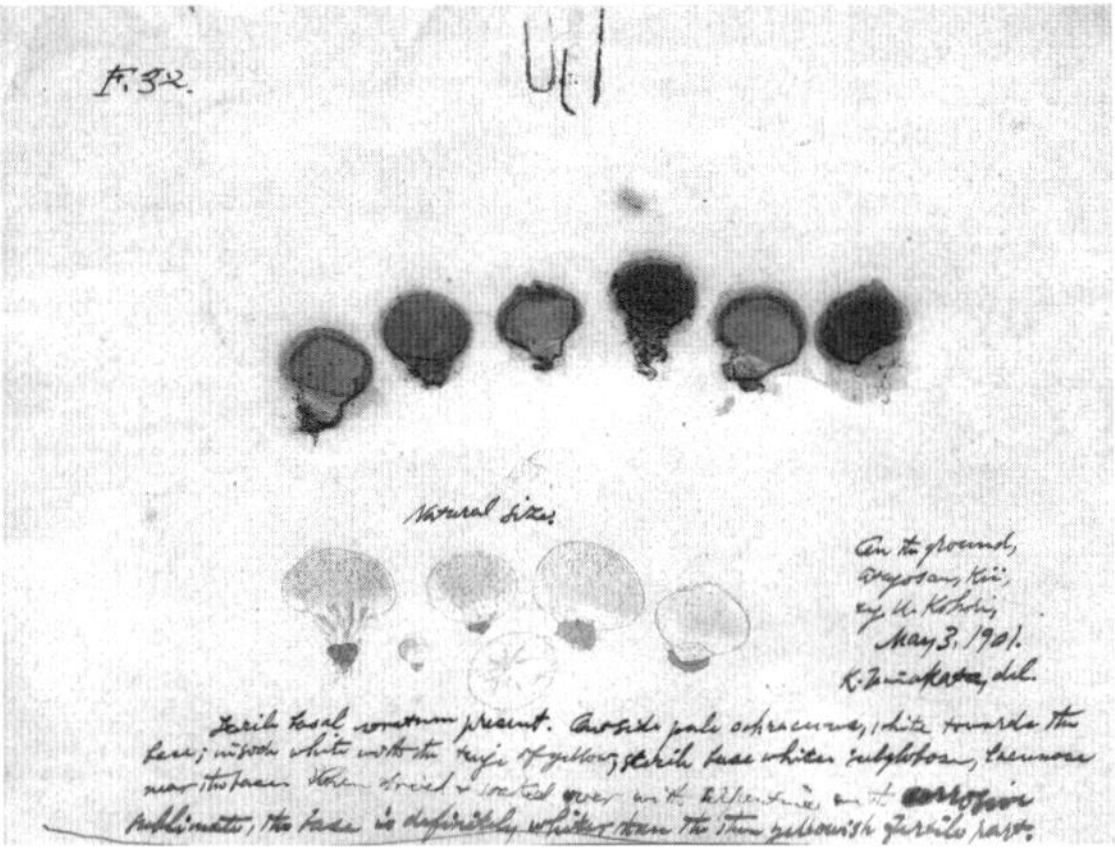

図7

図8

図譜の謎

菌類図譜の様々な例を見てきたところで、いくつかの疑問が生じる。それらについて筆者は次のように考えている。

(一) なぜきのこばかりを集めたのか

すでに述べたように、熊楠の陰花植物研究は常に海外の有識者に支えられていた。その中には、良い指導者と関係を築くことができたため、研究成果がまとまったものもある。変形菌類の研究成果はその例である。一方、藻類のように、適切な指導者がいなかったため、諦めざるを得なかったものもある。そんな中で、なぜ、菌類については、海外の専門家に頼らず、収集・記載を続けたのだろうか。

菌類に関してはアメリカ時代の知識もあり独力で研究を進められると自認していた範囲であったのかもしれない。また、カーティスの六千点を超える収集を生涯の目標にしていたということも考えられる。

(二) 未発見の菌類図譜はないのか

熊楠は、各図譜にFで始まる一連の番号を与えていた。しかし、これらの番号には使われていないものがあることが図譜の最初の調査の段階で分かっていた。熊楠がこれらの番号をわざと使っていなかったのか、それとも、もともとあったが図譜の調査以前から喪失してしまったのかは分かっていない。

なお、現存する図譜の最小の番号はＦ２（一九〇〇年採集）、最大はＦ４７７５（一九四〇年採集）なので、亡くなる直前まで収集を続けていたことが分かる。さらに、熊楠は日記の巻末付録頁に図譜目録を作っており、一九三五（昭和一〇）年の日記の巻末には合計二四頁に渡る菌類図譜目録がある。ここにはＦ４１９８からＦ４７８５まで、きのこの学名が記されており、さらに、その後もＦ５０２０以上まで、番号だけが記されている。これは、熊楠が晩年まで収集を続ける意欲にあふれていたことを物語るものである。

（三）なぜ未発表の新種が多数あるのか

菌類図譜には非常に多くの新種が記載されている。学名はラテン語で書かれ、命名者が記されるので、“Minakata”とあるのは、すべて新種である。しかし新種を書くときには命名規約というものがあり、それに従う必要がある。一九三五年一月一日以降は新種記載にはラテン語を伴わなくてならないことが明記されていた。また、新種というのは、学術誌や本などの出版物に公表されて、初めて認められるものである。出版物というのは、活字で印刷され、菌学者が何らかの方法で入手できる図書館のようなところに置かれたものである。熊楠がこのような分類学の基本的な事項を知らなかったことは考えにくいので、図譜での〝新種〟が出版されないかぎり、無効であることとは承知していたはずである。また、「整然」型の図譜はともかく、「混沌」型の図譜に描かれた図や内容は、お粗末なものも多く、本気で出版を考えていたとは考えにくい。萩原（二〇〇七）は、もともと熊楠は出版を企図したものではない、と考察しているが[8]、筆者も同感である。萩原はその後、熊楠が英国で図書から抜書を作成したように、図譜が自然界からの抜書であったという解釈を提示している[9]。発表が目的なのではなく、収集する作業自体が目的になっていたように思われる。あるいは遠い将来の利用に向けての情報収集を目指していたのかもしれない。

(四) 特徴ある記載の謎

図譜に書き込まれた記載は、菌類の特徴を表すのに使われる専門用語が羅列されていて、一般の人には読みにくいものであろう。しかし、菌類の専門家からすると、確かに専門用語が使われているが、記載にはプロらしくない部分が感じられる。たとえば、多くの記載には、味や匂いに関する記載が多数みられる。味や匂いは確かに一部のきのこでは重要な特徴である。しかし、必須ではない。さらに、その例えが専門家らしくないのだ。例えば、F2325には"smell like the skin of Manju"、F23には"smell like 'ame'"という、明らかに科学的には不適切（世界的なスケールで考えた場合、想像ができない）な記述が見られる。

また、図譜の多くには"cf."と他のF番号が書かれている。これは、類似性や対比をする上で重要な他の資料を引用したものである。

ここで重要なのが、冒頭で述べた、熊楠の思考法である。熊楠の思考法で特徴的なのは、様々なものの特徴をあげつらい、互いにリンクさせてネットワーク状にしていくことである。互いに関連した事項は単独で存在する事項より記憶に定着させやすいし、その関連性から他の事項へ発展させやすい。視覚ばかりでなく、嗅覚・味覚（と、触覚など）や、誰がいつどこで採集したのか、という情報を執拗に記録し、それぞれのきのこに付随する「物語」を記憶しようとしたのではないか。また、互いのきのこの情報が参照できるように、「参照せよ」の情報を充実させ、情報を互いに関連させ、堅固なものにしようとしたのではないだろうか。

(五) なぜ顕微鏡図がないのか

きのこの同定の際には、肉眼的特徴の他に、ひだにある胞子や、担子器（胞子を形成する細胞）、嚢状体（担子器と並列する微細な棍棒や袋状などの構造）などの微小な形態を観察することが大切である。特に、胞子は色や形、表面構造などの情報を得る上で重要な構造である。このためには顕微鏡が必要である。熊楠は顕微鏡を持っていたし、海外の文献を見れば、微小形態を観察することが大事であることはすぐに理解できたはずである。しかし、胞子などの微小形態を伴った図譜は極めて数が限られている。きのこの乾燥標本の場合、後からプレパラートを作成して胞子の形態を観察することは可能である。乾燥すると変化してしまう肉眼的性質を捉えるために、彩色図のほうに注力し、後で顕微鏡観察をしようと考えたのかもしれない。しかし、そうだとすると、晩年まで四千点を超える収集品が集まるまで、顕微鏡観察を遅らせたのは不自然極まりない。また、最初から顕微鏡観察をして、その結果を記録するつもりであれば、図譜にその余裕を持たせていたのではないかとも思われる。いずれにせよ、顕微鏡図がないのは事実であり、あまり積極的に取り組む姿勢はなかったものと推察される。

（六）変形菌の彩色図はないのか

熊楠は決して図が下手ではない。菌類図譜に残された多くのものは特徴を捉えた的確な水彩画であるし、日記にも時間をかけて作成したことが記されているものがある。しかし、不思議なことに、変形菌類についてはほとんど彩色図が残されていない。変形菌の図は昭和天皇に進献した二枚がある。しかし、それ以外には見つかっていないのである。それでいて、変形菌については弟子と一緒に多数の標本を収集し、新種も提唱している。変形菌の探求は目録の発表で満足して終わってしまっていたのか、実際にはあったがそれが失われたのか、いろいろな憶測があるが確かな理由はまだ分かっていない。

菌類図譜とは熊楠にとって何だったのか

それにしても、「きのこ」という特定分野だけに集中して収集できるものか。収集家（コレクター）とは、そういうものだ、と言われればそれまでだが、熊楠の菌類図譜は、一人の人間が名も分からぬような巨大な生物群のリストアップに戦いを挑んだ結果ということができる。日本の菌類の多様性は、帰国した熊楠が当初予想したものを遥かに超えていたと思われる。カードもコンピュータもない時代、データベースのような便利な道具がなかった時代に、果てしない多様性をもった情報源と対峙し、試行錯誤しながらそれをものにしようとする挑戦、それが熊楠にとっての菌類図譜だったのではないか。

熊楠は柳田国男宛の書簡の中で「小生は元来はなはだしき疳積持ちにて、狂人になることを人々患えたり。自分このことに気がつき、他人が病質を治せんとて種々遊戯に身を入るるもつまらず、宜しく遊戯同様の面白き学問より始むべしと思い、博物標本をみずから集むることにかかれり。これはなかなか面白く、また疳積など少しも起さば、解剖等微細の研究は一つも成らず、この方法にて疳積をおさうるになれて今日まで狂人にならざりし」と書いている。図譜の作成は、精神を安定に保つための手段の一つだったということができる。

しかし、筆者は、図譜にはもう一つの目的があったように思う。ここで、同時代に生きた植物学者、牧野富太郎の植物収集と比較して考えてみたい。牧野富太郎（一八六二〜一九五七年）は、高知県出身の植物学者で、幼少のころから「植物を友として」独学で植物を学び、東大に出入りを許され、博士号まで取得した人物である。南方熊楠の生没年は一八六七～一九四一年であるから、ほぼ同時期を生きた博物学者と言える。「日本の植物学の父」といわれるように、多数の植物に和名を与え、植物相（フロラともいう。どこにどんな植物がいるかを明らかにすること）解明に尽力したばかりでなく、植物観察会を開催して、普及にも努めた。また、自身の研究成果を出版するため、『植物研究雑誌』の創刊に尽力した。牧野の描いた植物の解剖図を多数含んだ線画は大変美しく、その集大成はいわゆる『牧野図鑑』として出版されている。以上が一般に知られる牧野富太郎像であろう。しかし、牧野富太郎の業績の多くは、すでにそれまでに西洋人によって記載されていた一般的な植物については詳細な記載を行なって情報を補填し、新種については標本採集と詳細な記載によって命名することであった。当初、新種記載については、『植物学雑誌』上で展開されることになる。しかし、『植物学雑誌』には、生理学や細胞学などの論文が中心となり、記載を中心とした研究成果が受け入れなくなっていく。ちょうど、ネイチャー誌に投稿していた熊楠の論文が受け付けられなくなっていく状況に似ている。牧野は後半生では、自身が創設した『植物研究雑誌』に一般向けを志向する報文を投稿し、活路を見出していく。

牧野は一五七〇種もの新種を提唱している。しかし、その中には命名規約に従っていないものも多数あり、三〇五種は無効の名前であり、正式には認められない[10]。つまり、牧野が研究の一線で活躍していた前半生で発表された種は、共同研究者の支えによって記載されたものである。後半生において、「新種が存在する」ということを強く訴えながら、自分自身では正式の公表まで行なわなかった点は、むしろ、熊楠の行動に近い。

牧野は、全国を行脚し、植物観察会を開催して、広く一般への普及活動を盛んに行ったが、熊楠はどちらかといえば、田辺を中心にあまり出歩かず、図譜の採集品も他人から得られたものが多い。得られた図譜は公開されることなく、結果的に全て熊楠の頭の中に秘匿されることとなった。

熊楠の不機嫌そうな写真と好対照に、記念写真として残されている牧野の多くの写真は、笑顔であったり、ひょうきんな一面が多く出たものが多いように思われる。外向きで、多くの人に対して絶えず情報を発信し続けた牧野富太郎と対照的に、熊楠はどちらかといえば内向きで、限られた人間と深く付き合うことを好んだように見受けられる。

熊楠は親友羽山繁太郎に贈った写真の裏に、「僕も是から勉強をつんで、洋行すましたその後は、ふるあめりかを跡に見て、晴る日の本立ち帰り、一大事業をなした後、天下の男といはれたい」と記している。出世に対する野心はあったのだ。何か一つのことでも、尊敬を集めたい、そのための一つの方法として、誰も注目して来なかった菌類を執拗に追いかけ、あらゆる情報を集め、それを自分だけのものとすることによって、知見が求められたときに絶対的な優位性を確保しようとしたのではなかろうか。

デジタル化によって情報の互換性は飛躍的に向上する。菌類図譜とは独立に翻刻・デジタル化が進められている日記や書簡など、他の材料とのリンクによって、新たな解釈が与えられることが考えられる。人工知能の発達も注目される。今後の展開に期待したい。

［注］

（1）　松居竜五・田村義也編『南方熊楠大辞典』、勉誠出版、二〇一二年、一三五頁。

（2）「現今本邦に産すと知れた粘菌種の目録」『植物学雑誌』四一巻、一九二七年、四一-四七頁。
（3）巌佐庸・倉谷滋・斎藤成也・塚谷裕一編集『生物学辞典第五版』、岩波書店、二〇一三年、二一七一頁。
（4）Kumagusu Minakata、Distribution of *Pithophora Oedogonia*、*Nature* 67巻、一九〇三年、五八六頁。
（5）松居竜五・田村義也・中西須美訳／飯倉照平監修『南方熊楠英文論考［ネイチャー］誌篇』、集英社、二〇〇五年、三〇〇-三〇九頁。
（6）岩崎仁「南方熊楠データベース　文理統合・双方向型デジタルアーカイブ」『デジタルアーカイブベーシックス3　自然史・理工系研究データの活用』、勉誠出版、二〇二〇年、一五五-一七四頁。
（7）萩原博光解説・ワタリウム美術館編集「南方熊楠の菌類研究と彩色図譜」『南方熊楠菌類図譜』、新潮社、二〇〇七年、一一-一三六頁。
（8）萩原博光「南方熊楠の菌類研究と彩色図譜」『南方熊楠菌類図譜』、新潮社、二〇〇七年、一二八-一三一頁。
（9）萩原博光「菌類彩色図譜は自然の「抜書」だった」『BIOCITY』、二〇一七年、№七〇、三〇-三七頁。
（10）田中伸幸『牧野富太郎の植物学』ＮＨＫ出版新書、二〇二三年、一二八頁。

KUMA

第8章 南方熊楠コレクション
――エコロジストとしての視点を探る

吉村太郎

GUSU

はじめに

蒐集とは、地域の自然史を把握するための伝統的な営みである。近代科学が興る以前より、天産物の蒐集は、科学的好奇心と向学心を掻き立て、満たすものだった。これが古代ギリシアの時代から自然誌（Historia naturalis）と名付けられた博物学の淵源である。[1]こうした西欧の伝統を我が国にいち早く取り入れた、近代日本を代表する博物学者にして民俗学の草創こそ、南方熊楠である。明治期、英米に渡って多領域に亘る学問を積み、特に植物・菌類の研究で活躍を見せたことは夙に有名である。その学問的成果は、多数の投稿論文やノート、日記などの文章の形で残され、現在、それらは熊楠の思想形成過程に迫る人物研究の資料とされている。一方で、熊楠がその生涯に蒐集したコレクションは多数に上るものの、人物研究の対象とされているものは限定的である。

元来、博物学は、自然のなかに躍動する命の姿を人が描いていく学問である。単なる自然科学の一分野ではなく、そこには人の感性を解き放つ場としての美術や文学、そして民俗学などへの広がりが伏在している。例えば、江戸時代の本草書である、人見必大（一六四二－一七〇一）の『本朝食鑑』（一六九七年）には物産学や民俗学的な記事が詳述されている。また、岩崎灌園（一七八六－一八四二）の『本草図譜』（一八二八年）や武蔵石寿（一七六六－一八六一）の『目八譜』（一八四三年）には、鮮やかな彩色で植物や貝殻が科学的に正確に描かれており、自然の意匠の美しさを印象付ける図譜となっている。さらに、イギリスで博物学（Natural history）を広めた功績が認められている『セルボーンの博物誌』（一七八九年）の著者、ギルバート・ホワイト（Gilbert White: 一七二〇－一七九三）は優れた文学者でもある。博物学的産物には個人の趣向や価値観が内包されていると観るべきである。博物学者にとってのコレクションとは、その最たる例であろう。

そうした角度から、熊楠が幼少期から蒐集してきたコレクションを見つめ直すと、当時の一般的な個人コレクションとは異なる主眼が見え隠れする。一般に、江戸期に隆盛を誇った本草家と呼ばれる東洋の博物的コレクターは、「珍しい・華やかな・異国趣味」（図1）の自然物の蒐集に傾倒する。対して、熊楠は、あえて「一般的・地味・地域全体」（図2）の標本の採集に重心を置いているように思われる。感じたままの印象を述べれば、熊楠のコレクションは侘びている。これこそ、自然の実相を写した自然史標本の本来の姿であり、熊楠のコレクションの最も特筆すべき特徴であろう。研究目的で集められた標本であれば、自然の実相を把握するために採れるものを採れるだけ採るという採集の仕方をすることもあるだろうが、粘菌・植物を除いて、熊楠はこれらのコレクションを直接研究に用いていていない。ここもまた興味を惹くところである。

本章では、このコレクションの特徴を手掛かりに、熊楠という人物を見つめ直す新しい視点を模索したい。自然環境全体を総合的に観察する、彼のエコロジー思想については、これまで繰り返し指摘されてきたが[2]、自然物

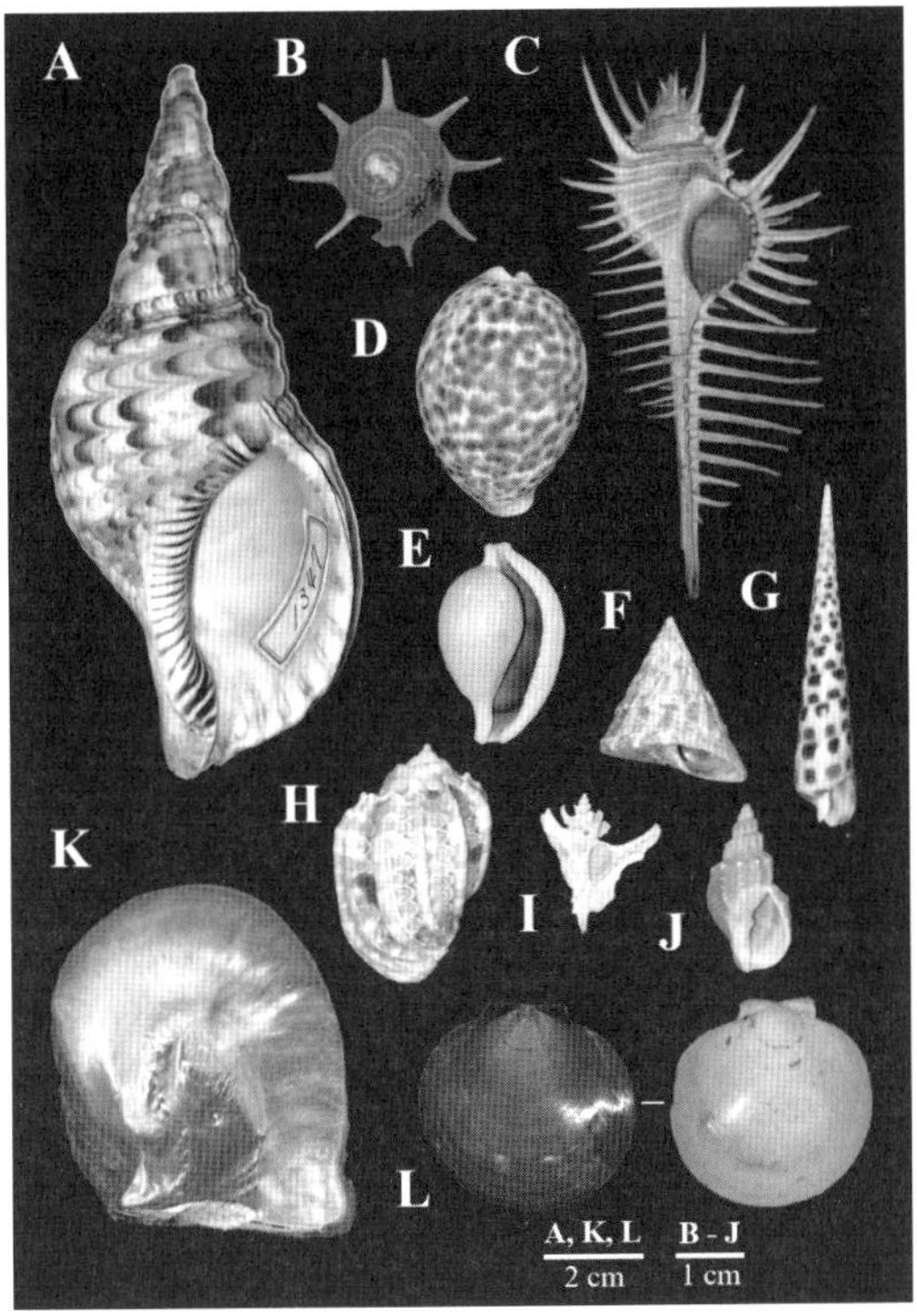

図1　本草学的趣味による絢爛な貝類。

鮮やかな色彩と殻表面の状態から、生体を採取した標本が多く含まれると考えられる。A. マツカサカワボタンガイ（イシガイ科）。B. ガマノセガイ（イシガイ科）。C. ブタノツメガイ（イシガイ科）。D. マシジミ（シジミ科）。E. ムチカワニナ（トウガタカワニナ科）。F. スクミリンゴガイ（リンゴガイ科）。G. マルタニシ（タニシ科）。H. ウズラタマキビ（タマキビ科）。I. モノアラガイ（モノアラガイ科）。J. インドヒラマキガイ（ヒラマキガイ科）。（公益財団法人南方熊楠記念館蔵）

図2　淡水・汽水域に生息する貝類。

これも熊楠コレクションの一部であるが、購入した貝殻が多く含まれると考えられる。A. ホラガイ（ホラガイ科）。B. リンボウガイ（サザエ科）。C. ホネガイ（アッキガイ科）。D. ホシダカラ（タカラガイ科）。E. ウミウサギ（ウミウサギ科）。F. ベニシリダカ（ニシキウズガイ科）。G. タケノコガイ（タケノコガイ科）。H. ショクコウラ（ショクコウラ科）。I. ヨウラクガイ（アッキガイ科）。J. コロモガイ（コロモガイ科）。K. シロチョウガイ（ウグイスガイ科）。L. ツキヒガイ（イタヤガイ科）。（公益財団法人南方熊楠記念館蔵）

の蒐集という側面から、このエコロジストとしての姿勢を裏付けることはできないだろうか。歴史的なコレクションを扱う自然史の研究では、その作業を「標本を読む」と表現することがある。熊楠のコレクション蒐集が何を意図し、またその思想形成にいかなる意義があったかを明らかにすべく、筆者の専門である貝類のコレクションを中心に、熊楠の標本を読むことにする。

本草学と博物学を分かつもの

我が国における博物学の源流は、本草学にある。本草学とは、薬のもとになる植物・動物・鉱物などの自然物を研究し、薬剤として役立てる学問をいう。これは中国から伝わってきた文化であり、日本では江戸時代に本格的な本草学研究が興った。そのきっかけとなったのが、李時珍（一五一八－一五九三）の著した『本草綱目』の舶来である。この『本草綱目』を底本として、日本独自の本草書が著されるようになる。特に後世に影響を与えたものが、貝原益軒（一六三〇－一七一四）の『大和本草』である。益軒は、『本草綱目』所載の一八〇〇余種のなかから日本に自生していない七七二種を除き、他の本草書から二〇三種を加え、新たに日本産の三五八種、オランダ・ポルトガルからの渡来種二七種を加えた計一三六二種を記載している。

中国からの本草学と並んで西欧の博物学も、オランダ語の書物を通して江戸に渡ってきた。すでに一七世紀半ばには、ドドネウス（Rembert Dodoens: 一五一七－一五八五）の『草木誌』（一六四四）やヨンストン（Johannes Jonston: 一六〇三－一六七五）の『動物図説』（一六六〇年）がオランダ商館長から将軍に献呈されていた[3]。宇田川玄真（一七七〇－一八三五）らは、ワインマン（Johann Wilhelm Weinmann：一六八三－一七四一）の『顕花植物図譜』（一七三六）について研究会を開いていたことも記録されている。さらに、スウェーデンの博物学者で医師のツュンベリー（Carl Peter Thunberg：一七四三－一八二八）が、博物学研究を目的に、オランダ東インド会社の医師として一七七五年に来日した。これらの影響を受けて、薬学という目的を持つ江戸本草学は、有用無用とは無関係に自然物を研究する近代博物学としての特徴を帯びるようになる。以下に、より具体的な相違点を記す。

(一) いつ、誰の役に立つか

本草学は、薬学として人に役立つかどうかという明確な基準がある。これに対して、西欧博物学は、自然の摂理を深く理解しようとする点に主眼がある。この点を、いち早く指摘したのが宇田川榕菴（一七九八－一八四六）であった。「植学と本草とは迥に別の学問なり」と書かれた『植学独語』（一八二七年）の後、日本で最初の体系的な西欧植物学書『植学啓原』（一八三四年）を著した人物である。その序には、箕作阮甫（一七九九－一八六三）が「亜細亜東辺の諸国は、ただ本草有りて植学無きなり。斯の学有りて其の書有るは、実に我が東方の榕庵氏を以て濫觴と為すと云ふ」（原漢文）と記している。貝原益軒の本草書『花譜』（一六九四年）と『菜譜』（一七〇四年）は、栽培技術に関する農書であった。

他方、西欧の博物学は、近い将来、特定の誰かの役に立つ研究成果を想定していない。むしろ、多くの人の興味や学問的好奇心を満たすことに向かって発展してきた文化がある。これをよく示す江戸の博物書として、武蔵石寿（一七六六－一八六一）の『介殻稀品撰』（一八四六年以降）がある。この書は正確で詳細に描かれた図譜に付随して、「造化不思議ノ無尽蔵ナルヲ愛玩スル」や「威武モ屈スルコトアタワズ、富貴モ淫スルコトアタワズ」といった純粋な興味を吐露した文言が溢れている。こうした熱誠による研究成果が、結果として生物や自然を利用しようとする薬学や農学、工学といった応用科学に対する基礎研究として機能し、今日に至る。

(二) 文献調査とフィールド調査

外来文化の受容は、おしなべて模倣から始まるように、文献調査によって自然を調べていくのが江戸の本草学の主流だった。伝来してきた文献を渉猟することにより、学問が短期間に実用の途についた。人間社会に必要な情報を自然から切り取るには、文献の情報に頼ることが効率的だったのかもしれない。

時代が下るにつれて、江戸にも西欧の博物学的趣向を持った学者が現れ始める。彼らは、文献調査に加えて、フィールド調査に出掛けることで、実物を手にしつつ、自然を記載していくようになる。例えば、先述の武蔵石寿は『介殻稀品撰』のなかで、従来の貝類の記述は、書物に書かれた知識を集めることが重視されてきたのに対し、「品ヲ得テ而后ニ書ヲ考ヘ両ラ相得ルヲヨシトス、書ノミニ泥ムハ初学ノ所為也」として実物の観察と書物の知識をともに得ることの重要性を説いている。さらに、「介ノ説諸書ニ出ト雖モ其真物ヲ不知ノ無用ノ論多シ、故証トスルニ足ラス」として、旧来の本草書には、実物によらないために、かえって実益を伴わない議論が多かったことを痛烈に批判している。特に貝類では、植物の場合と異なり、貝殻の形質に頻繁に収斂進化が生じるため、貝殻のみに頼って系統関係を明らかにする初期の分類学は暗中模索の連続だったことだろうと想像する。

(三) 自然をどう体系化するか

生物種の分類は、古来普通に行われてきた生活上の行動である。人間との関わりから生物種を分類することを人為分類といい、生物学的な分類とは必ずしも一致しないことがある。例えば、鮮魚店で扱われる生き物を「魚介類」とまとめるが、これには、脊索動物の魚類、棘皮動物のウニやナマコ、節足動物のエビやカニ、軟体動物の貝類やイカ・タコなど、動物を分ける際の最上位分類である「門（phylum）」レベルで異なる分類群を含んでいる。本草学では、こうした誰にでも分かりやすく実用性を重視した人為分類が行われてきた。貝原益軒の『大和本草』は、便宜主義的な生物種の分類を提唱したものである。生物の形質によって分けるのではなく、あくまで人間との関係から実用本位の分類である。

これに対して、西欧の博物学が目指す生物種の進化の歴史を系統的に整理しようとする分類を自然分類という。広く捉えれば、自然をいかに体系化し、正確に理解するかという重要な自然科学のテーマでもある。この分類は、直感的には分かりづらいこともある。魚介類の例でいえば、三陸地方で有名なホヤはヒトと同じ脊索動物であり、貝類やウニよりも魚に近縁である。この分類は、遺伝子の塩基配列やタンパク質のアミノ酸配列を用いた分子系統学の立場からも支持されている。

西欧ではアリストテレス以来、自然を分類整理するという伝統がある。西欧世界では、自然界に存在するすべての事物を神の御意《みこころ》にしたがって体系にまとめあげようとするのが博物学の主要な課題と目されてきた。これに対して、東アジアでは、中国においても日本においても一個の意志的な人格神による世界創造という考え方はもともとなかった。万物は混沌からひとりでに「成る」ものだった。それぞれの民族が宇宙における事物の起源をどう捉えたか、の相違が根底にあるように思われる。

独自の視点で蒐集された熊楠コレクション

(一) 本草書・博物書を渉猟した熊楠の少年期

一七世紀中頃からは、日本においても図解に富んだ本草学の百科事典が続々と刊行された。なかでも最も著名なのは、一七一三年に出版された寺島良安(一六五四—?)の『和漢三才図会』全百五巻である。明の王圻(一五三〇—一六一五)の『三才図会』(一六〇七年)の内容を縮約し、さらに、日本の自然や文物に関する説明を詳しく追記してまとめられた当時の江戸本草学の集大成として知られている。中学に上がるまでの熊楠は、これらの『本草綱目』や『和漢三才図会』、『大和本草』といった本草書を抜書きし、本草学の知識を得ていた(図3)。

さらに、和歌山中学時代には、恩師鳥山啓(一八三七—一九一四)の強い影響を受けて、西欧の博物学書を読み耽る日々を送った。鳥山は、日本の古典と西洋の博物学を学んだ開明的な知識人であり、中学校の教科書を多数執筆した博物学者であり、教育者である。この鳥山から学術的薫陶を受けた熊楠は、博物学の洋書を参考に自ら『動物学』と

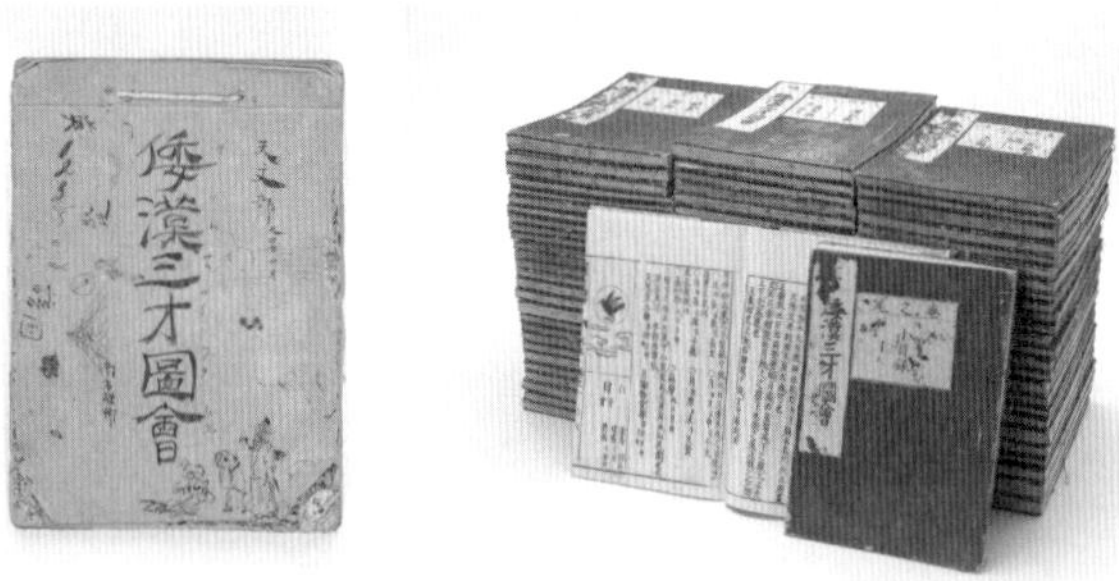

図3 百科事典『和漢三才図会』(全105巻)と熊楠が小学校時代に三年がかりで完成させた写本。熊楠は膨大な量の博物書を抜書きすることで、知識を得ていたといわれる。(公益財団法人南方熊楠記念館蔵)

題する教科書を編んだ（図4）。

（二）本草家とは異なるコレクションの特徴

江戸時代、本草学の産物として、花卉花木や禽鳥虫魚の美しい図譜が次々と作られた。さらに、紙面上の美しさに飽き足らない本草家は、美的鑑賞の対象として自然物の蒐集に走り出す。やがてコレクションの保管や整理の方法にも趣向が凝らされた。例えば、我が国最古の貝類・化石・鉱物のコレクターとして有名である、江戸時代中期の本草学者木村蒹葭堂（一七三六―一八〇二）は、その生涯に蒐集した「貝石標本」を柿材や漆塗りの重箱に入れ、提げ台を付属させて保管した。[4]また、熊楠と同時代を生きた医師であり、貝類コレクターの金子一狼（一八七二―一九六五）の標本は、チーク材製のガラス蓋付きで、格子状の杉柾板の組子が貝の大小に応じて作られている（図5）。標本箱の配置は、分類順とともに見た目の構成の美しさが重視されている。[5]

これに対して、熊楠コレクションは清潔な状態に整理されているものの、個々の標本は薬包紙のように折られた新聞紙に包まれている。[6]これらの標本は、個人の鑑賞や第三者に見せることを意識していないと思われる。

次に、標本の種構成に目を向けると、当時の個人コレクターによる貝類標本は絢爛な装飾の暖流種が多く、色彩に富んだ貝殻が多いのに対して、熊楠コレクションは、陸貝や淡水貝などの地味な種や沿岸域に生息する一般種が多数集められている。つまり、熊楠は貝殻の美しさに魅せられ、華美な色彩、特異な形質を持った貝殻を蒐集したのではなく、自然史の記録として標本を蒐集していたと考えられる。この特徴は、当時の個人コレクションとしては特異なものであり、同時代では平瀬與一郎（一八五九―一九二五）[7]や矢倉和三郎（一八七四―一九四四）[8]などの学術的な目的を持った蒐集家によるコレクションに似た傾向がある。もっとも、平瀬や矢倉のコレクション

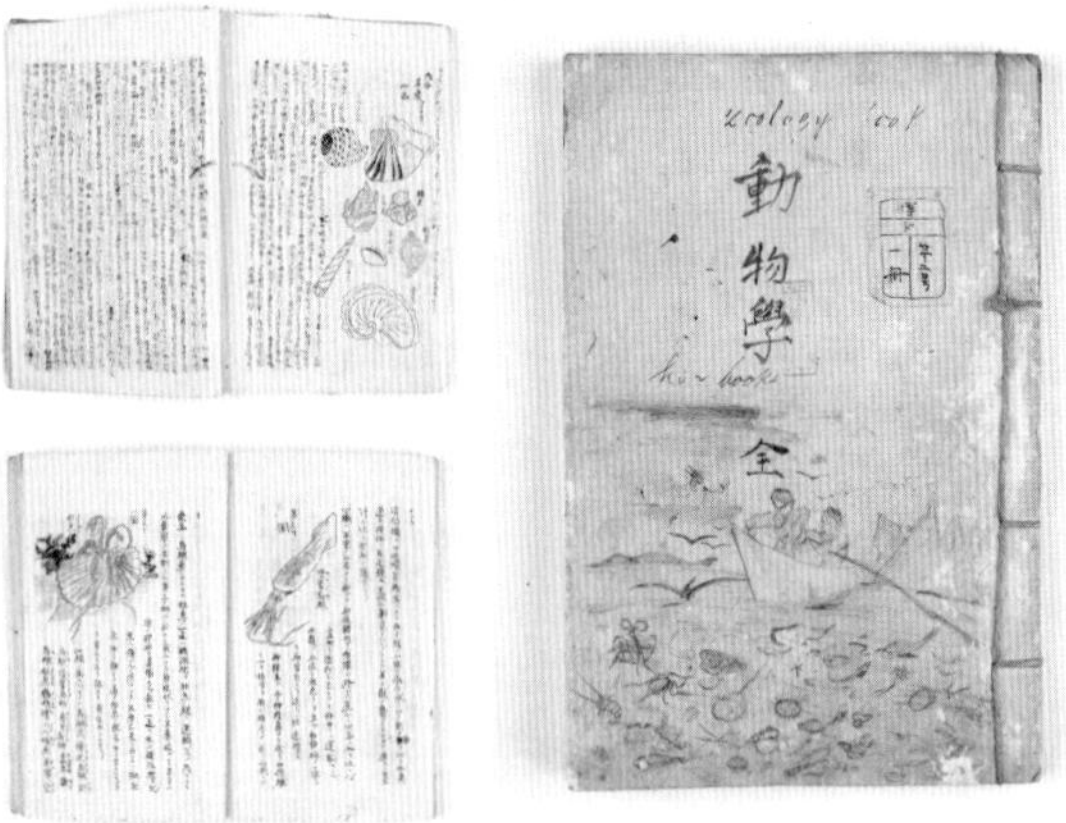

図４　熊楠自作の教科書『動物学』。

13歳の時に、熊楠が西欧の博物学洋書を参考に編集・執筆した。様々な動物の挿絵と解説が書かれている。「内海名産介品（内湾でよくみられる貝類）」と書かれたページには、「アコヤ貝（ウグイスガイ科アコヤガイ）」・「うずらがひ（ヤツシロガイ科ウズラガイ）」・「錦貝（イタヤガイ科ニシキガイ）」・「子安がひ（タカラガイ科巻貝）」・「竹の子貝（タケノコガイ科タケノコガイ）」・「葵貝（アオイガイ科アオイガイ）」などが直筆されている。（公益財団法人南方熊楠記念館蔵）

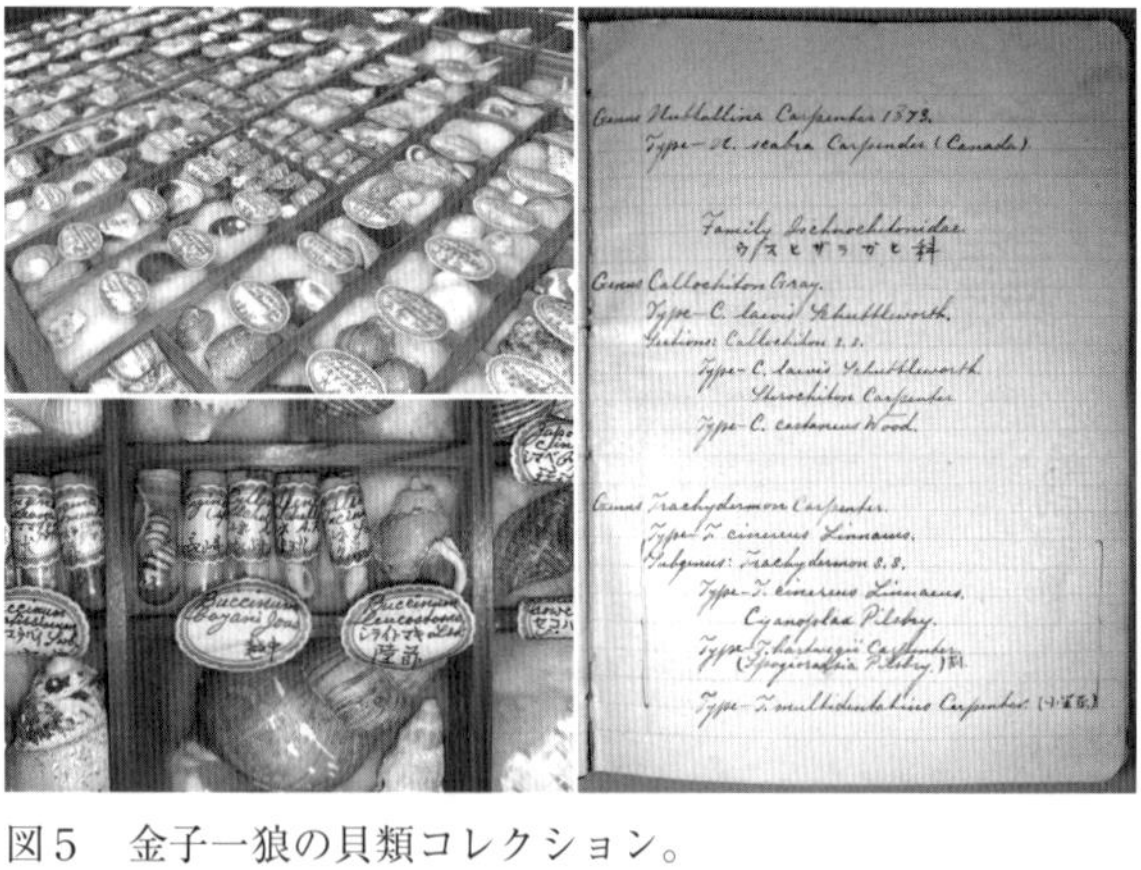

図５　金子一狼の貝類コレクション。

それぞれの仕切りの中には綿が敷かれ、一区画に1種、微小貝は管瓶に収容して一区画に数種〜十数種ずつ入れられ、洩れなく学名・産地の書き込まれたラベルが添えられている。

（国立科学博物館蔵）

は、自然史の記録よりも分類群の網羅性に主眼が置かれており、蒐集の目的が異なる。ただし、分類群の偏り・対象の選別に対する恣意性が少ないという点で共通性がある。

このように、熊楠の標本蒐集には従来の日本の本草家のものとは異なる、どちらかというと西欧の博物館のものに近い傾向が見られるが、西欧の博物学的な要素は蒐集の傾向のほかにも認められる。例えば、熊楠が動物の

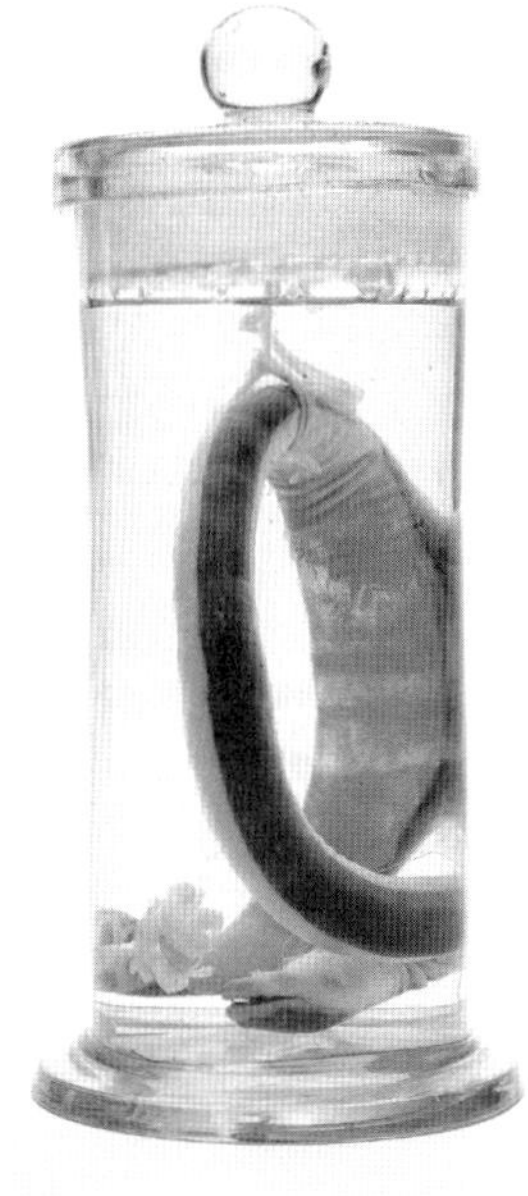

図6　熊楠が作製したウガのエタノール液浸標本。
セグロウミヘビ（爬虫類：ウミヘビ科）の尾に、コスジエボシ（甲殻類：エボシガイ科）が寄生したもの。その尾を切り取って船玉（船中に祭られる船の守護神）に供えると漁に恵まれるとされていた。
（公益財団法人南方熊楠記念館蔵）

標本作成に用いているエタノール液浸という手法は、西欧的なものである。平賀源内（一七二八－一七八〇）がその著『物類品隲』（一七六三年）に、オランダ人製作の爬虫類の液浸標本の絵を載せて以来、日本においても液浸動物標本の存在が知られていた。熊楠は、田辺の漁民から入手したウガ(9)と呼ばれるものをエタノール液浸標本にして保存した（図6）。この標本は、一九二九年六月一日の昭和天皇への御進講に際して、最初に説明した標本と言われる。

コレクション蒐集にとって恵まれた自然環境

若年期の熊楠は、いかにしてコレクションを手に入れたのだろうか。植物・菌類の標本を集める以前には、貝類（四九四種・八三八ロット・二七三一個体）や甲殻類（四三種・六〇個体）、腕足類・コケムシ類（一三ロット）、鉱物（一九三ロット）、化石（三八ロット）などの標本を専用の箪笥に収めていたようだ（図7）。ここでは熊楠コレクション

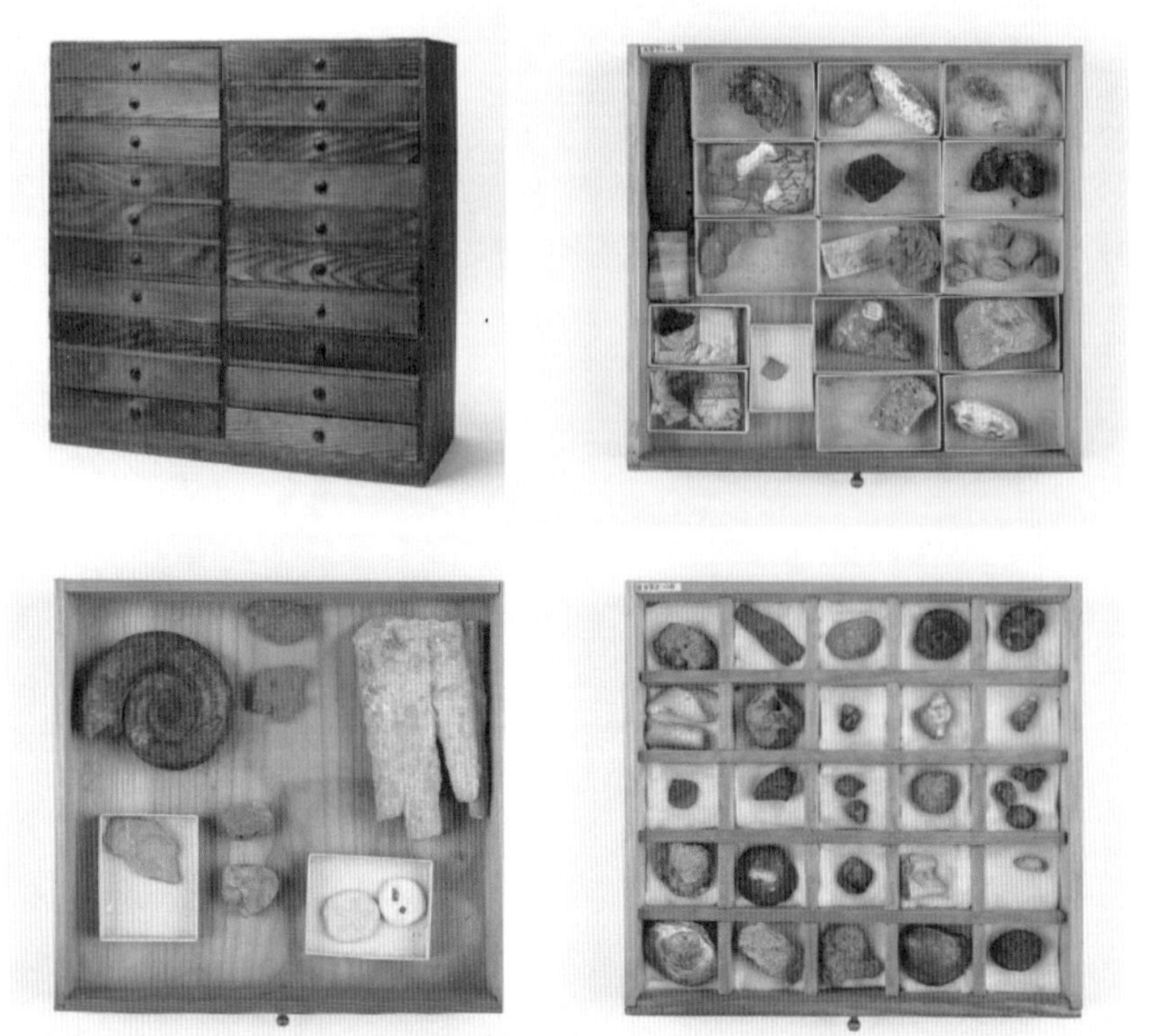

図7　若年期に採集した標本を収めた箪笥。
　特に東京大学予備門時代に採集した土器片や骨片、化石、鉱物が中心に収納されている。（公益財団法人南方熊楠記念館蔵）

の海産動物標本および化石標本の主な採取地である、紀伊半島の白浜・田辺における自然環境に焦点を当て、蒐集の背景を考察したい。

『竹取物語』に登場する燕の子安貝は、ハチジョウダカラというタカラガイの一種である。この貝は、紀伊半島以南から熱帯インド・西太平洋に生息するとされるが、貝類図鑑にはこのように「紀伊半島以南」と分布の記載された種が多い。これは、紀伊半島の沖合には、本州沿岸では稀な規模のサンゴ礁が発達していることに関連する。熊楠の故郷は、「貝寺」として知ら

図8　熊楠が採集した昆虫標本。（公益財団法人南方熊楠記念館蔵）

れる本覚寺に見て取れるように、古くから貝類と関わりの深い地域であったようだ。

このような豊かな海が形成される要因は、黒潮と関わりが深い。フィリピン沖を淵源とする黒潮は、琉球列島沿いに北上し、九州・四国南部沖を経由して、紀伊半島の先端において本州に最接近する。この黒潮は、南方からの暖かく澄んだ海水とともに、熱帯性海洋生物の卵やプランクトン幼生をふんだんに供給する。このため、紀伊半島沖の海洋生物相は、温帯性生物を基礎としながらも、そこに熱帯要素が加わった亜熱帯系生物群集による種多様性に富んだものになっている。紀伊半島沖を北限とする底生生物が多数生息し、なかでも貝類はその殻が沿岸に打ち上げられ、周辺海域の色濃い自然を肌で感じさせる。

白浜・田辺地域には、新生代中新統田辺層

群（約一五〇〇万年前）が分布する。前弧海盆と呼ばれる浅い海に堆積したこの地層は、貝類や甲殻類、有孔虫、さらにはクジラなどの大型動物の化石が多数産出する良好な化石の採集地である。とくに、現在、南方熊楠記念館がある田辺湾南部に位置する番所山では、大規模な田辺層群の露頭が観察でき、斜交層理や漣痕といった堆積時の様子がわかる産状が確認できる。熊楠のコレクションには、白浜・田辺地域から産した鉱物・化石が多数見受けられる。こうした環境が、熊楠のコレクション蒐集の背景としてあったと考えられる。

コレクション蒐集の仕方

これらがどのように蒐集されたか、標本の状態、種の分布域、当時の日記などの資料から考察すると、多くは浜辺に打ち上げられた漂着物を採集していたことが分かった（三八六種：七八・一％）。次いで、生きた貝を採取したと考えられるものが多く、手作業による採集（五二種：一〇・五％）と漁師の刺し網等による（一五種：三・〇％）と考えられるものがある。その他は、標本として貝殻を購入したと考えられるものである（四一種：八・三％）。なお、手紙などの資料に照らして、一部の標本は、知人から提供されたものと思われる。

冒頭に指摘したように、熊楠のコレクションには、本草家のコレクションにはない「侘び」がある。天産物を蒐集したときのごく自然な不完全さである。自然に対峙したとき、作為のない真の感興から欲する蒐集は、西欧の博物学的特徴であると同時に、日本の伝統的な美的精神との共通性が見出される。宝石箱のなかの研磨された鉱物のような美しさを求めたのではなく、摩耗や欠損のある天産物をそのまま自然の意匠として受け入れたコレクションは、明治期の日本ではまだ多くなかった。その理由は、標本の蒐集目的が、美的鑑賞に重きを置いていたために他ならない。

この「侘び」た状態を「imperfect」と直訳すれば、コレクションに欠陥があるようにも聞こえるかもしれない。しかしながら、もとより自然は不完全なものである。したがって、不完全な標本は欠陥ではない。むしろ自然を正確に把握するためのコレクションとして優れたものである。また、仮に、すべての標本が完全な状態である必要があれば、生きた個体のみを採集しなくてはならない。貝類の場合には、海に潜って採取、底曳《そこびき》などの漁、あるいは海底堆積物の浚渫《しゅんせつ》といった方法が考えられるが、いずれも手間がかかる。その上、標本を作製するには、軟体部の除去などの労力を要し、時間がかかる。これを効率よく収集するための手段として左記の採集方法が採られたようだ。

(一) 打ち上げ貝

浜辺に打ち寄せられた貝殻の拾い集めは、種数を多く集める方法として最も有効である。いわゆるビーチコーミングと呼ばれる、漂着物のサンプリングである。筆者自身も小学生の頃、父親と共に頻繁に貝を採りに行った思い出がある。熊楠の長女・文枝氏の「追想」という記事には、「台風で高波の続いた後は、朝早く魚籠を肩に父のお伴をして、打ち上げられた色とりどりの海藻や貝を籠一杯に拾って帰り、その一つ一つの名を教わり、また、標本作りの楽しさを教えられた」と記されている。百年前にも、紀伊の海辺を歩く親子の姿があったことを想う。

打ち上げ貝の具体的な特徴は、第一に貝殻表面の状態に見出せる。本来、生きた個体の貝殻は、表面に殻皮と

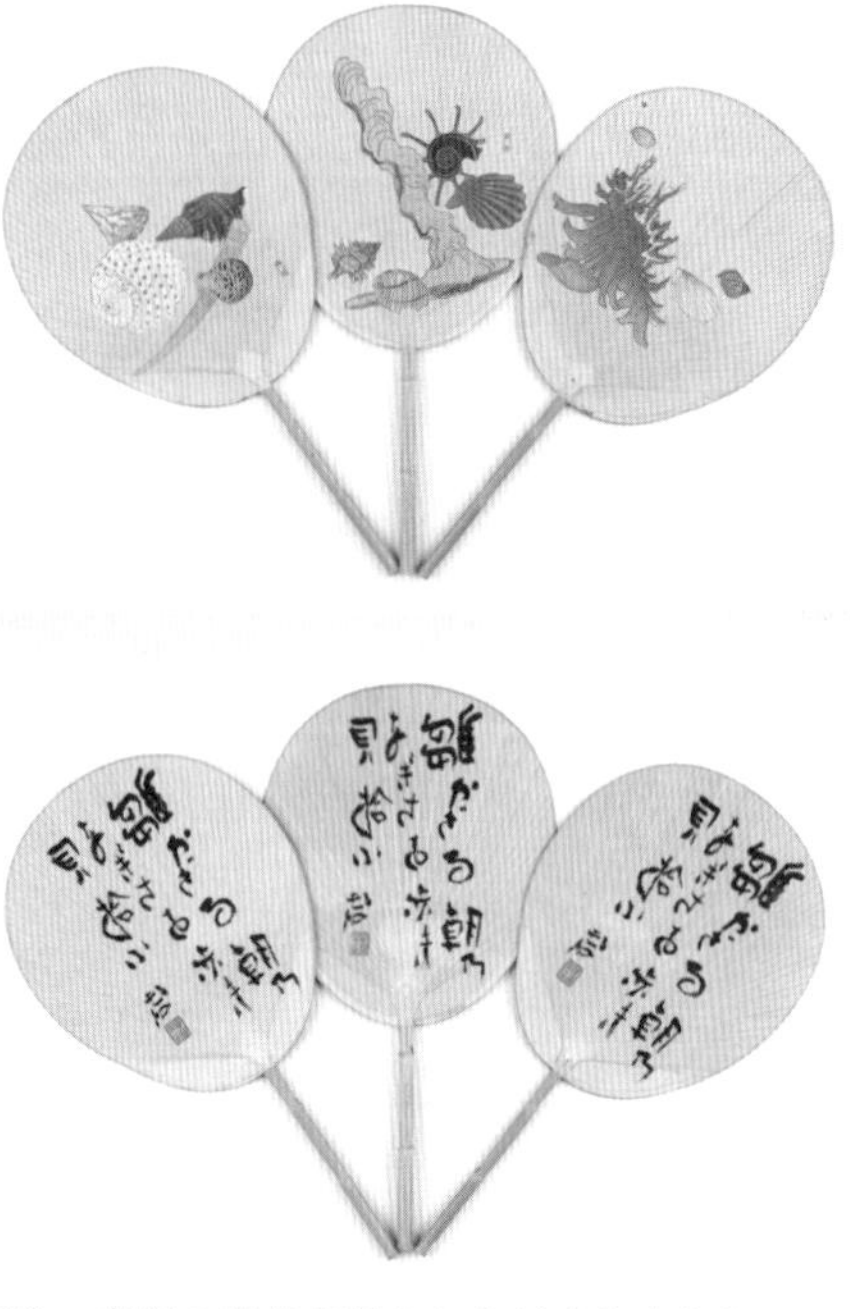

図９　南紀の貝殻が描かれた行幸記念うちわ。
記念碑建立の際に５枚１組のうちわがつくられ、そのうち３枚に川島草堂による貝の絵が描かれている。片面には、河東碧梧桐の俳句「雛かざる朝のなぎさを歩き貝拾ふ」。描かれた貝類はすべて南紀周辺に分布する種であり、いずれも熊楠コレクションに含まれる。右：ムシロガイ（ムシロガイ科）、ミノガイ（ミノガイ科）、オニサザエ（サザエ科）、ベニシボリガイ（ベニシボリガイ科）、ベニガイ（ニッコウガイ科）、中央：ヒオウギ（イタヤガイ科）、シュモクガイ（シュモクガイ科）、リンボウガイ（サザエ科）、ミスガイ（ミスガイ科）、マツカワガイ（フジツガイ科）、左：シドロガイ（スイショウガイ科）、マルツノガイ（ゾウゲツノガイ科）、ナデシコガイ（イタヤガイ科）、ベニシリダカ（ニシキウズガイ科）、ウズラミヤシロ（ヤツシロガイ科）。
（公益財団法人南方熊楠記念館蔵）

呼ばれる有機膜（黒・茶色のシート状あるいは毛状）に覆われるが、打ち上げ貝にはこの殻皮が剥離した貝殻が多く見受けられる。したがって、これらの標本は、生きた個体を採取したのではないことが分かる。例えば、カコボラ（巻貝：フジツガイ科）やクイチガイサルボウ（二枚貝：フネガイ科）には、本来発達した殻皮が備わっているが、熊楠のコレクションにはそれらが認められず、炭酸カルシウム（乳白色）の殻質が露呈している。この殻皮には、貝殻の炭酸カルシウムの溶解を防ぐ役割がある。そのため、殻皮を失くした貝殻は長期間海水にさらされると、その表面が溶食され、ざらざらした質感になり、場合によっては、貝殻本来の色彩や模様が薄くなることがある。特に、生体時には殻の表面がすべて外套膜で覆われているタカラガイ類やショクコウラ類などではこれが顕著であり、生きた個体を採集した標本は光沢があるのに対し（例えば、図1Eウミウサギ、Kシロチョウガイなど）、打ち上げられた標本では貝殻が変色したり、穴が開いたりしている（図10B）。そのため、一見して、生きた個体を採集したか否かがわかる。

次に、貝殻の損壊が多い点も打ち上げ貝の特徴である。例えば、タマガイ類などの肉食貝類による貝殻の穿孔痕や貝殻の突起の一部欠落は、海岸に打ち上げられる死殻にしばしば認められる特徴である。

そして、二枚貝の片殻のみの標本は、多くの場合、ビーチコーミングなどで採取されたものである。貝殻の蝶番をつなぎとめる靭帯が弱いグループの二枚貝（例えば、ニッコウガイ科）には、合弁（両方の殻が揃っている状態）の個体はほとんど見られず、打ち上げ貝の特徴が認められる。例外として、イタボガキ類の標本には、貝殻の内側に光沢の残った右殻の個体が複数見られたが、これらは、左殻が硬質の岩礁などに固着するため、生体を採取したとしても、右殻のみがサンプリングされた可能性がある。

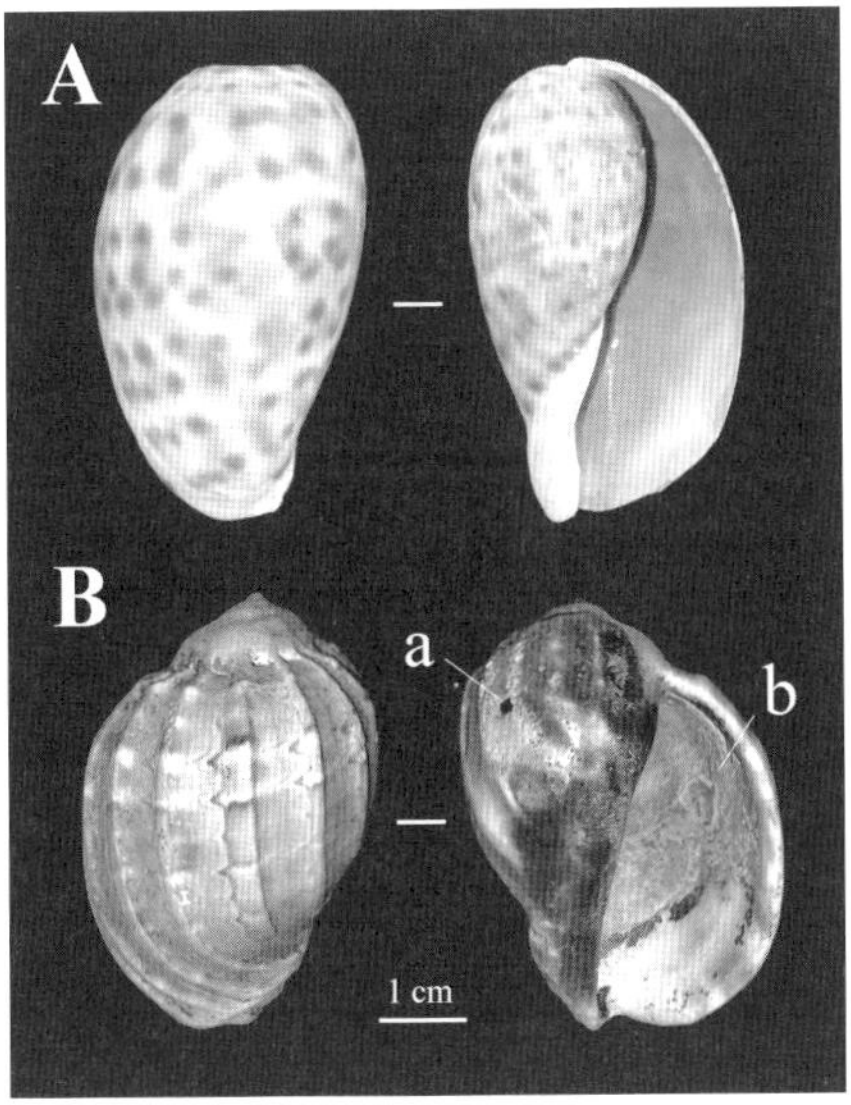

図10　ビーチコーミングにて採集されたと考えられる貝殻。
A. ホシダカラ（タカラガイ科）の幼貝。B. ショクコウラ（ショクコウラ科）。a. 貝殻の溶解・摩耗により穴が開いている。b. 貝殻の内側にカサネカンザシ類（多毛類）が付着している。いずれも貝類個体の死後、一定期間海中を漂流したことを示している。
（公益財団法人南方熊楠記念館蔵）

このようにして得られたコレク

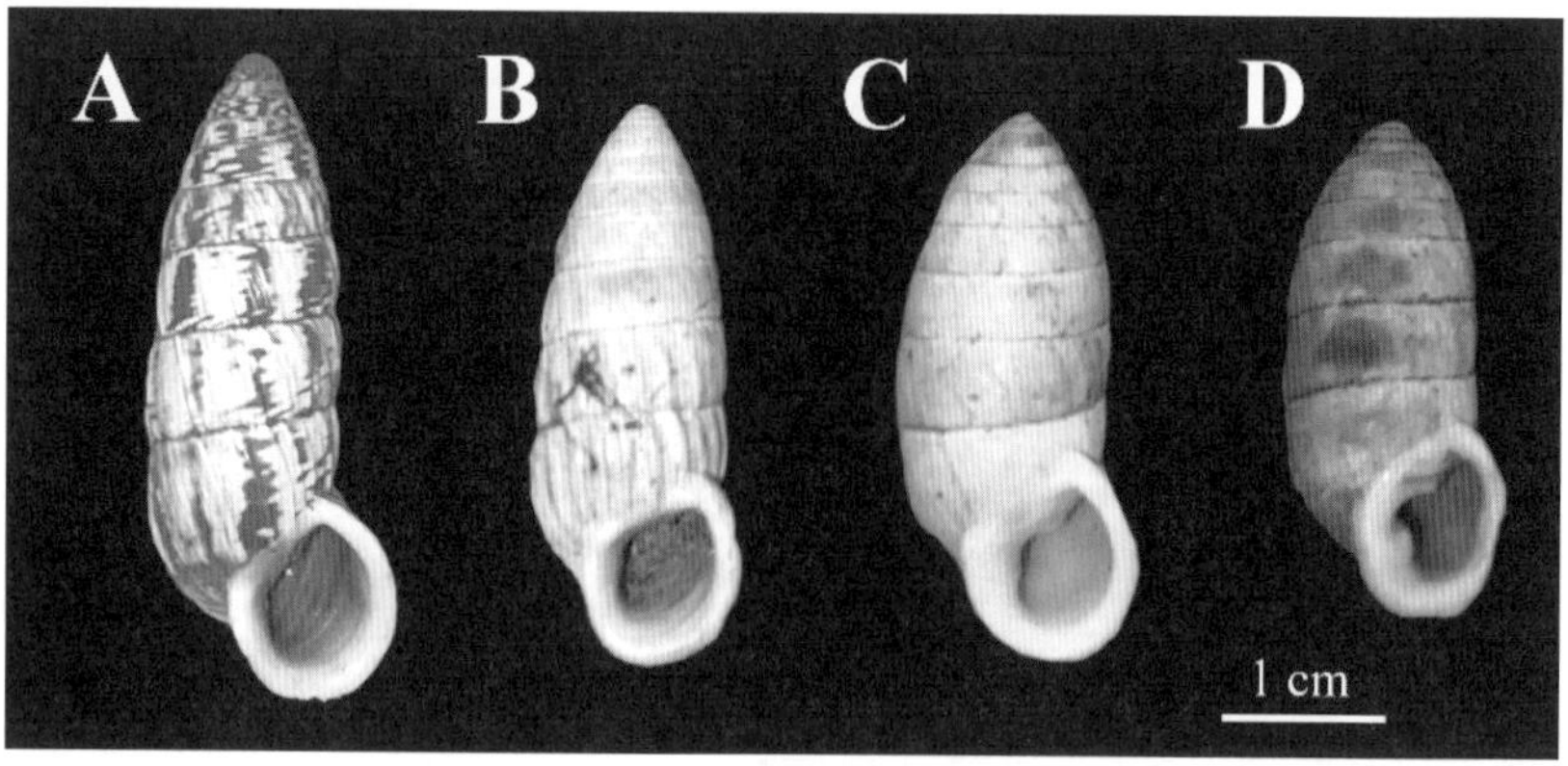

図11　キューバでの植物採集の際に、石灰岩地帯で採集されたオオタワラガイ科陸貝。A. カレハオオタワラガイ。B. オドロキオオタワラガイ。C. クリイロオオタワラガイ。D. ケショウオオタワラガイ。（公益財団法人南方熊楠記念館蔵）

ションは、個々の標本それ自体を研究対象とするには必ずしも適していないが、手軽に多くの標本を蒐集・整理できるため、地域の種多様性の把握するための手段としては最も効率的である。この採集方法は、特定の生物種に依存せず、地域の生物種相互の関係――「エコロジー」の視点に立脚して生態系を捉えた熊楠の後の採集スタイルの原型とも看て取れる。

（二）生体の採取

貝類コレクションのうち、一割超が生体を採取したと考えられる標本であった。その多くは、淡水貝および陸貝である。貝殻（炭酸カルシウム）は、低pH水質である陸水にさらされると、短期間に溶解が進むため、貝殻の状態から生体を採取したか否かは判別が容易である。特に、二枚貝・巻貝ともに死殻の採集によって得られた標本は、ほぼ例外なく内側（貝殻と軟体部が接している面）の光沢が失われている。したがって、状態の優れた淡水貝・陸貝の標本は、生体のサンプリングによって得られたと判断できる。

これらの貝殻の状態とは別に、熊楠コレクションには、生体の採取を示すユニークな特徴が発見された。それは、一八九一年九

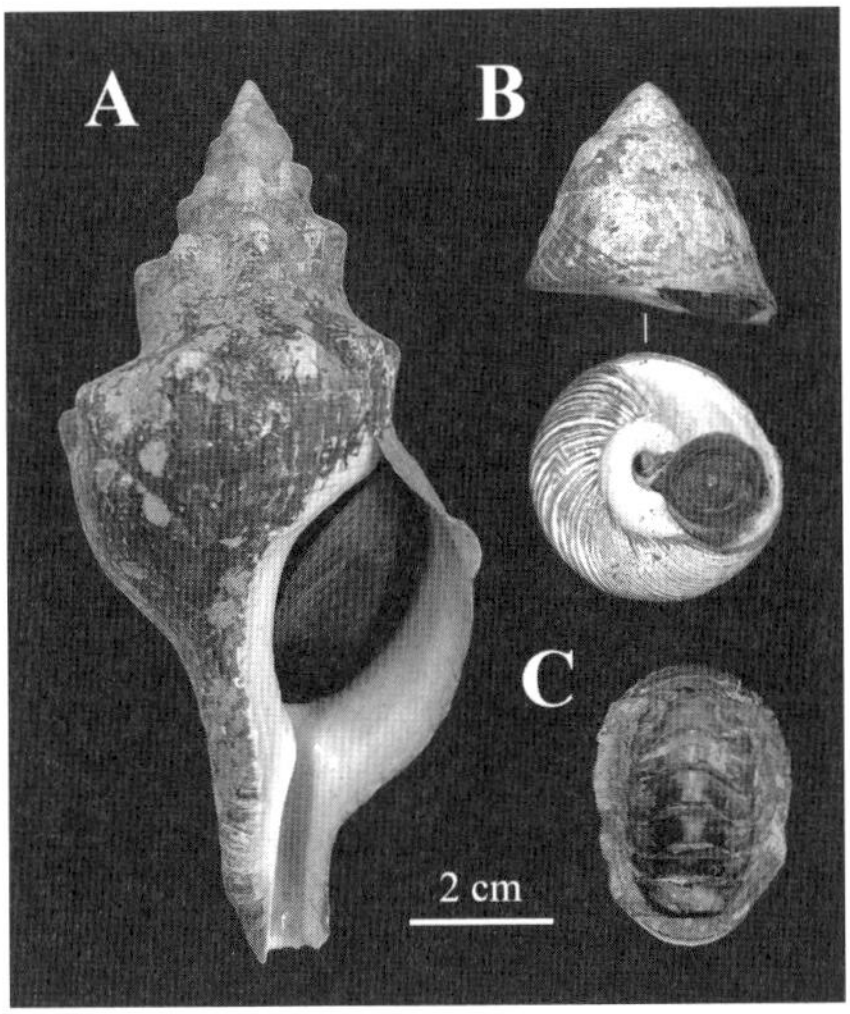

図13　生体を採取したと考えられる蓋付きの巻貝と肉帯が保存されたヒザラガイ。
A. ヒメイトマキボラ（イトマキボラ科）。B. バテイラ（バテイラ科）。C. ヒザラガイ（クサズリガイ科）。
（公益財団法人南方熊楠記念館蔵）

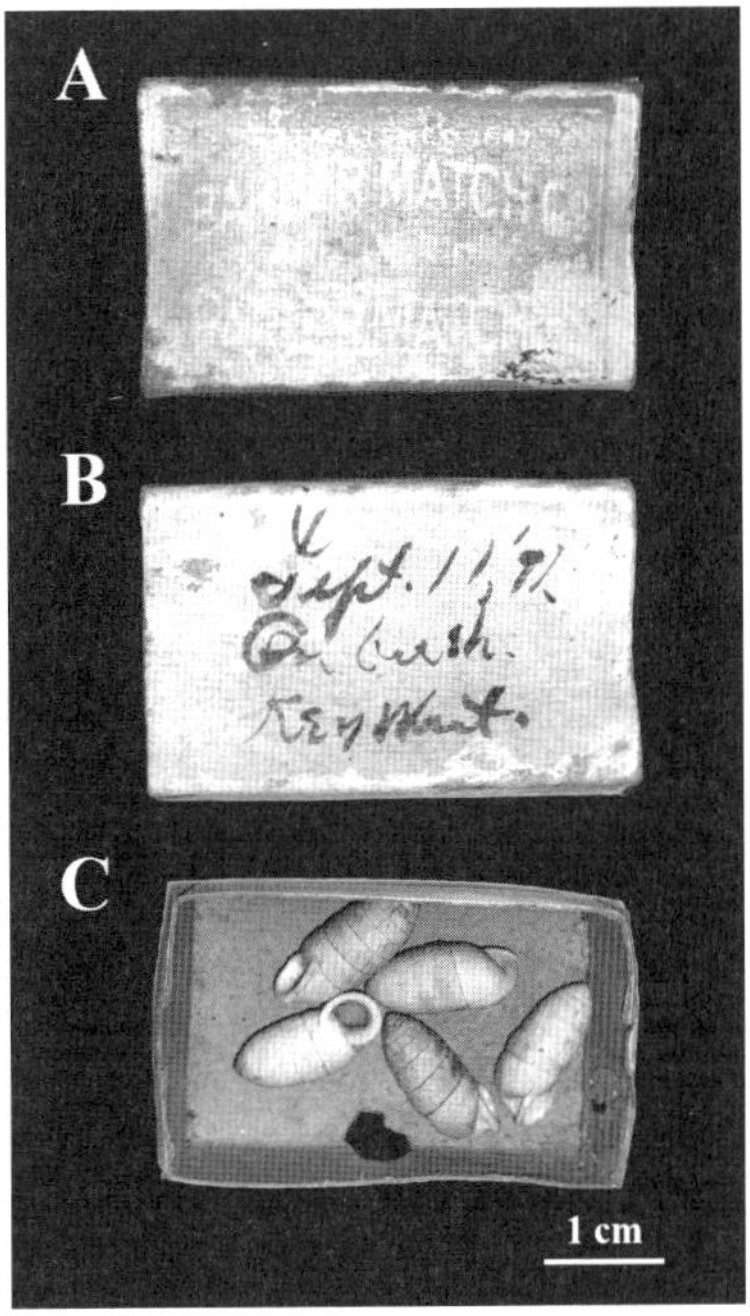

図12　マッチ箱に入れられたケショウオオタワラガイ（オオタワラガイ科・図9D）の標本。
中箱に生体に食い破られた痕がある。A. 外箱の表面。B. 外箱の裏面（Sept. 11. '91. On beech, Keywest.）。C. 中箱と標本。
（公益財団法人南方熊楠記念館蔵）

月の米国キーウェストでの植物採集の際に、石灰岩地帯で採集されたオオタワラガイ類（図11）が入れられたマッチ箱に食べ痕があったことである（図12）。筆者自身も経験があるが、カタツムリの生体を採集した際に、紙のラベルを入れておくと、食べられて失くなってしまうことがある。カタツムリは、セルロースを分解することができるため、紙製品を食べてしまう。幸い熊楠のマッチ箱は、二重の厚紙であったため、中箱に穴が開く程度でとどまっていた（図12C）。

海の貝にも生体を採取したことがわかる標本がいくつか見受けられる。例えば、図14に示す巻貝ヒメイトマキボラやバテイラの標本には、蓋が付いている（図13A、B）。これらは、丁寧に肉抜きされており、軟体部があった位置に脱脂綿を詰め、そこに蓋が糊付けされていた。また、潮間帯に生息するヒザラガイは、殻を繋ぐ有機質の肉帯を残して標本化されている（図12C）。本種は、打ち上げ貝として採集されることはなく、岩礁から剥がして採取することが必要である。

（三）標本の購入

熊楠の貝類コレクションのうち、購入品と思量される標本が少なくとも四六種確認された。これらは、熊楠の訪問地に分布せず、当時の商人を通じて流通していた種であり、販売品としての優れた標本の状態を呈している。記録が残っている例としては、紀伊半島沿岸にも分布する貝殻を持つウミウシの仲間であるヤカタガイ（図14B）は、「矢野医師からヤカタガイ一つかふ。」と購入経路の記録が一九〇二年五月二九日の日記に残されている。なお、鉱物、化石、書籍については、同郷の池田元太郎に資金を渡し、購入してもらったものを受け取るというコレクション蒐集をしていたことが記録されている。

一方、すべての購入品について記録されている訳ではないため、あくまで種の分布域や標本の状態から推察した種もある。例えば、海産貝類のなかでは、種の分布域から紀伊半島の貝類相には見られない、北米やフィリピンなどが産地と推定されるショクコウラやホバナマクラ、ヨーロッパアラムシロなどがその例である。その他、

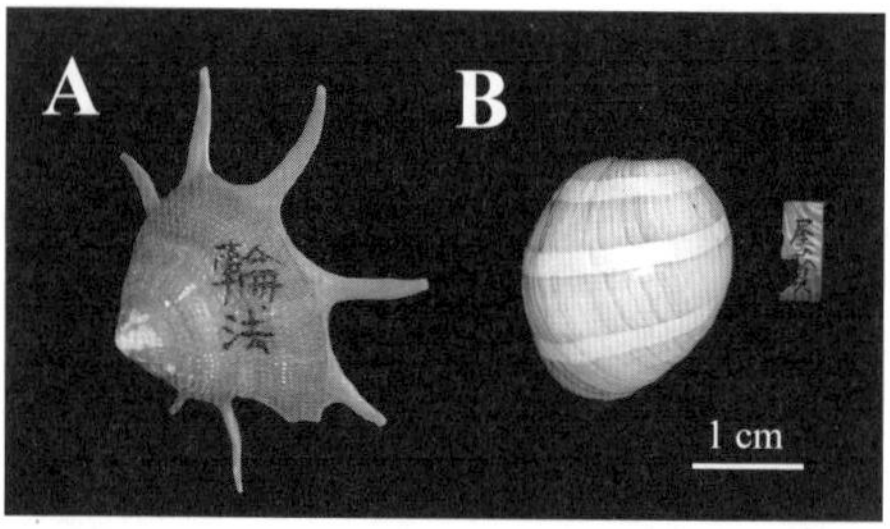

図14　購入品と考えられる貝類標本。
A. リンボウガイ（サザエ科・図1B）。貝殻に「輪法」と毛筆あり。B. ヤカタガイ（ミスガイ科）。江の島などの土産物屋で販売される貝殻に貼付される「屋形貝」のシールが添えられている。（公益財団法人南方熊楠記念館蔵）

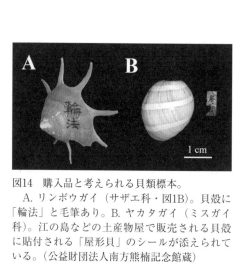

オパール化したビカリアやアンモナイトのような近畿地方には見られない化石や小笠原諸島・父島産の黒曜石などの鉱物のように、貝類コレクション以外にも、購入等によって入手した標本が少なくないと思われる。

(四) 協力者からの提供

時として、良質な標本を蒐集するために協力者の存在は欠かせない。例えば、北島脩一郎(一八九一〜一九五五)は、菌類の研究のみならず、貝類標本の蒐集にあたっても熊楠に協力していたと考えられている。[11] 北島宛の納税領収書には、小型の貝類標本が包まれた状態で多数発見されている。また、紀州の植物や魚類に好著を残す宇井縫蔵(一八七八〜一九四九)も熊楠の貝類蒐集に協力した一人だったと考えられる。[12] 熊楠の貝類コレクションの中には、水深五〇メートル以深に分布する深場の種も含まれており、これらは、刺し網などで漁業者が採ったものと推測される。魚類の採集に付随して手に入った貝類を熊楠に提供していたのだろう。鉱物標本の蒐集では、旧知の羽山繁太郎とともに標本整理箱「鑛物集蓄凾」を充実させていたことが資料に残されている。幅広い分野に協力者を見出し、コレクションを充実させていたことは、熊楠の人徳の為せる業であろう。

地域の自然史を把握するための客観的な蒐集

熊楠の蒐集したコレクションには、前述の通り、蒐集家の選り好みが少ない。個人の趣向や美意識等に基づく恣意の介在がほとんど見られないことが旧来の本草家のコレクションと異なる点である。地域の自然史を広く理解するためには、このような客観的な蒐集が不可欠の前提となる。

「侘び」のあるコレクションと表現したもう一つの理由は、コレクションの多くが日本の温帯域に生息する生物種であり、手の届く自然を蒐集している点にある。そこで、蒐集されたコレクションにおける種の構成について特筆したい。これは採集地の特徴とも密接に関連するため、手紙・日記などの資料に照らしつつ、考察を試みる。

(一) 普通種の丹念な採取

広い地域に数多く生息している生物種を普通種（Common species）[13]と呼ぶ。一般に、コレクターは稀少種ほど重宝し、ありふれた普通種になるとあまり関心を示さない傾向がある。普通種は、形態的・色彩的にもシンプルであることが多く、美的鑑賞に向かないことも要因の一つだろう。

しかしながら、熊楠のコレクションには、紀伊地方で一般的に生息する貝類が丹念に集められている。種によっては、一〇〇個体以上の標本があり、一部は、複数の産地から採集されたロットから構成される。これは、生態系における普通種の果たす役割の大きさを考えるとき、地域の自然史を理解するうえで重要な蒐集といえる。実際に、研究目的で蒐集されたコレクションには、普通種の丹念な採取がしばしば見られる。同種内においても、地域間のバリエーションや個体変異の程度を比較するための採集は充分に意義深く、現在の普通種も後の時代には稀少種になることもあり得る。

特筆すべき普通種の標本として、非常に稀少性の高い奇形個体が収められていた（図15）。それは、スガイ（サザエ科）という潮間帯に生息する巻貝で、紀南では食用になるほど、一般的な種である。通常、立体的な螺旋を描く巻貝スガイは、貝殻の螺旋成長の出発点（殻頂）から径の大きな先端（殻底）に向けて巻き下がりながら付加

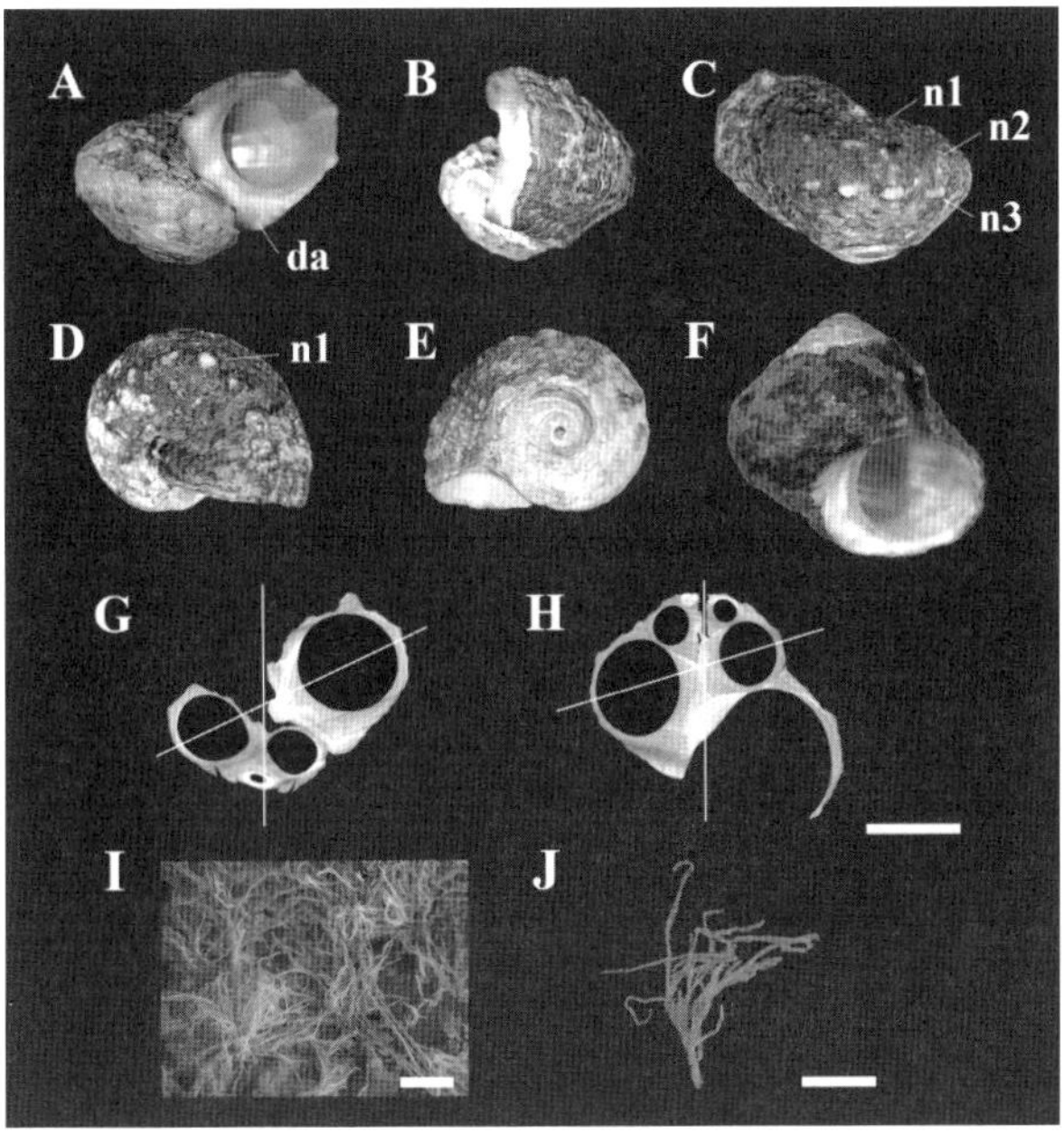

図15　過旋と呼ばれる非常に珍しい奇形個体スガイ（サザエ科）殻長 16.6 mm, 殻幅 22.9 mm(14)。
同標本は、北島脩一郎の納税領収書に包まれて発見されたため、採集者は同氏だと思われる。A–E, G. 過旋個体 , F, H. 正常個体 , I, J. 緑藻カイゴロモ：A. 殻口面、B. 側面、C. 反殻口面、D. 殻頂面、E. 殻臍面、F. 殻口面、G. 過旋個体の X 線 CT 像、H. 正常個体の X 線 CT 像、I. 貝殻に付着したカイゴロモ、J. カイゴロモの拡大像。スケールバー：A–H=10 mm, I=500 μm, J=50 μm. da, 殻口にある鶯色の部位 ; n1–3, 瘤状に隆起した螺旋列。（公益財団法人南方熊楠記念館蔵 No. MKM043-024）

成長する（正旋 Orthostrophy：図15F、H）。しかしながら、熊楠コレクションにある奇形個体は、逆に巻き上がる方向に螺旋を描く、過旋（Hyper-strophy）と呼ばれる非常に珍しい奇形である（図15A–E、G）。正常な右巻きの個体に対して、貝殻は左巻きのように見えるが、動物体の左右は正常個体と変わらない。そのため、一般に、正旋であるか、過旋であるかは貝殻を見ただけでは判別が困難であるが、本種の場合、殻口の鶯色に染まる部位と瘤状に隆起した螺旋列の位置から、左巻きではなく、過旋であることが判断される。なお、この標本には、スガイの貝殻に種特異的に付着共生する緑藻カイゴロモも認められた。古腹足類（サザエ・アワビなど）と呼ばれる巻貝のグループでは、過旋奇形の例は、世界的にほとんど知られていない。特に、奇形個体は成長段階で死亡率が高いため、成貝の標本は極めて稀である。本標本は、貝類の形態制御などを研究するうえで重要な証拠標本になることが期待される。

（二）紀伊半島沿岸域の貝類相

海産貝類の色彩や形態は、生息域の緯度や深度と関わりが深く、低緯度の浅い海に生息する種ほど鮮やかで形も派手な貝が多い。これに対し、本州沿岸では比較的地味な貝殻を持った種が優占的である。これは、本州の昆虫などと熱帯雨林に棲むその仲間を想像するとイメージが掴めるかもしれない。

熊楠の貝類コレクションは、貝殻の見た目の華やかさに執着せず、身近に生息する比較的地味な貝類も丹念に蒐集し

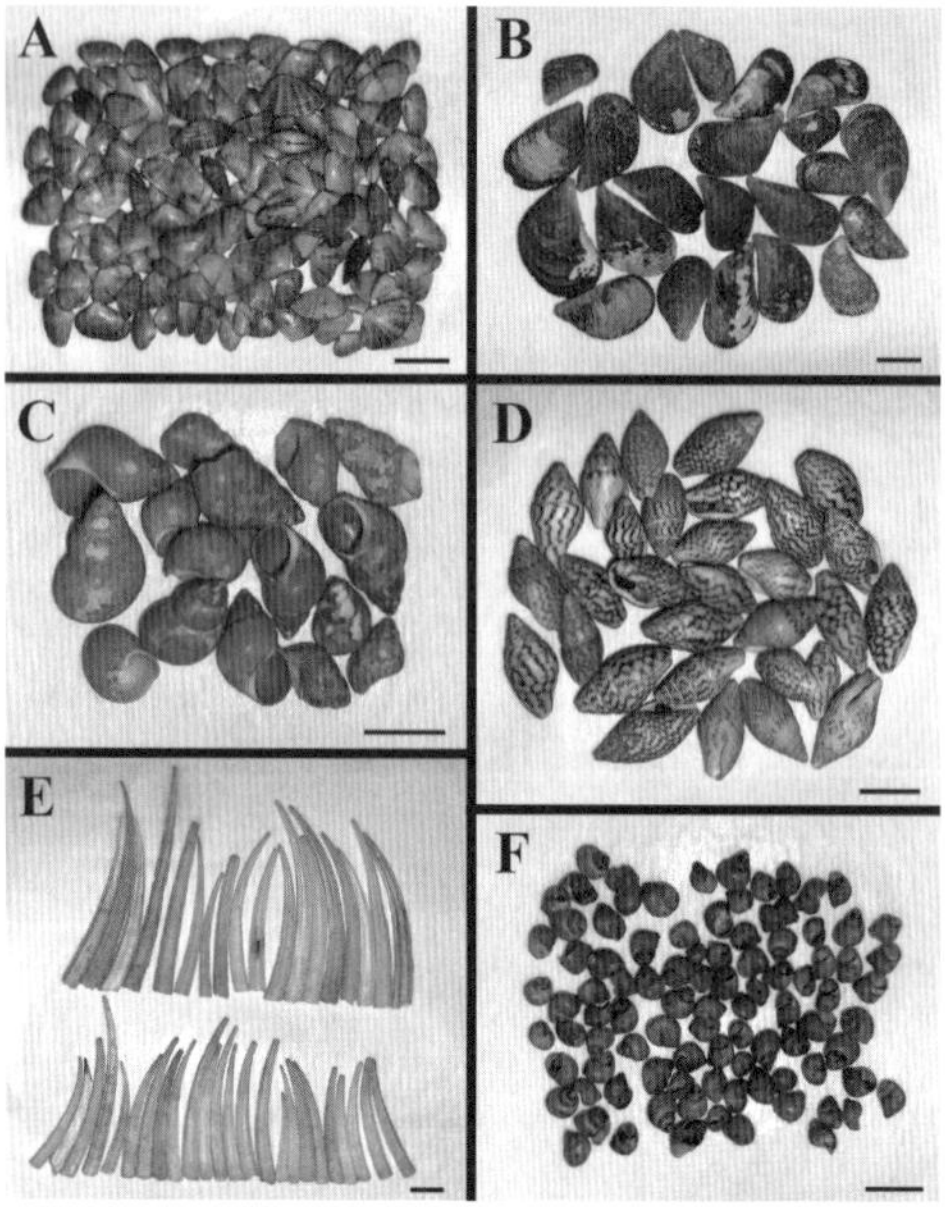

図16　数多く集められた普通種。
いずれも紀伊地方で一般的に生息する貝類である。A. チドリマスオ（チドリマスオガイ科）。B. クジャクガイ（イガイ科）。C. サラサバイ（サザエ科）。D. マツムシガイ（フトコロガイ科）。E. ヤカドツノガイ（ゾウゲツノガイ科）。F. カワザンショウガイ（カワザンショウガイ科）。スケールバー＝10 mm。（公益財団法人南方熊楠記念館蔵）

ている（図16）。この特徴は、同時代の他の蒐集家によるコレクションとは一線を画す。熊楠のコレクションには、紀伊半島沖の貝類相が幅広く示されているが、これ程の種を網羅するには少なくとも数十回に亘ってサンプリングをする必要があると考えられる。

（三）淡水や陸に棲む貝類

さらに、熊楠の貝類コレクションは、淡水・陸棲貝類が多く含まれている点に特徴がある。これらの貝類は、海で目にする貝と異なり、黒や茶色あるいは白といった素朴な貝殻が特徴である。そのため、陸貝や淡水貝は、美的鑑賞に重きを置いていた当時のコレクターの間で市場価値が低く、流通の途に置かれていなかった。そのため、当時の蒐集家による標本のなかでも、陸や淡水の貝が含まれるコレクションは限定的である。特に海外の標本を収めた明治期のコレクションは珍しい[15]。例えば、熊楠が植物採集の際に採取した前述のオオタワラガイ類（図11）は、国内最古の標本と考えられる。

採取の記録が残された明治・大正期の標本という点でも学術的価値が高いといえる。国内で採集された標本では、例えば紀伊半島の固有種ナチマイマイは収められていた紙箱の上蓋に「ワカ山」と記されている。陸生、淡水生の貝類は海産種に比べて分布域が限られているため、日記や手紙等の記録からサンプリングの状況が再現できる。例えば、先述のオオタワラガイ類（図11・12）の標本には、“On limestone, Keywest. Under copes. 1891. 9. 11.”と記されたメモが同封され（図21C）、同日の日記に照らせば、キーウェストでの植物採集をした際に、石灰岩の岩陰で採集されたことが推測される。

貝類コレクションの民俗学的趣向

熊楠コレクションには、いわゆる自然史標本だけでなく、加工・人為物も蒐集されているが（図17）、自然史標本の中にも、特に力を入れて蒐集されている分類群がある。熊楠は、その生涯に『ネイチャー』誌に五一編、『ノーツ・アンド・クエリーズ』誌に三二四編と比類なき数の英文論考を発表しており、そのなかに貝類に関連したテーマが一〇余り数えられる。例えば、「燕石考（The Origin of the Swallow-Stone Myth）」においては、とりわけその民俗学的考察が精彩を放っており、現在も盛んに議論されている著作の一つである。ここでは、熊楠の貝類コレクションに民俗学的側面――地域全体の自然の把握のためではなく、民俗学的な意味のある、特定の分類群を好んで多く蒐集したものもあることを書き留めておきたい。

（一）タカラガイ科（燕の子安貝）

タカラガイは古代中国では「貝」という漢字の象形になり、インドやアフリカにおいても貨幣として用いられるなど、古くから民俗学的な関わりがある。「燕の子安貝」として知られるハチジョウダカラは、

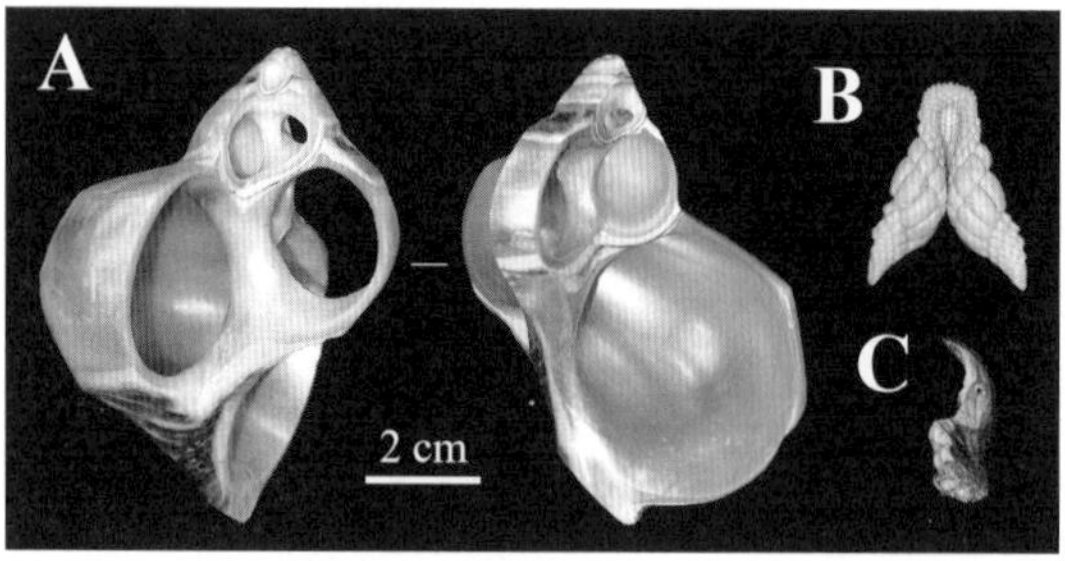

図17　自然史標本以外のコレクション。
A. ヤコウガイ（サザエ科）の加工品。B. ネコザメ（魚類：ネコザメ科）の顎（茗荷貝）。C. ツキノワグマ（哺乳類：クマ科）の爪。（公益財団法人南方熊楠記念館蔵）

成貝とともに未成熟な幼貝の標本（図10Ａ）も熊楠の貝類コレクションに収められていることから、実際に自ら採集した標本と推定できる。一方で、熊楠の蒐集した三〇種のタカラガイ類のなかには、ベッコウダカラ（図18）などの稀少種も含まれ、これはオーストラリア北部近海で採取された標本を何らかのルートで入手したものと推定される。殻表面の光沢から生体を採取したものと考えられる標本が他種に比べて多く収められている。

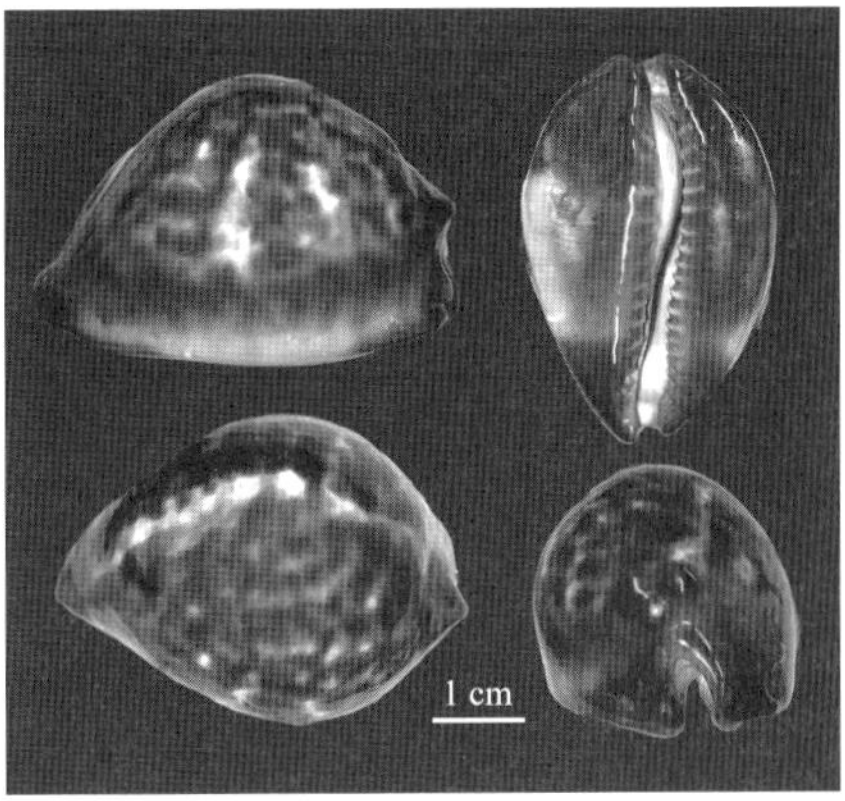

図18　オーストラリア産のベッコウダカラ（タカラガイ科）。（公益財団法人南方熊楠記念館蔵）

(二) ウグイスガイ科・イシガイ科・ミミガイ科など（真珠の光沢）

貝殻の内側に、真珠層の光沢が卓越する種があり、こうした貝類は見た目の美しさにその強度も相まって、古くから民俗学的利用がなされてきた。熊楠の論考にもいくつか真珠貝に関するものがあるが、貝類コレクションにおいても、真珠層の発達した貝殻は比較的多く蒐集されている傾向がある。

真珠の母貝として有名なアコヤガイやシロチョウガイ（図1Ｋ）などのウグイスガイ科は、九種二三個体が収められ、その多くは、合弁個体の完全な状態であることから、生きた個体を採集したものと考えられる。次に、淡水に生息するカワシンジュガイやヌマガイなどのイシガイ科は、五種九個体が収められている。そして、クロアワビやトコブシなどのアワビ類は六種二三個体が収められ、これらは食用の貝でもあることから、とりわけ多くの個体が蒐集されている。

これらの貝類のなかには、中国産のイシガイ科や、亜熱帯域にのみ生息するウグイスガイ科・ミミガイ科などの海棲種が比較的多く含まれることから、購入品も多く含まれると考えられ、真珠層の貝殻を持つ分類群に傾倒して蒐集された可能性がある。「コレクション蒐集の仕方」の項で先述した通り、貝殻の内側の状態から生きた個体を標本化したものがほとんどと見られる。

(三) キセルガイ科（山オコゼ）

キセルガイ（図19）というカタツムリは、「山オコゼ」と呼ばれる縁起物とされてきた(16)。一九一四年の日記に、「四月二十二日朝、下芳養村大字堺の漁夫一人来たり、山オコゼという物を欲しいと言う。子細を問うに答えけるは、山オコゼは北向きの山陰のシデの木などに付く長さ一寸ばかりの小介《こがい》、殻薄きものなり。かの村にこの介《かい》を持ち、常に魚利または博奕利を獲る者あり。」とある。ここでは、この小介、すなわちキセルガイを持ち歩くと、付きが回ってくると俗説が述べられている。さらに、「予それは定めてキセルガイの一種であろう。予が熊野で集めただけでも十余種はあり。現に田辺町のこの住宅のはね釣瓶の朽ちたる部分にも棲んでおる。今

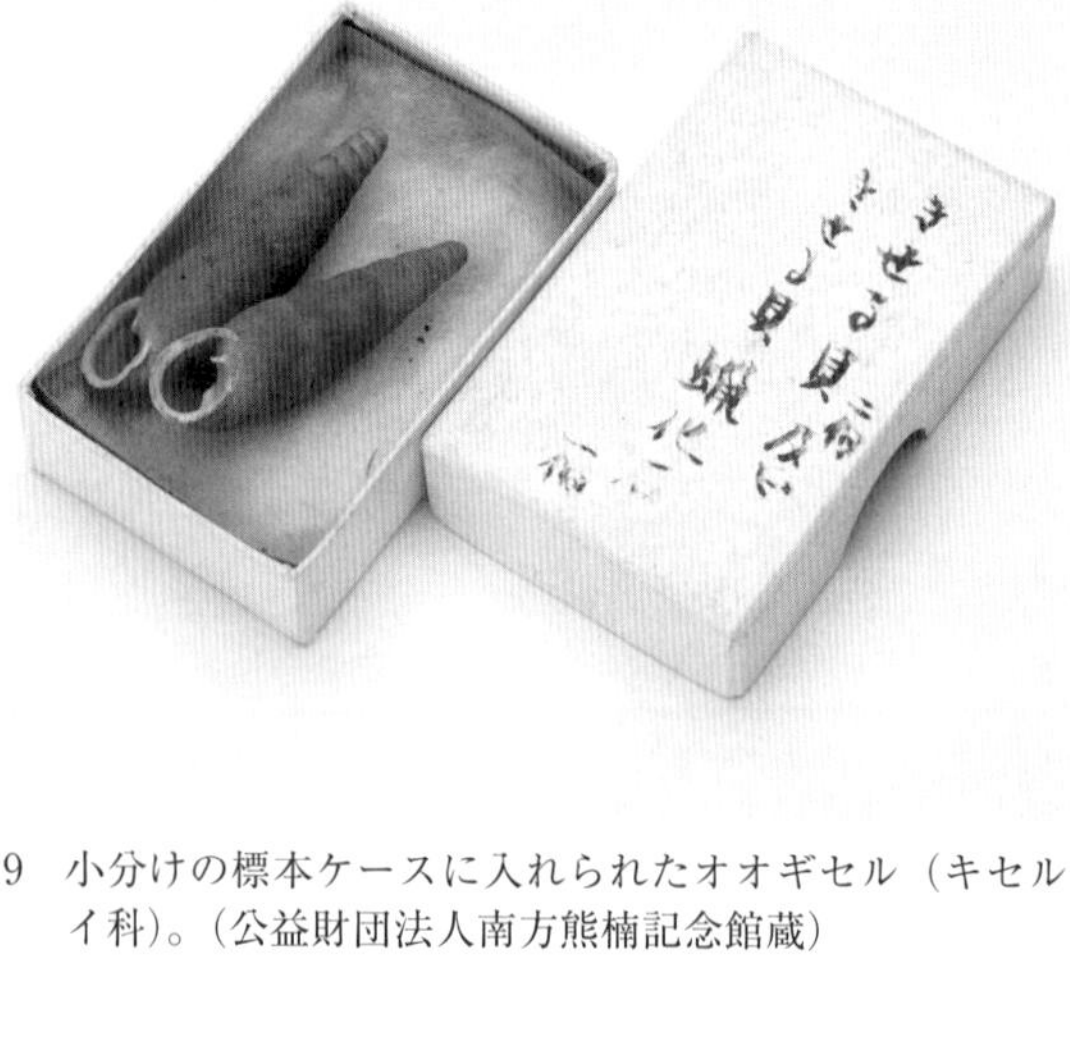

図19　小分けの標本ケースに入れられたオオギセル（キセルガイ科）。（公益財団法人南方熊楠記念館蔵）

少し委細にその形状を言わねば、いずれの種が山オコゼか分からぬ、と言うて返した」と続けている。熊楠コレクションにキセルガイ類は一〇種六一ロットが収められている。

熊楠コレクションの意義

最後に、熊楠コレクションが、現代の自然史標本としていかなる意義があるか、また、標本の蒐集が熊楠自身にとっていかなる意義があったかを考察することで本章の総括としたい。

(一) 自然史標本として

「標本の価値はラベルにある」。筆者が貝類を本格的にコレクションするようになった小学校高学年の頃、著名な貝類研究者から授かった言葉である。曰く、種名は後から改めて同定が可能であり、また分類学的知見は常に更新されうることから、ラベルに記すべき絶対的な事項ではない――むしろ、採集した場所や日付、産状といった情報こそ採集者しか知り得ず、これらは標本を研究資料として価値づける記載であると教わった。筆者なりに理解するところ、誤解を恐れずに言えば、標本は採集者や一次的な所有者の手元にあるうちは、あまり大きな価値はないのだろう。後世、他の人の手に渡ったとき、研究材料としていかに有用かがその標本を価値づけると思われる。そうだとすれば、標本が研究に活用されるか否かは、まさにラベルに記載された情報が頼りになるのである。

多くの熊楠コレクションには、当時の一般的な自然史標本のラベル(図20)は付記されていない。この特徴は、

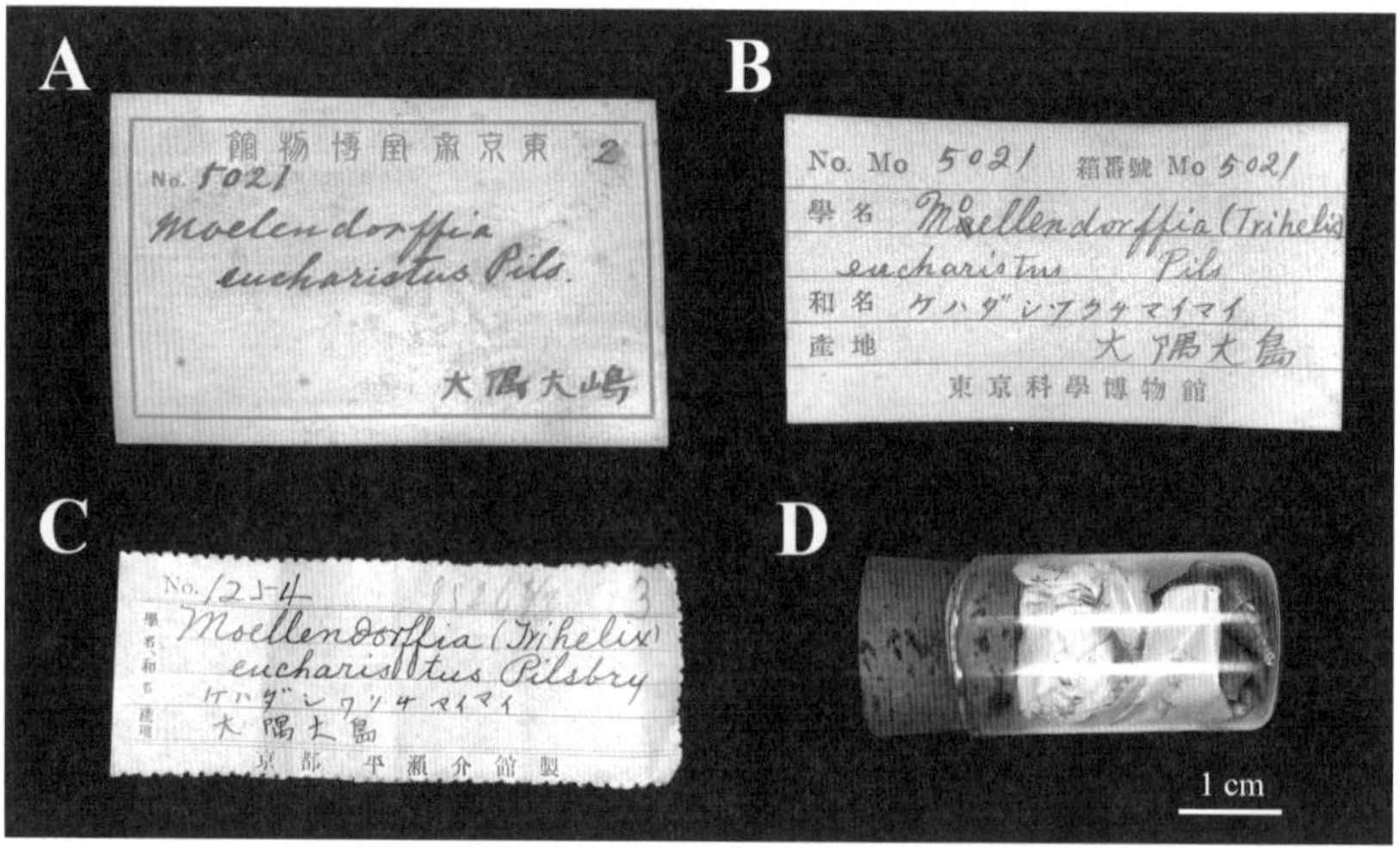

図20　貝類標本のラベルと収蔵方法の一例。
ラベルには、標本番号・学名・和名・産地などが記載されている。1ロットの標本に対して複数のラベルが付与されている（A-C）。A. 東京帝室博物館。B. 東京科学博物館。C. 平瀬介館。D. 小瓶の中に入れられた貝殻の標本。（国立科学博物館蔵）

植物・菌類コレクションにも共通しており、標本の記載が学術的な作法に則っていないため、他の研究者から学術利用しづらいことが指摘されている。[17] 一方で、産地や日付、購入した場合の入手経路等の情報が記載されたラベルが要所ごとに付され（図21）、当時の日記と対照することで詳細な産状が分かる標本も少なくない。特に、熊楠自身が重要と感じたであろう標本には、詳しい標本情報が記載されている（例えば、図22の標本と対応する図21Aのラベル）。こうした熊楠独自のラベリングから、第三者の利用を観念していないことが強く思量される。

それでもなお、熊楠コレクションは、当時にして稀な幅広い分類群が採集されていること、他の蒐集家のものと異なり、普通種が丹念に集められていること、自ら採集した海外の標本を収めていることの三点において、特に評価されるべきであると筆者は考える。単に蒐集家の好奇心を満たすに留まらず、公益性に適っ

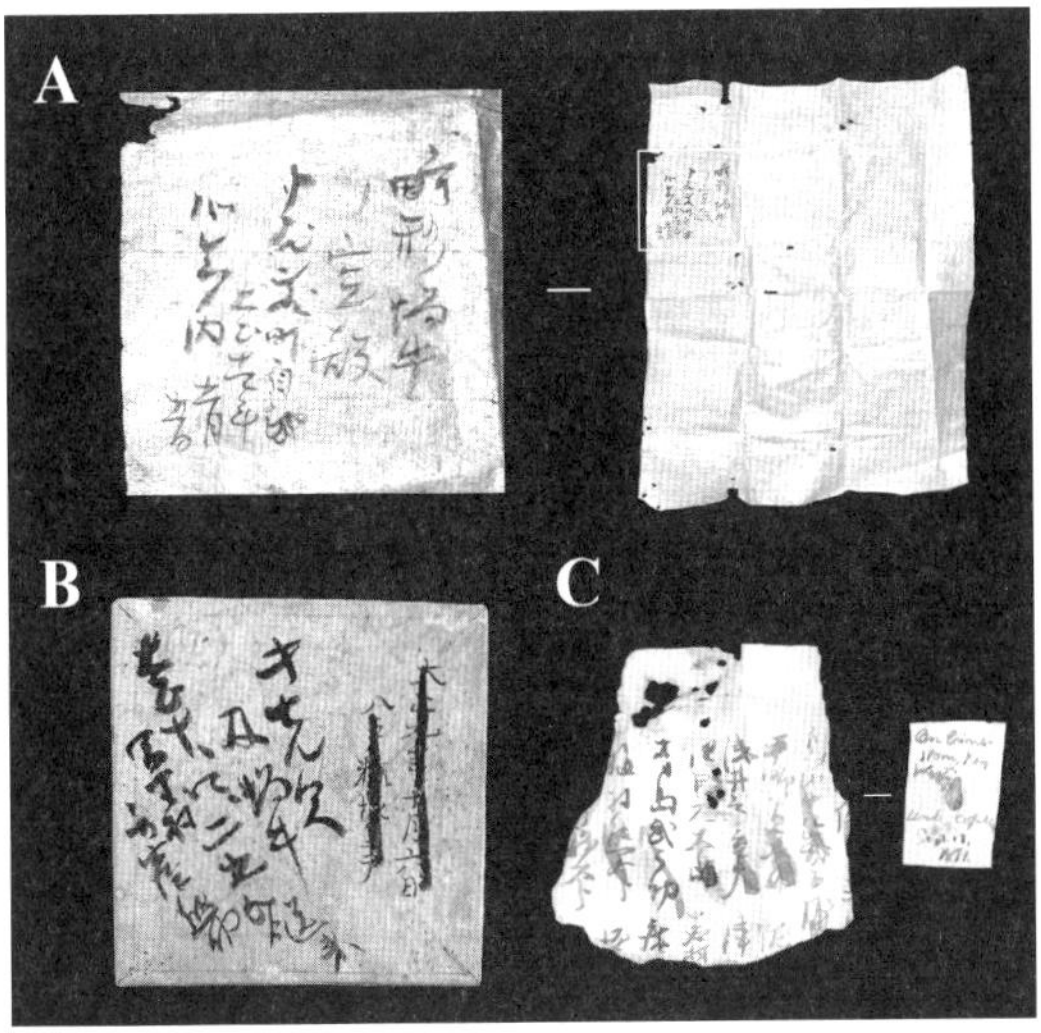

図21　熊楠コレクションのラベル。
標本の包紙や紙箱に直接ラベル情報が書かれている場合がある。A.「畸形蝸牛ノ空殻　中屋敷町自邸バレン（ハランのこと。熊楠邸のクスノキの下に生えている。）ノ内　大正一四年一一月十一日」と書かれた半紙。シゲオマイマイ（オナジマイマイ科）の奇形個体が包装。B.「キセル貝及蝸牛　大正十. 四. 二出　冨里村音窪熊助ゟ送来」と書かれた紙箱。カギヒダギセル（キセルガイ科）が包装。C.「On limestone, Keywest. Under copes. 1891. 9. 11.」と書かれたラベル。シコロカニモリガイ（オニノツノガイ科）が包装。（公益財団法人南方熊楠記念館蔵）

図22　紀南の固有種シゲオマイマイ（オナジマイマイ科）。
貝殻の螺旋軸がずれた奇形個体が採取されている。貝殻の修復痕があることから、おそらく捕食者の攻撃などによって一部が損壊した貝殻を再度作り直した際に螺旋軸がずれたと考えられる。A. 正常個体。B. 奇形個体（ラベルは図21A）。
（公益財団法人南方熊楠記念館蔵）

た博物館所蔵品として有益かつ貴重な資料といえる。

(二) エコロジー思想の涵養

コレクションを蒐集・整理・同定する過程は、博物学・分類学的素養を身に付け、自然に対する幅広い興味を育むという個人の学問観を涵養する側面がある。現在、学界で活躍される基礎生物学分野(特に系統分類学・生態学)の研究者のなかにも、幼少期からコレクションを持っていた方が少なくないだろう。

本章において中心的に扱ってきた貝類コレクションは、白浜・田辺周辺で採取可能な沿岸域に生息する種を中心に構成されることから、熊楠が米英遊学から帰国後、田辺・白浜で本格的に活動を始める一九〇二年以降に集められたものが大半であると考えられる。熊楠は、現在の和歌山市の出身であり、少年時代に田辺・白浜や熊野へ行った記録はない。おそらく、東京大学予備門中退後に白浜に傷心旅行に訪れたのが、田辺近辺への最初の訪問かと思われる。一方で、陸産貝類のなかには、包装と日記の記録から、和歌山市の少年時代に蒐集していた可能性がある陸産貝類も散見される。また、大学予備門時代には、鎌倉・江ノ島へ旅行した際に購入・採集した記録がある。さらに、前述の通り、アメリカでの植物採集時にマッチ箱に入れて持ち帰られたオオタワラガイ類なども含まれている。以上より、熊楠の貝類コレクションは、主に三〇代半ば頃の蒐集品を中心として、それ以前に集められた購入標本と陸生貝類の標本から構成されていると考えられる。

「エコロジー」という概念は、熊楠が日本で最初期に用いたとされる。このエコロジー思想は、ただ細分化された一つの学問(例えば、植物学)のみの追究では至らなかっただろう。和漢洋の書物を渉猟し、幅広い分類群の動植物の自然史的蒐集と人間の営みの民俗学的探究をした熊楠にのみ、自然環境・動植物・菌類と人間の暮らしのつながりが見えていたことだろう。熊楠は一九〇九年の神社合祀に反対する意見[18]において、植物生態系を破壊することにより、人間の生活や生命も壊され、人間性そのものが荒廃していくという論旨を訴えている。学問の細分化によって人間性が解体される現代科学において、博物学の統合的な視点はなお一層意義深く思われる。

筆者は、熊楠の貝類コレクションを見た時、地道に採集を重ねた浜辺の青年の姿が目に浮かんだ。先述のビーチコーミングに勤しむ若き蒐集家の様子である。当初、想像していた熊楠の超人的な存在とは対照的である。しかしながら、これは彼の採集活動の一端に過ぎず、植物採集の余暇にこれだけ幅広い分野の標本を集めていたことを想うと、やはりこの旺盛な意欲と行動力には非凡な努力を感じずにはいられない。動物・化石・鉱物に関するコレクションは、彼が後に発表した論考に、直接活用されてはいないものの、自然に対する思想や学問観を涵養したのではないかと考えられる。終生の博物学・民俗学的研究の礎を築いた若年期の採集活動の背景を郷里和歌山に見出せる資料として重要なコレクションである。

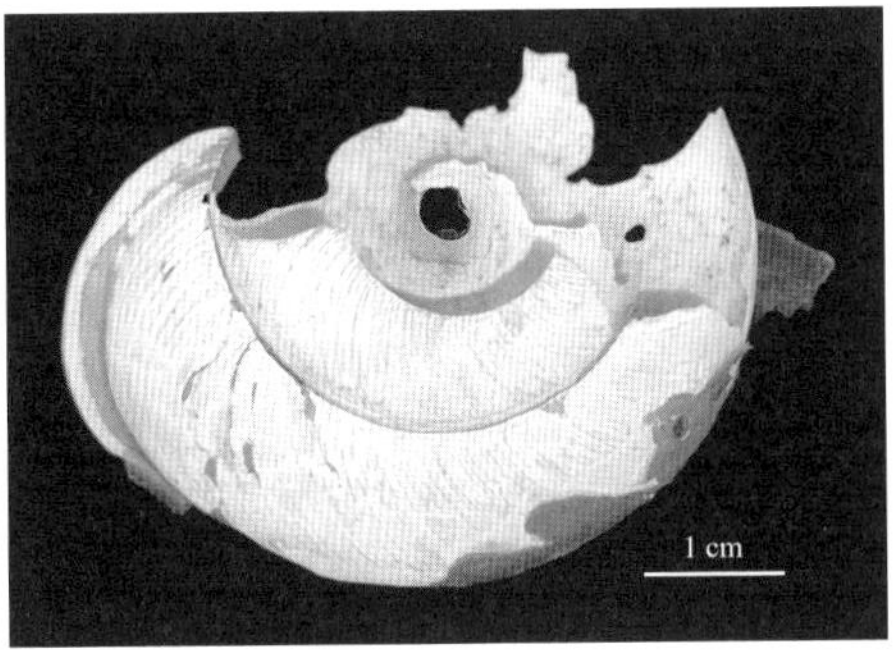

図23　紀南固有種ナチマイマイ（オナジマイマイ科）の破片。
完品でない死殻の採取は、明らかに美的鑑賞ではないことが窺える。熊楠の貝類コレクションを象徴する標本の一つとして最後に挙げたい。（公益財団法人南方熊楠記念館蔵）

おわりに

ここまで、貝類の一研究者ないし採集が好きなひとりのコレクターの視点に立ち、自由に意見を述べさせていただいた。

そうした私の視点からは、熊楠コレクションから、熊楠が植物学の研究をもって、本格的に学界で活躍する以前にも、既に博物学者として高い行動力と鋭い観察眼を備えていた様子が垣間見えた。本コレクションは、南方熊楠という近代日本を代表する博物学者にして民俗学者がいかに若年期にフィールドワークに勤しみ、自然に根差した学問観を涵養したか汲み取るに十分な資料である。

熊楠の自然観を考えるうえでは、やはり植物標本の存在は欠かせないはずである。熊楠コレクションは、地域の自然史――「エコロジー」を理解するという目的のもとに蒐集された側面があっただろう。今後、本章では充分にできなかった、コレクションと日記や論考とを照らし合わせた考察によって、思想形成の背景を探る展開が期待される。さらに、自然科学の論理だけでは説明しがたい世界の「不思議」を民俗学の観点から捉えた熊楠の思想は、自然史標本の域を超えて、事象同士の結びつきを見出していたと考えられる。従って、蒐集の真意を知るには、自然科学の領域に囚われず学際的な視点を持った考察が求められるだろう。本章をご覧になった皆様に於かれては、各分野の視点から熊楠が蒐集し遺したコレクションの意義についてお考えいただければ幸いである。

謝辞

本章で言及したコレクションは、すべて各々の博物館において登録された学術標本である。これらの整理・登録には、膨大な労力と時間を要したものと想像される。この学術的なご貢献に心から敬意を表したい。本稿の執筆にあたり、南方熊楠顕彰館の松居竜五館長、南方熊楠記念館の高垣誠館長、三村宜敬学術スタッフ、国立科学博物館の細矢剛植物研究部長、同館動物研究部の長谷川和範研究主幹には、標本調査にご協力をいただき、コレクションに関する各分野の卓越したご見識を賜った。また、日頃から筆者の研究をご指導いただいている東京大学総合研究博物館の佐々木猛智准教授には、同館に所蔵される明治期から戦前に収集された貴重な貝類・化石の標本調査にご協力いただいた。そして、ここに熊楠コレクションについて意見を述べる貴重な機会を戴いた慶應義塾大学文学部の志村真幸博士に深謝申し上げる。

[注]

(1)「自然史」と「自然誌」は、いずれもNatural historyの訳であり、博物学の自然科学的側面を指す。前者は、十八世紀以降の自然を歴史的に扱った概念であり、後者は、自然界にある様々な事象を網羅的に記載した編纂物をいう。古代ギリシアでは、自然物を中心とした知識の集成を図る書物として「自然誌」が編纂された。これに対して、古代中国（西晋）では、自然のほかに人為全般を含めた百科事典として「博物誌（志）」が編まれた。

(2) 松居竜五・岩崎仁『南方熊楠の森』方丈堂出版、二〇〇五年。

(3) 西村三郎『文明のなかの博物学　西欧と日本』紀伊國屋書店、一九九九年。

(4) 益富寿之助・梶山彦太郎・柴田保彦・金子寿衛男『木村蒹葭堂貝石標本』『大阪市立自然史博物館収蔵資料目録』第一四集、一九八二年。

(5) 国立科学博物館の長谷川和範博士によれば、金子コレクションの主眼は自然史の記録ではなく分類群の網羅性にあり、金子の分類は当時最先端の*A Treatise on Zoology*. Part V. Mollusca（Pelseneer, 1906）に厳密に従っている。なお、同コレクションの詳細は下記に詳しい。藤田正『金子一狼先生を偲ぶ』ちりぼたん　日本貝類学会研究連絡誌　一四巻四号、一九八四年、一〇二－一〇六頁。

(6) 土永知子『南方熊楠の貝類コレクション展2019』番所山を愛する会・公益財団法人南方熊楠記念館、二〇二〇年。

(7) カモンポール・多田昭「平瀬與一郎ならびに彼の日本貝類学における役割」西宮市貝類館研究報告第四号　西宮市貝類館、二〇〇六年。

（8）川上誠太「宝塚昆虫館旧蔵の矢倉和三郎貝類コレクション」かいなかま 阪神貝類談話会機関紙四八巻一号、二〇一四年、二七－四五頁。
（9）「ウガという魚のこと」『南方熊楠全集』二巻、五一五－五一六頁。
（10）柳田国男宛書簡、明治四四年三月二十六日付『南方熊楠全集』八巻、平凡社。
（11）土永知子・石橋隆『南方熊楠の鉱物・化石コレクション展２０１９』番所山を愛する会・公益財団法人南方熊楠記念館、二〇二〇年。
（12）湊宏『南方熊楠記念館所蔵の貝類標本の整理を終えて』財団法人南方熊楠記念館資料2、二〇〇一年、一一九－一三〇頁。
（13）Gaston, K. J. (2010). Valuing common species. *Science*, 327 (5962), 154-155.
（14）Yoshimura, T. & Sasaki, T. (2022). Hyperstrophic Malformation of *Lunella correensis* (Récluz, 1853) (Vetigastropoda: Turbinidae). *Malacologia*, 65 (1-2), 179-182.
（15）戦前の個人コレクションとしては、古川田溝氏および山村八重子氏による外国産貝類の蒐集が手厚く、同時期としては例外的に海外の淡水・陸産貝類の標本が収められている。古川コレクションの標本目録は下記に詳しい。窪田彦左衛門『我が国空前の貝類標本』福井市立郷土博物館所蔵貝類標本目録、一九六二年、二四二頁。石田惣・福岡修・佐藤ミチコ『古川田溝貝類コレクション追加目録』福井市自然史博物館研究報告第五〇号、二〇〇三年、四九－六二頁。
（16）「山オコゼのこと」『郷土研究』四巻七号初出『南方熊楠全集』第三巻、平凡社、一九四頁。
（17）国立科学博物館の細矢剛博士より教示を得た。
（18）熊楠は合祀令が発された一九〇九年から合祀反対運動を開始し、一九一一年には四万八〇〇〇字ほどの手紙を植物学者の松村任三に送り、これは柳田国男によって『南方二書』として刊行された。「神社合祀に関する意見」は一九一二年に書かれたものである。

KUMA

第9章

南方熊楠と同時代の生物学者たち

郷間秀夫

GUSU

はじめに

南方熊楠は実にさまざまな分野に興味を示し著述を行った。生物学はその一分野であった。生前熊楠と親交のあった平野威馬雄は熊楠の評伝に「(大)博物学者」と冠した。(1) その一方で生物学史家たちの熊楠に対する視点はさまざまである。彼と当時の生物学者たちとの関わりについて「南方は変形菌や菌類の採集を積極的に行い、膨大な標本を作製したが、これらの標本は当時の学界に十分に生かされなかった」(2)、南方は当時の生物学界との縁が薄く、孤立無援で生物学研究を行ったといった評価がなされる場合がある。また近年でも「南方は在野の学者として始終した」(3) と紹介されている。南方熊楠顕彰館館長の松居竜五は熊楠の多彩な学問体系を複眼の学問構想として、最新の熊楠研究を総括した。(4) 本章では南方熊楠研究会編『熊楠研究』誌や南方熊楠顕彰会発行の『熊楠works』誌などに発表された熊楠の生物学研究に関する論考を踏まえ、彼と当時の本邦の生物学者との交流を紹介し、熊楠の生物学上の研究が単独で行われたものではなく、数多くの生物学者と交流し、間接的であるが、彼の学問が当時の生物学に寄与していたことを検証するものである。

南方熊楠が生きた時代の生物学——本草学から博物学、そして生物学へ

まず江戸時代以降の本邦の生物学の歴史を振り返ってみよう。徳川家康公に仕えた儒学者林道春（羅山、一五八三−一六五七）は、明の李時珍（一五一八−一五九三）が編纂し、一五九六年に出版した薬物書『本草綱目』全五二巻を入手した。本書には動物・植物・鉱物の天産物一八九二種類が登載されており、本書はいち早く本邦に受容され、江戸時代の医学や薬学に大きな影響を与えた。後に本書を博物学書として捉えた本草家たちが現われ、これを参考に日本各地に赴き日本の天産物を調査し、この学問は本草学と呼ばれた。中国由来の本書をもとに本邦に産する天産物を調査していったのである。本書は国内で翻刻され、数多くの和刻本が普及し、多くの本草家たちがこれを活用した。儒家貝原益軒（一六三〇−一七一四）は本書に記載されている天産物と本邦産物品を比較検討し一七〇九年に『大和本草』全一八巻を上梓した。徳川吉宗公の治世になって西洋書物の輸入が一部解禁され、西洋博物書が続々と輸入されるようになり、蘭学が勃興し、西欧の博物学書が邦訳、出版されるに至った。それに伴って本草会が盛んに開催された。小野蘭山《おのらんざん》（一七二九−一八一〇）の本草学は弟子の手によってその講述が記録され、一八〇三年に『本草綱目啓蒙』全四八巻として出版された。本書によって日本本草学は大成したとされる。[5] 医家で蘭学者の宇田川榕庵（一七九八−一八四六）は一八二二年に泰西の植物学を初めて本邦に紹介した「菩《ぼ》多尼訶経《たにかきょう》」を折本形式で出版し、西洋の植物学を紹介し、同年に植物学の入門書として『理学入門　植学啓原』

全三巻を著した。伊藤圭介（一八〇三―一九〇一）は尾張本草学の大家であり、江戸本草学に西洋植物学を導入した人物である。(6) 一八二六年に大シーボルト（Philipp Franz Balthasar von Siebold 1796–1866）に面会し、彼に師事する。シーボルトから贈られたカール・ツンベルク（Carl Peter Thunberg 1743–1828）の『日本植物志』を訳述註解し一八二九年に『泰西本草名疏《たいせいほんぞうめいそ》』全三巻を刊行した。伊藤は蕃書調書へ出仕し、明治維新後は帝国大学理学部教授に任じられ植物取調べを担当する。同書は蘭方内科の創始をめぐる薬用植物の国際比較という目的で著述されたもので、名物学的な限界をもつものであった。近代的自然科学水準の植物研究は飯沼慾斎《いいぬまよくさい》（一七八三―一八六五）(7)が編纂し一八五六年より順次刊行された『草木図説』までまたねばならない。こうして江戸時代以来連綿と続いた本草学には西欧植物学が導入され、植物学へと発展する。本邦で初めて「植物学」の用語が使用されたのは清の数学者である李善蘭（一八一〇―一八八二）が漢訳した『植物学』を下野足利藩が一八六七年に和刻したことが嚆矢である。伊藤の弟子である田中芳男（一八三八―一九一六）(8)は信州飯田の医家に生まれ、名古屋に遊学し伊藤の門に学び、彼に従って蕃書調所に出仕し横浜でシーボルトに面会を果たす。一八六六年にはパリで開催された第二回博覧会に参加し、博物館、動物園、植物園を視察し、殖産興業の必要性を感じる。明治維新後は開成所御用掛となる、植物学の研究を行う傍ら、各種園芸植物を輸入しこれらを国内に広め、殖産興業に尽力する。一八七四年には慾斎曾孫の長蔵、蘭山孫の小野職愨《おのもとよし》とともに飯沼慾斎の『草木図説　草部』にラテン名を加えた『新訂草木図説』、畔田翠山《くろだすいざん》の『古名録』（後述）などの本草書を校定し、さらには西洋動物学書を翻訳刊行した。例えばドイツのブロムメの著書を訳纂し『動物学　初編哺乳類』として、博物館から出版している。このように田中芳男による西欧博物学の導入によって本邦の本草学は博物学、そして生物学へと発展していく。奈良時代から江戸末期までに培われた本草学の知識の集積は一九一二年に完成した全千巻に及ぶ官製百科事典である『古事類苑』にその概略が記録された。本書に掲載される事物は宋の『太平御覧《たいへいぎょらん》』、清の『淵鑑類函《えんかんるいかん》』と『和漢三才図会《わかんさんさいずえ》』を参考に分類された。本書には本邦で出版された数多くの本草書が動物部、植物部、鉱物部として収められている。

南方熊楠の生物学

（一）生物学揺籃期に生まれ育った熊楠

南方熊楠が初めて入手した書籍は江戸染井の園芸家の伊藤伊兵衛による躑躅《つつじ》解説書の『三花類葉集《さんかるいようしゅう》』五巻本の第三巻であったという。(9) 本書は一六九二年に出版された『長生花林抄《ちょうせいかりんしょう》（錦繍枕《きんしゅうまくら》）』全五巻の異本である。そして熊楠は『訓蒙図彙《きんもうずい》』、『和漢三才図会』などの江戸時代の図入り百科事典を読み、『本草綱目』を抜書するなどして本草学に慣れ親しんだ。(10) その早熟ぶりは熊楠の幼少期の学習を彩る逸話となっている。その一方で田中芳男が推進していた西洋博物学を『具氏博物学』などの翻訳書で学び、江戸本草学と近代博物学の両面から生物学の知識を得ていった。

少年時代の熊楠は生涯にわたって唯一の師と仰いだ恩師鳥山啓《とりやまひらく》（一八三七－一九一四）の薫陶を得て考古学、歴史学、人類学、博物学などの総合的な学びを得て、人類学は南方民俗学へ、博物学は南方生物学へと発展していく。鳥山は本邦本草学の大成者である本草家小野蘭山の弟子である紀州本草家の儒医石田酔古（一八二一－一八八八

図1　鳥山啓顕彰碑（筆者撮影）

三）に学んでいるので、熊楠は本草学上、小野蘭山の学統に連なるといえる。[11] 軍歌「軍艦」の作詞者として知られる鳥山は、熊楠の師として顕彰され、一九七七年に田辺市扇ヶ浜畔に記念碑が建碑されている（図1）。

一八八三年に和歌山中学を卒業した熊楠は上京し神田の共立学校《きょうりゅうがっこう》に入学する。このころ一八七二年出版の『グレヴィレア Grevillea』第三号で菌類学の父といわれる英国のバークリー（Miles Joseph Berkley 1803-1889）と米国のカーティス（Moses Ashley Curtis 1808-1872）が六〇〇〇種の新種菌類を記載した偉業を知り、大いに発奮する。一八八四年に大学予備門に入学し、一八八六年に退学するまでの間はあまり学課には精勤でなく、もっぱら上野図書館に通って和漢洋の書籍を読み、抄写に励んだ。そして多くの書籍を購入した。[12] これら書籍には熊楠の書入れが数多くみられる。[13]

熊楠は大学予備門時代に幾度かの旅行を行っている。一八八五年四月に単身鎌倉・江島へ、七月には友人と日光旅行である。翌一八八六年和歌山へ帰省後には日高・鉛山《かなやま》（湯崎）へ旅行している。[14] 熊楠はこれらの旅行記を江戸時代本草家の採薬記のように記録している。[15][16]

（二）在米時の生物研究　菌類・地衣類の採集と西欧博物書の購収

熊楠は一八八七年より一八九二年まで在米し、菌類学者カルキンスとの出会いが菌類・地衣類研究の端緒となる。一八八七年には、サンフランシスコ、ランシング、アナーバーに滞在する。一八八八年より雑誌『ネイチャー』の購読を始める。翌一八八九年にはシカゴ在住の退役軍人で弁護士の菌類学者カルキンス（William Wirt Calkins 1842–1914）から菌類標本「フロリダ産菌類標本集」を受贈し、標本の分類目録を作成している。また、カルキンス経由でフィンランドのニランデル（William Nylander 1822–1899）にも地衣類の鑑定を求めている。[17] その後熊楠が菌類標本を作製する際に、彩色図とともに菌類標本を貼り付ける形式はカルキンスの手法を踏襲したものである。熊楠は古代ローマの博物学者大プリニウス（Plinius, Gainus Secundus 23–79）の『博物誌』ラテン語版と英語版それぞれ全五巻を入手している。そして一八八九年熊楠はスイスの博物学者ゲスナー（Conrad Gessner 1516–1565）の伝記を読み、日記に「吾れ欲《ねがわ》くは日本のゲスネルとならん」と記している。一八九一年にはカルキンスよりフロリダが地衣類・菌類の好採集地であることを聞き、フロリダ、そしてキューバへ向かう。採集した地衣一種をカルキンスに送付し、これは後に新種 *Gualecta cubana* と命名される。一八九二年にはカルキンスらへしばしば地衣類標本を送付し、彼からも標本が送付されている。そして八月にニューヨークへ向かい、九月に渡英する。

（三）在英時の生物研究　大英博物館での研究、『ネイチャー』・『ノーツ・アンド・クエリーズ』への寄稿

一八九三年に英国に渡った熊楠はハイドパーク等で菌類採集を行った。一〇月には『ネイチャー』に処女論文が掲載され、その後同誌へ寄稿するようになる。大英博物館、ナチュラルヒストリー館に出入りするようになる。一八九五年には『淵鑑類函』全一六〇冊を購入し、多くの在英邦人と面会する。一八九九年には大英博物館植物学部門の菌類学者ジョージ・マレー（George Murray 1858–1911）と知己を得る。そして『ノーツ・アンド・クエリ

ーズ』に寄稿したことを皮切りにそれ以降同誌にしばしば投稿する。この年『ネイチャー』三〇周年記念号に、特別寄稿家として日本人としては伊藤篤太郎《いとうとくたろう》と二人だけが名を列せられる。(18) 熊楠と伊藤は生涯に一度も面会したことはなかったが、熊楠が『東洋学芸雑誌』へ質問を投稿した時に応えたのが伊藤であった。日本学者で熊楠の協力者であるディキンズ（Frederick Victor Dickins 1838-1915）はケンブリッジ大学に日本学講座を設け、熊楠を助教授にする計画を立てていたが、この計画は立ち消えとなり、一九〇〇年についに熊楠は帰国を決意するが、その前年の一八九九年にロンドンの自然史博物館で多くの生物研究者と交流している。菌類学者マレー、軟体動物研究者W・ウェッブ（Wilfred Mark Webb）、苔類学者アントニー・ジェップ（Antony Gepp）、菌類学者のブラクマン（Vernon herbert Blackman）、マッシー（George Edward Massee）、両生類学者ジョルジュ・ブーランジェ（Georges Albert Boulenger）である。帰国に際しマレーから日本の隠花植物の採集・目録作製を奨められる。そして同年一〇月に帰国する。

(四) 帰国後の生物研究　多彩な分野の生物学者との交流

英国より帰国した熊楠は生物研究を継続し、多彩な分野の生物学者たちと交流する。同時代の生物学者たちとの交流について、南方熊楠邸所蔵の熊楠書簡と来簡などより推測すれば、熊楠は少なくとも五六人の生物学者と交流があったことが確認できる（表1、表2）。熊楠と彼と交流のあった生物学者たちとの交流について記す。

粘菌研究

一九〇二年一月に熊楠は那智山中において実業家で野生蘭を趣味としていた小畔四郎と運命的な出会いをする。その後生涯に及ぶ文通と交誼が始まる。(19) 小畔は熊楠の粘菌の高弟、名代として東京帝国大学植物学教室に連なる

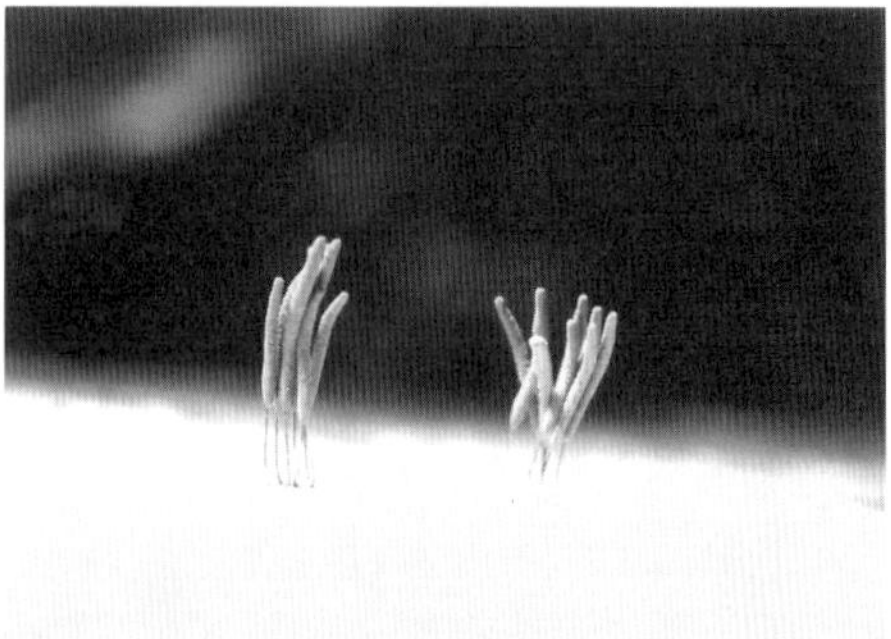

図２　粘菌
（Stemonitis Pallida Wingate　筆者撮影）

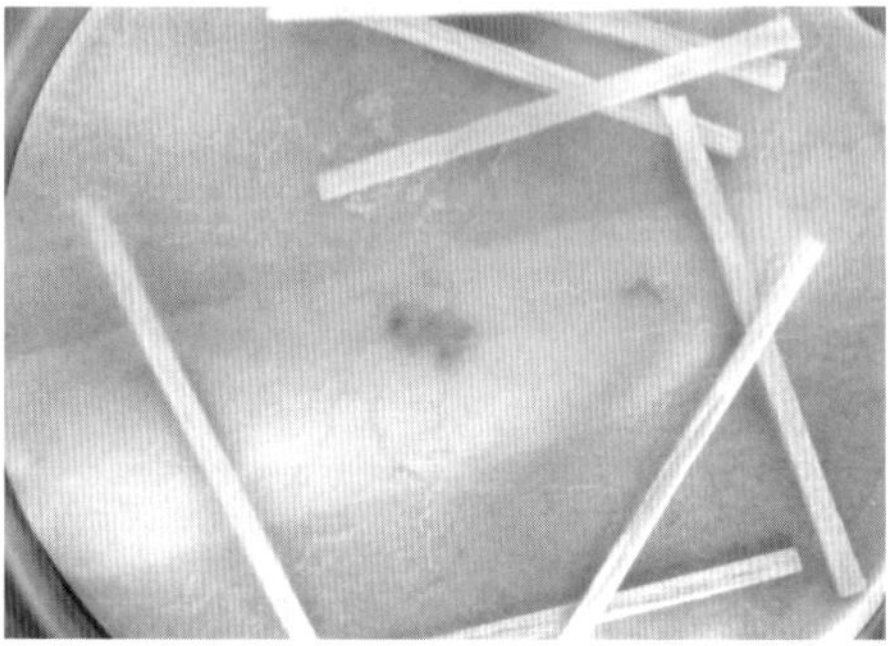

図３　粘菌（種不明　筆者撮影）

学者たちとの関係を構築していく。

熊楠の粘菌研究が大きな転機を迎えたのは一九〇五年のことであった。秋に粘菌標本四七点をマレーに送付したが、彼は既に引退しており、アニー・ローラン・スミス（Annie Lorran Smith）に転送され、この標本群はアーサー・リスター（Arthur Lister）のもとへ届けられた。そしてアーサーの娘グリエルマ・リスター（Gulierma Lister）とともにこれらの標本を鑑定する。[20] 二人はその後も熊楠の送付した日本産変形菌に基づき多数の論文を発表した。熊楠はリスター父娘との交流を機に粘菌研究に邁進する[21]（図２、３）。その成果で最も華々しく伝えられているのは一九二一年熊楠が発見した粘菌が新種として属名が熊楠に献名された *Minakatella longifila* G.Lister であろう。

熊楠は一九〇七年に平瀬作五郎の訪問を受け、それ以来親交を結ぶ。熊楠は平瀬へ淡水藻の標本や生植物体を提供し、平瀬は熊楠の「本邦産粘菌目録」を東京植物学会機関誌の『植物学雑誌』に投稿する仲介をした。

一九〇八年に平瀬の仲介で『植物学雑誌』に掲載された「本邦産粘菌類目録[22]」に対し、東北帝国大学農科大学助手の菌類学者伊藤誠哉《いとうせいや》は熊楠に粘菌標本の交換を申し出て、札幌産の粘菌標本を送付した。熊楠もまた伊藤へ粘菌標本を送付するとともに、一九〇九年に「リスター氏の粘菌一覧表」、『粘菌手引草』を送付している。そして熊楠は一九一三年と一九一五年に「本邦産粘菌目録」に伊藤が札幌で採集した粘菌を追加している[23]。後の一九三二年に伊藤は再び熊楠に書簡を送り、二人の交流は小菌類研究で再開する（後述）。

熊楠は幾人かの粘菌研究者を育てた。小畔四郎、小畔の紹介で熊楠と知り合った新潟県出身の実業家である上《うえ》松《まつ》蓊《しげる》、横浜の平沼大三郎の三人は「粘菌三羽烏」とよばれた。熊楠が平瀬作五郎とマツバランの共同研究を行っていることを知った平沼大三郎は一九二一年に熊楠に一八三六年に刊行された長生舎主人編のマツバランの品種解説書『松葉蘭譜』を贈り、それ以降熊楠と親交し、熊楠の研究を助けるとともに南方家に経済的な援助を行った。六鵜《ろくう》保《たもつ》は熊楠に粘菌標本を送り、一九二二年の日光調査にも参加した[24]。一九二一年にライチョウの研究者である矢沢米三郎は熊楠と交流のあった民俗学者の胡桃沢勘内《くるみざわかんない》の仲介で山梨県内の粘菌を採集し、標本を熊楠に届けている[25]。

微細藻類研究者の渡辺篤[26]は、実験材料として粘菌の変形体を用いる必要が生じ、小畔四郎経由で一九二七年に熊楠に相談した。そして熊楠の「現今本邦に産すと知れた粘菌類の目録[27]」を「植物学雑誌」に掲載することに協力した。台湾総督府中央研究所の菌類・発酵学者の中沢亮治は朝比奈泰彦の奨めで粘菌を研究し、熊楠と交流した[28]。

熊楠は当時の著名な粘菌分類学者で、昭和天皇の御用掛を務めた生物学御研究所の服部広太郎と江本義数とも交流している。

またその一方で地方の粘菌研究者で熊楠と交流のあった人物には宇都宮高等農林学校の菊池理一とその弟子中

表1　南方熊楠邸所蔵の書簡等にみる熊楠と同時代生物学者との交流

番号	生物学の分野	人名	生没年	交流年（書簡等）	書簡	来簡
1	菌類	カルキンス	1842-1914	1889年〜		
2	地衣類	ウィリアム・ニランデル	1822-1899	1889年		
3	菌類	ジョージ・マレー	1858-1911	1899年		
4	軟体動物	W・ウェッブ	1866-1952	1899年		
5	苔類	アントニー・ジェップ	1880-1950	1899年		
6	菌類	ヴァーノン・ブラクマン	1872-1967	1899年		
7	両生類	ジョルジュ・ブーランジェ	1858-1937	1899年		
8	粘菌類等	小畔四郎	1875-1951	1901〜1941	○	○
9	菌類	ジョージ・マッシー	1845-1917	1903年		
10	藻類	G・ウェスト	1876-1919	1900〜1916		
11	粘菌類	リスター父娘	父1830-1908 娘1860-1949	1906〜1926	○	○
12	菌類	アニー・スミス	1854-1937	1906年		
13	植物	平瀬作五郎	1856-1925	1907〜1921	○	○
14	菌類	伊藤誠哉	1883-1962	1908-1910、1932	○	○
15	植物	宇井縫蔵	1878-1946	1910?〜1936	○	○
16	植物	牧野富太郎	1862-1957	1911		○
17	藻類	遠藤吉三郎	1874-1921	1911		
18	藻類	岡村金太郎	1867-1935	1911		○
19	植物	松村任三	1856-1928	1911	○	○
20	菌類・本草	白井光太郎	1863-1932	1911〜1932	○	○
21	植物	三好学	1861-1939	1911（柳田宛）、1935		○
22	キノコ四天王	樫山嘉一	1888-1963	1914〜1941	○	○
23	果樹・泰西本草	田中長三郎	1885-1976	1915〜1932	○	○
24	農業生物	ウォルター・T・スウィングル	1871-1953	1915		
25	粘菌三羽烏	上松蓊	1875-1958	1915〜1941	○	○
26	藻類	東　道太郎	1894-1962	1915		○
27	博物学	田中芳男	1838-1916	1916		○
28	粘菌	六鵜　保	1885-1955	1916〜1931		○
29	動物（雷鳥）	矢沢米三郎	1868-1942	1921		○
30	菌類	原　摂祐	1885-1962	1921〜1941	○	○
31	粘菌三羽烏	平沼大三郎	1900-1942	1921〜1941	○	○
32	魚類	田中茂穂	1878-1974	1922		○
33	植物	纐纈理一郎	1886-1981	1924		○
34	植物	吉永虎馬	1871-1946	1925		○

35	土壌微生物	岡田要之助	1895-1946	1925〜1934	○	○
36	細菌・粘菌	服部広太郎	1875-1965	1926〜1936	○	○
37	粘菌	江本義数	1892-1979	1927〜1928		○
38	藻類・粘菌	渡辺篤	1901-没年不明	1927〜1936		○
39	発酵学、粘菌	中沢亮治	1878-1974	1928〜1941		○
40	粘菌	菊池理一	1899-1971	1929〜1933	○	○
41	藻類・大阪毎日	西村真琴	1883-1956	1929		○
42	植物	松崎直枝	1889-1949	1929〜1930		○
43	菌類	今井三子	1900-1976	1929〜1941	○	○
44	キノコ四天王	平田寿男	1905-1972	1929-1941	○	○
45	キノコ四天王	田上茂八	1903-1968	1929〜1941		
46	地衣類	朝比奈泰彦	1881-1975	1931〜1939		○
47	キノコ四天王	北島脩一郎	1890-1955	1931〜1941	○	
48	林学	伊藤武夫	1887-1968	1932		○
49	博物学、粘菌	佐藤清明	1905-1998	1932〜1936		○
50	粘菌	中川九一	1908-1998	1932〜1934		○
51	海洋生物	大島広	1885-1971	1933〜1934		○
52	菌類	日野巌	1898-1985	1937		○
53	生物学一般	昭和天皇	1901-1989	1929年御進講		
54	蘚苔類	岡村周諦	1877-1947	来簡年未確認		○
55	動物（寄生虫学）	渡瀬庄三郎	1862-1929	来簡年未確認		
56	植物	中井猛之進	1882-1952	来簡年不明		○
※	鉱物	脇水鉄五郎	1867-1942	1935〜1936		○
※	植物	伊藤篤太郎	1866-1941	−		

三好学の来簡年不明の書簡は武内善信先生の鑑定により１９３５年の来簡と判明した。

表２　南方熊楠邸所蔵の書簡・来簡にみる生物学者との交流分野別人数

主な生物学分野	人数
地衣類	2
藻類	7
菌類（キノコ四天王を含む）	14
粘菌（粘菌三羽烏を含む）	10
微生物	1
植物	9
果樹学	1
蘚苔類	1
魚類	1
動物	5
その他	6

川九一がいる。

一九一六年に熊楠は田中芳男より棕櫚《シュロ》に関する問い合わせの書簡を受けるも、反応を示さず、交際の開始には至らなかった。[29]

藻類研究

熊楠が行った生物研究の中に藻類研究がある。彼は英国の藻類学者G・ウェスト（George Stephen West）に藻類標本を送付し、共同研究を行った。[30]熊楠は藻類標本を『東洋学芸雑誌』へ送付し岡村金太郎にその鑑定を求めたが、この質問に応えたのは北海道帝国大学の遠藤吉三郎であった。その後一九一一年に帝国大学の海藻学者岡村金太郎は海岸調査のため田辺を訪れ、その翌日に熊楠と面会をはたしている。熊楠は岡村に所蔵の藻類標本を披露し、淡水藻や海藻についての議論を交わしている。[31]岡村の専攻は海藻であり、岡村は助手で淡水藻が専門の東道太郎を紹介している。後の一九一五年には熊楠は東から書簡を受け取っており、一九二二年の熊楠上京時には熊楠と面会している。[32]

神社合祀反対運動と生物学者たち

熊楠は岡村金太郎に神社合祀反対に関する書簡を三好学、松村任三に送付したい旨を相談する。岡村は二人への仲介を承諾するが、結局熊楠は柳田国男経由で松村の住所を教示されている。熊楠は東京帝国大学植物学教授の松村へ神社合祀に反対する訴えを認めた二通の書簡を送付する。松村任三は『植物名彙』を著した当時の植物分類学の権威であり、[33]熊楠は神社合祀が及ぼす悪影響のひとつとして、紀州独自の植物相が壊滅することを指摘し、その保存の必要性を説き、反対運動への協力を依頼した。柳田は熊楠に松村が植物保存には比較的不熱心であると伝える。そして松村宛書簡二通を松村の許可を得て活字印刷し「南方二書」として識者に配布する。これを受けた生物学者は松村本人、三好学、岡村金太郎、斉田功太郎、白井光太郎、牧野富太郎、本多静六、草野俊助、渡瀬庄三郎である。[34]柳田はさらに神保《じんぼ》小虎《ことら》、松田定久、宮部金吾へも送付する予定であると述べている。[35]本書を受け取った東京帝国大学教授で植物病理学者の白井光太郎は、柳田の慫慂で一九一一年より熊楠と書簡の往復をはじめ、この交流は白井没年の一九三二年まで続く。[36]当時の白井は内務省の史蹟名勝天然紀念物調査員を拝命しており、熊楠の神社合祀反対運動に積極的に協力した。白井は植物病理学・菌類学を専攻し、本邦産菌類の和名と学名を網羅する目的で『日本菌類目録』を編纂した。[37]また過去に記録された植物の怪異現象を科学的に検討し、それらは植物の変異や微生物の寄生によるものであることを解明し、『植物妖異考』を著した。[38]白井は植物病理学研究の傍ら本草学書を蒐集し、本邦本草学史の研究に傾倒し、『日本博物学年表』を編纂しその後も順次改訂を行い、本邦博物学史研究の濫觴となった。[39]熊楠もまた白井とともに江戸期の本草家たちの事蹟を研究した。

一九一五年に米国の農業生物学者であるウォルター・T・スウィングル（Walter Tennyson Swingle）が来日し、熊楠に面会を求めたとき、白井は学術会議に出張のため、代理で弟子の果樹学を専攻した田中長三郎を随行させた。スウィングルは熊楠に渡米を要請し、このことは熊楠の存在を一気に本邦に知らしめた。熊楠と田中はこれを契機に交流が始まり、田中は南方植物研究所の設立に尽力した。しかし、ペンツィッヒ文庫の購入に際して二人は齟齬をきたし、交流は途絶した。[40]田中は熊楠が購入を希望し、後にそれを断ったペンツィッヒ文庫を購入し、欧州の植物学を泰西本草学として本邦に紹介した。[41]台北帝国大学で研究を行っていた田中は戦後大阪府立大学教

図4・5　和歌山県下神社合祀の例
伊太祁曽神社（筆者撮影）

授となり、果樹学の傍ら出島三偉人であるツュンベリーなどの事績を紹介し、日本におけるツュンベリー研究の第一人者となった。

熊楠の神社合祀反対運動は当時最新の概念であったエコロジーに立脚したもので、熊楠はエコロジーの先駆者として評価されている[42]。そして神社合祀は地域社会に大きな傷跡を残し、終息した（図4、5）。熊楠はその後「十二支考」の執筆に精力を費やすことになる[43]。

菌類研究

熊楠が青年期より晩年に至るまで精力的に研究を行った生物学分野に菌類学（キノコ）研究があるが、熊楠は生前菌類図譜を出版することはなかった[44]。彼の没後に当時国立科学博物館の萩原博光先生らによって翻刻出版された[45]。熊楠が神社合祀反対運動に力を注いでいた当時、在野の研究者である樫山嘉一との交流が始まる。樫山は後に熊楠と交流のあった地元の平田寿男、田上茂八、北島脩一郎とともに田辺で熊楠の菌類研究を助けた人物であり、彼ら四人は「熊楠キノコ四天王」とよばれる。熊楠が彼らに宛てたかなりの数の書簡が翻刻出版されている[46]。また熊楠はイタリアの菌類学者ブレサドラの菌類図譜の記念出版に協力している

図6　冬虫夏草（筆者撮影）

一九二一年に菌類学者原摂祐《はらかねすけ》は熊楠に初めて書簡を送る。原は白井光太郎の助手を務めていたことがあり、白井の『日本菌類目録』の編纂の継続を行った[47]。原は田中長三郎に熊楠への紹介を依頼したが、田中が出張中だったので直接書簡を送付したという。熊楠は原の子嚢菌《しのうきん》類研究、特に冬虫夏草類（図6）の研究を高く評価し、原への研究上の援助惜しまず、『日本粘菌類目録』などへの出版協力を行った[48]。そして原の出版した雑誌『菌類』への経済的援助を行い、二人の交流は熊楠の没年まで続いた[49]。

図7　大型子嚢菌（アミガサタケ）（筆者撮影）

北海道帝国大学農学部助手の今井三子《いまいさんし》は一九二九年に熊楠に初めて書簡を送付する。当時今井は比較的大型のキノコを形成する子嚢菌類（図7）であるヅキンタケやアミガサタケを研究中で、原摂祐編纂の『訂正増補日本菌類目録』に登載の *Lubrica chronocephala* Schw. が、本州紀州産として引用文献の表記なしで登載されているのをみて、これを熊楠の採集記録によるものと判断し書簡で問い合わせた。これを契機に熊楠と今井は子嚢菌類であるテングノメシガイ属、ヅキンタケ属の分類についての共同研究を開始する。この共同研究は熊楠没年まで続き、今井と熊楠は二種の新種

と二種の新品種を正式記載している。(50)

前述のとおり一九三二年に熊楠は前述の菌類学者の北海道帝国大学教授の伊藤誠哉から書簡を受け取る。無沙汰を詫びるとともに弟子の今井三子が熊楠との子嚢菌類共同研究で世話になっていることへの礼状であった。そこで熊楠は伊藤が微小菌類、特に植物寄生菌類の研究者であることを見込んで、熊楠採集の微小菌類腊葉標本を送付した。熊楠が採集し、熊楠自身そして伊藤誠哉が種名まで同定した微小菌類は裸名種を含め、一九分類群であった。(51)

植物研究

前述の平瀬作五郎と熊楠はシダ植物であるマツバラン（図8）の発生過程について共同研究を行う。(52) この研究には熊楠が幼少期から親しんだ江戸古典園芸の手法が随所にみられる。二人の研究はオーストラリアのローソン（A. A. Lawson）とダーネル・スミス（Darnel Smith）の一九一七年の論文に先を越され、それを知った平瀬は一九二一年にその研究を断念した。(53)

図8　マツバラン（筆者栽培）

一九一一年には熊楠と対比されることのある植物学者牧野富太郎との交流が確認できる。二人は多少の交渉があったが、熊楠は牧野の言動を警戒しているし、牧野は熊楠の博識宏覧な著述を評価しつつも「同君は大なる文学者でこそあったが、決して大なる植物学者ではなかった」と表現している。熊楠は交流のあった田辺高等女学校等で教鞭を執った在野の生物学者宇井縫蔵経由で植物の鑑定を牧野に依頼している。宇井の代表著作に『紀州植物誌』、『紀州魚譜』があり、宇井自身も牧野に標本を送付して鑑定を仰いでいる[54]。

牧野富太郎は明治以降の本邦を代表する植物学者であり、植物学上の著作はもとより自叙伝を含む評伝も数多く出版されている。牧野は西洋植物学を学ぶと同時に本草書への造詣も深く、江戸期の本草書に校定を行っている[55]（図９）。その一方で熊楠は牧野の人柄をあまり評価しておらず、牧野は熊楠を生物学者として評価していない[56]。南方熊楠顕彰会学術部長の田村義也は二人の個性のすれ違いについて言及しており興味深い[57]。余談になるが後述の白井光太郎と牧野は親友であり、熊楠と白井は終生良好な関係を保っていたことが知られている。牧野は熊楠をかなり意識していたらしく、牧野蔵書のなかの熊楠著作には多くの書込みがみられるという[58]。そして牧野標本館には熊楠が採集した標本が保管されている[59]。二〇二二年に刊行された朝井まかての小説『ボタニカ』では熊楠と牧野の交流が描かれている。

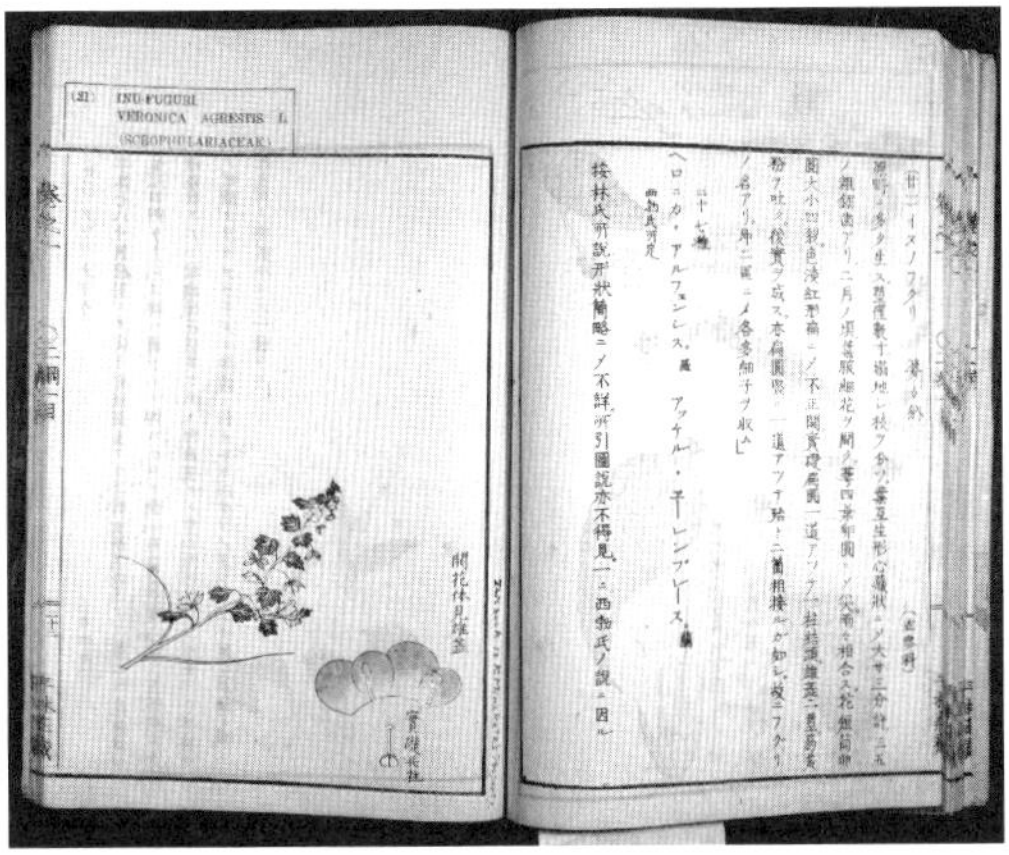

図９　飯沼慾斎・牧野富太郎再訂増補『新訂草木図説』（筆者蔵）

熊楠は数多くの植物を採集して腊葉標本を遺している[60]。

熊楠と交流のあった植物分類学者には中井《なかい》猛《たけ》之進《のしん》がいる。中井は当時を代表する植物分類学者で、本邦に国際的な植物学名の記載方法である植物命名規約を紹介した[61]。壮大な大東亜博物館の建設を計画した人物である。一九三四年に熊楠は中井より書簡を受け取り、中井は「紀州の上等植物は此上あまり斬新なものの出るべき見込なし」としている、その他植物学者では纐纈理一郎《こうけつりいちろう》、伊藤武夫、吉永虎馬《よしながとらま》らとの交流がある。生物学研究とは直接無関係であるが、吉永は高知県佐川村《さかわ》出身で、同郷の牧野富太郎と親しかった。熊楠は高知高等学校の吉永の人柄を高く評価し、令息を同校に進学させようとした。蘚苔類の研究では岡村周諦《おかむらしゅうてい》、地衣類では朝比奈泰彦と交流をもち、熊楠は標本を送付して鑑定を依頼している。

熊楠は園芸植物にも興味を示しており、自宅庭で数々の園芸植物を栽培・観察し、時折その開花時期を日記に記している。(62) また、園芸研究家の松崎直枝との間で渡来植物に関する書簡を往復している。(63)

動物学その他

熊楠の生物学研究の中で動物に関することでは魚類について魚類学者田中茂穂と交流している。また海洋生物については大島広と交流している（後述）。また熊楠は昆虫標本を多数遺しているが、当時の昆虫学者との交流は確認できていない。(64)

その他分野の生物学者では、渡瀬庄三郎、岡田要之助、佐藤清明と交流したことが確認できる。またマリモの研究で知られる藻類学者西村真琴と書簡を往復させている。

南方熊楠の生物研究で最も華々しい出来事は一九二二年の昭和天皇神島御幸に際しての御進講であろう。昭和天皇は生物学にご興味があり、みずから生物を観察、御研究なさっておられるから、生物学者としてもよいのではないだろうか。

本草学史研究

本草学史研究は生物学ではないが、熊楠が斯学に大きく貢献していたことを物語る事例を紹介する。その一例として熊楠と白井光太郎の紀州本草家である畔田翠山の顕彰活動が挙げられる。畔田翠山もまた小野蘭山の学統に連なる人物であり、江戸時代掉尾の本草家とされる。大著『古名録』は明治時代になって田中芳男の手によって翻刻出版され、熊楠は著述活動で本書を大いに活用している。白井光太郎は一九二八年二月より雑誌『皇漢医界』に「本草学講義」を連載し、本邦の本草家を続々と紹介する中で、畔田翠山と畔田の師である小原良貴（桃洞）については詳細を知らず、本連載では小原については「生没年詳ならず」としている。そうした中で、一九二八年に翠山は贈位の栄に浴し、記念碑を建碑する運びとなった（図10）。熊楠は茶道家で蔵書家の和中金助（一八九九－一九七七）宅で郷土史家山口藤次郎（華城　生没年未詳）と面会し、山口より畔田翠山の小伝を出版する相談を受け、それに協力した。そして白井光太郎へ本書の草稿を送付し、寄稿すべき歌を求めている。本書の巻頭

図10　畔田翠山の顕彰碑と墓碑（筆者撮影）

図11　山口華城『贈従五位畔田翠山翁伝』（筆者蔵）

には漢学者の多紀仁の序文、伊藤篤太郎の題言、熊楠の俳句、白井の詠歌が飾られた豪華なものになっている[65]（図11）。白井は本書の草稿を踏まえ、畔田翠山の伝記を白井最後の著書となった『支那及日本本草学の沿革及本草家の伝記』[66]で紹介している。しかし白井は一九三二年五月に急逝しているので、完成した山口の翠山の伝記を目にすることはなかった[67]。

晩年の白井光太郎は本草学史研究に邁進し、本草研究の月刊雑誌『本草』を企画した。この雑誌は白井の逝去直後に創刊された。生前の白井は熊楠にも寄稿を依頼しており、熊楠は本誌創刊号から寄稿者として紹介されている。熊楠は幾度か同誌に寄稿している。熊楠は一九三三年発行の同誌第一七号で中国に産する「桃花魚」について古典籍の調査を行い、淡水産のクラゲであることをつきとめ、「桃花魚」の学名と学術上の記載についで問いかける[68]。この問いに対して九州帝国大学教授である前述の大島広は同誌第一九号に「桃花魚」を淡水産クラゲと推測した熊楠の慧眼に敬服した上で、その問いに応えてその学名と文献名を記述している[69]。大島の専門は海洋動物学であり、熊楠が昭和天皇に献上したウミグモの研究で知られる人物である。

図12　神島全景（筆者撮影）

東京帝国大学農科大学教授で地質学者の脇水鉄五郎は生物学者ではないが、熊楠の生物学研究に大きく貢献しているのでここに二人の交流を記す。紀州湾の神島（図12）は一九一一年に保安林の指定を受けたもの

図13　橋杭岩（筆者撮影）

図14　ばくちの木（筆者撮影、静岡県熱海市）

の、それを不十分と考えた熊楠の申請により一九三〇年に和歌山県の史蹟名勝天然記念物の指定を受ける。熊楠は更に渡島者に制限を加えようとして神島の国による天然記念物指定を希望し、一九三四年に全島の悉皆調査を行っていた[70]。史蹟名勝天然記念物調査委員の脇水は一九三五年五月に神島の地質調査を行うために和歌山県を訪問しており紀州独自の奇岩の数々を撮影した（図13）。熊楠は脇水と面会し、神島の天然記念物指定に協力を依頼した[71]。熊楠は脇水の地質学調査に協力し、数々の岩石標本を調整し、脇水に送付している。そして同年七月に神島の調査に訪れた三好学を歓待し、神島に生息する珍奇植物を例示しつつ神島を案内した（図14）。三好学は植物学者で東京帝国大学理科大学教授である。彼はドイツ留学時に「植物生態学」の訳語を創出した[72]。一九〇六年頃より天然記念物保存の必要性を説き、一九一九年に史蹟名勝天然記念物保存法が交布されると、その調査委員を拝命した人物である。神島は一九三五年一二月付で国の天然記念物に指定されている。さらに熊楠と脇水が調査した新庄村鳥巣海岸の泥岩岩脈が一九三六年に、栗栖川亀甲石包含層が一九三七年に国の天然記念物に指定されるに至っている[73]。

南方熊楠と生前最後に交流した生物学者は一九三七年の日野巌と考えられる。白井の弟子である植物病理学者日野巌は熊楠の生物学研究を高く評価した人物であり、一九二六年の著書『趣味研究　動物妖怪譚』は伝説の動物の由来を科学的に明らかにした大著である。本書には熊楠の「十二支考」の一篇「猴に関する民俗と伝説」が引用されている。また一九三一年の著書『聖上陛下の生物学御研究』では本邦における粘菌の研究者として草野俊助、江本義数と並べて熊楠と小畔四郎を挙げて熊楠の粘菌研究を高く評価している。また同書で一九二九年の熊楠の昭和天皇への御進講についても記している。熊楠は以前より「山婆の髪の毛」に関心を示し、この怪異現象の原因のひとつがマラスミウス属の帽菌（担子菌類）の根様体（リゾモルフ）であることをつきとめた。同時期に白井、

図15　山婆の髪の毛の写真
日野巌来簡（南方熊楠顕彰館所蔵　来簡3509）に同封されていたもの

原も本菌を調査したが種の同定には至らなかった。一九三七年に日野は『郷土研究』と『続南方随筆』掲載の熊楠の論考「山婆の髪の毛」を読み、日野が当時研究していた山婆の髪の毛伝説がマラスミウス属によるものとしてこれに関する問い合わせを行っている[74]（図15）。そして一九四三年に山婆の髪の毛が複数のマラスミウス属菌によるものとしてその種を特定している[75]。このことを含めて、日野は一九七八年の著書『植物怪異伝説新考』で熊楠の生物学的論考を四編引用し、熊楠の学識を賞賛している。

おわりに

以上のように南方熊楠と同時代の生物学者との交流を調査すると、彼らの邂逅には四つのパターンに分類される。

⑴熊楠著述に対して生物学者が問い合わせて始まる交流。伊藤誠哉、今井三子、日野巌らとの邂逅がこれである。これは研究者同士の交流のはじまりとしては一般的なものである。⑵熊楠が他の生物学者の著述に直接あるいは誌面で質問・反応して始まる交流。これは熊楠が在英時代より親しんだ『ノーツ・アンド・クエリーズ』のような交流である。これはある意味では現在のシチズン・サイエンスのひとつの類型かもしれない。そして特徴的なのは⑶熊楠が神社合祀反対運動・自然保護・御進講・神島の天然記念物指定に際して始まった生物学者との交流である。⑷その他である。

さて、南方熊楠研究者の橋爪博幸氏は、熊楠は自身であるいは門人たちが収集した標本を自ら同定し、それを発表しなかったことを熊楠生物学の謎であると指摘している。これは正鵠を射るものであり、牧野富太郎による生物学者としての熊楠否定に通じた考えである。そして熊楠が集めた膨大な標本群は熊楠生前から現在に至るまで、生物学各分野の研究者たちが検討を行っている。それによって現在の南方熊楠の生物学研究についての認識は変化しつつある。熊楠の生物学者としての評価は、熊楠邸に遺されていた書簡資料などの調査結果による研究で発展している。彼の遺した生物研究資料は国立科学博物館、南方熊楠記念館、南方熊楠顕彰館等で調査が進められ、これらの成果は南方熊楠顕彰会発行の『熊楠 works』や南方熊楠研究会（南方熊楠資料研究会）発行の『熊楠研究』等で続々と報告されている。その一例として南方熊楠顕彰館学術部の土永知子が「「熊楠」生物覚書」の連載で、熊楠にゆかりのある生物を紹介されていることがあげられる。[76] そして最近上梓されているいくつかの熊楠の評伝では過去の熊楠伝説はさまざまな角度から再検討され、最新の研究成果が反映されている。

本稿を草するにあたり南方熊楠の生涯については以下の文献を参照した。
・南方熊楠『南方熊楠全集』全十二巻、平凡社、一九七一－一九七五年。
・南方熊楠『南方熊楠日記』全四巻、八坂書房、一九九一年。
・松居竜五・田村義也編『南方熊楠大事典』勉誠出版、二〇一二年。
本邦博物学の歴史については以下の書籍を参照した。
・磯野直秀『日本博物誌総合年表』平凡社、二〇一二年、七五〇頁。
南方熊楠と交流のあった生物学者の事蹟については主に以下の書籍を参照した。
・篠遠喜人・向坂道治編著『大生物学者と生物学』興学館出版部、一九三〇年。
・木原均・篠遠喜人・磯野直秀監修『近代日本生物学者小伝』平河出版会、一九八八年。

また、最近の熊楠の生物学に関する論考は南方熊楠顕彰会発行の『熊楠 works』（二〇二三年一〇月現在で第六二号）、南方熊楠資料研究会、南方熊楠研究会編の『熊楠研究』（二〇二三年現在で第十七号）を参照した。

〔引用文献〕

（1）平野威馬雄「博物学者　南方熊楠の生涯」牧書房、一九四〇年、五二二頁。・同『大博物学者　南方熊楠の生涯』リブロポート、一九八二年、四二三頁。
（2）木村陽二郎「昭和期の植物誌」木原均・篠遠喜人・磯野直秀監修『近代日本生物学者小伝』平河出版会、一九八八年、二四－三五頁。
（3）宇田川俊一編著者代表.「南方熊楠」「日本菌学史」日本菌学会、二〇〇六年、一九－二〇頁。
（4）松居竜五「南方熊楠－複眼の学問構想」慶應義塾大学出版会、二〇一六年、五三九頁。
（5）小野蘭山没後二百年記念誌編集委員会編「小野蘭山」八坂書房、二〇一〇年、五七八頁。
（6）杉本勲.「人物叢書伊藤圭介」吉川弘文館、一九六〇年、三六一頁。
（7）飯沼慾斎生誕二百年記念誌編集委員会編「飯沼慾斎」飯沼慾斎生誕二百年記念事業会、一九八一年、五一三頁。
（8）みやじましげる「田中芳男伝　なんじゃあもんじゃあ」田中芳男・義廉顕彰会、一九八三年、四三八頁。
（9）郷間秀夫「南方熊楠蔵書『三花類葉集』と著者伊藤伊兵衛について」『熊楠 works』第四三号、南方熊楠顕彰会、二〇一四年、三二－三三頁。
（10）郷間秀夫「自筆資料にみる南方熊楠.「本草綱目抜記」（自筆022）と「十二支考　兎に関する民俗と伝説」」『熊楠 works』第六一号、南方熊楠顕彰会、二〇二三年、一頁。
（11）郷間秀夫「紀州本草学者と南方熊楠　南方熊楠　本草学史上の学統」『熊楠研究』第十二号、南方熊楠研究会、二〇一八年、一六〇－一七七頁。

(12) 原田健一編「明治十九年東京南方熊楠蔵書目録」『熊楠研究』第三号、南方熊楠資料研究会、二〇〇一年、(十六)二九七―(三〇)二八三頁。
(13) 郷間秀夫「江戸博物学との対話――熊楠手沢本の書入れから」『書物学』第一〇巻、二〇一七年、勉誠出版、八―一四頁。
(14) 郷間秀夫「南方熊楠「日光山記行」を歩く(一) 東京から日光到着まで」『熊楠 works』第三六号、南方熊楠顕彰会、二〇一〇年、五六―五七頁。
・同「南方熊楠「日光山記行」を歩く(二) 日光山内到着から奥日光、日光下山まで」『熊楠 works』第三七号、南方熊楠顕彰会、二〇一一年、二四―二五頁。
・同「南方熊楠「日光山記行」を歩く(三) 日光下山から帰京、そして大正十一年二度目の来晃」『熊楠 works』第三八号、南方熊楠顕彰会、二〇一一年、四三―四四頁。
(15) 吉川壽洋・武内善信「資料紹介 南方熊楠筆「日高・鉛山記行」」『熊楠研究』第十五号、南方熊楠研究会、二〇二二年、一九八―二一四頁。
(16) 土永知子「資料紹介 南方熊楠標本資料 南方熊楠の日光採集標本関連資料」『熊楠研究』第十七号、南方熊楠研究会、二〇二三年、(一二)二六九―(三二)二四九頁。
(17) 橋爪博幸「標本鑑定にみる熊楠の交流関係」『Biocity』第七〇号、ブックエンド、二〇一七年、五二―五九頁。
(18) 郷間秀夫「南方熊楠蔵書『金魚養玩草』と植物学者伊藤篤太郎」『熊楠 works』第四五号、南方熊楠顕彰会、二〇一五年、三六―三七頁。
・岩津都希雄「改訂増補版 伊藤篤太郎 初めて植物に学名を与えた日本人」八坂書房、二〇一六年、三四八頁。
・郷間秀夫「南方熊楠と同級生たち 南方熊楠と同時代人 伊藤篤太郎について」『熊楠 works』第四九号、南方熊楠顕彰会、二〇一七年、二四―二六頁。
(19) 南方熊楠資料研究会編「南方熊楠・小畔四郎往復書簡(一) 明治三十五年~大正五年」南方熊楠顕彰館、二〇〇八年、九二頁。

・同「南方熊楠・小畔四郎往復書簡（二）大正七年～大正十年」南方熊楠顕彰館、二〇〇九年、一一六頁。
・同「南方熊楠・小畔四郎往復書簡（三）大正十一年～大正十二年」南方熊楠顕彰館、二〇一〇年、一八二頁。
・同「南方熊楠・小畔四郎往復書簡（四）大正十三年」南方熊楠顕彰館、二〇一一年、一九六頁。
・原田健一編「資料紹介　粘菌の分類をめぐる南方熊楠書簡―小畔四郎宛書簡を中心に―」『熊楠研究』第二号、南方熊楠資料研究会、二〇〇〇年、二四七―二七八頁。
・矢野倫子「日本産ニュートンモジホコリをめぐる南方熊楠と小畔四郎の往復書簡―なぜ、南方は新種と考えなかったのか」『熊楠研究』第十一号、南方熊楠研究会、二〇一七年、（四三）二五四―（六三）二三四頁。
(20) 山本幸憲「南方熊楠の粘菌研究」『田辺文化財』第二三巻、田辺文化財研究会、一九八〇年、二〇―二八頁。
・同「南方熊楠の粘菌研究（二）」『田辺文化財』第二五号、田辺文化財研究会、一九八二年、一―一二頁。
・同「南方熊楠の粘菌研究（三）」『田辺文化財』第三一号、田辺文化財研究会、七―一〇頁。
(21) 山本幸憲「南方熊楠・リスター往復書簡」南方熊楠邸保存顕彰会、一九九四年、一二三頁。
・萩原博光「変形菌類（粘菌類）」小林義雄編『南方熊楠菌誌』第一巻、南方文枝　自費出版、一九八七年、一一九―一一七七頁。
・同「植物学者南方熊楠」荒俣宏・環栄賢編『南方熊楠の図譜』青弓社、一九九一年、四六―六六頁。
・郷間秀夫「幻の熊楠粘菌学」『現代思想』第二〇巻七号、青土社、一九九二年、八八―一〇二頁。
・田村義也「研究ノート　熊楠と粘菌」『熊楠研究』第四号、南方熊楠資料研究会、二〇〇二年、二五八頁。
(22) 南方熊楠「本邦産粘菌類目録」『植物学雑誌』第二二巻、東京植物学会、一九〇八年、三一七―三二三頁。
(23) 南方熊楠「訂正本邦産粘菌類目録」『植物学雑誌』第二七巻、東京植物学会、一九一三年、四〇七―四一七頁。
・同「本邦産粘菌類目録訂正及追加」『植物学雑誌』第二九巻、東京植物学会、一九一五年、三〇〇―三〇一頁。
(24) 笠井清「南方熊楠―親しき人々―」吉川弘文館、一九八一年、二二四―二八二頁。
(25) 一條宣好「南方熊楠と山梨の関わり―出版および菌類研究をめぐって―」『熊楠研究』第十三号、南方熊楠研究会、二〇一九年、二九－三〇頁。

・同「南方熊楠と長野県内の研究者たちの交流について―胡桃沢勘内、矢沢米三郎との関わりを中心に―」『熊楠研究』第十四号、南方熊楠研究会、二〇二〇年、一二二－一二三頁。

(26) 渡辺篤「南方熊楠翁を偲びて」『科学思潮』二月号、一九四二年、二九－三〇頁。

・岸本昌也「書簡の杜―南方熊楠を巡る人脈―（三）渡辺篤」『熊楠 works』第三六号、南方熊楠顕彰会、二〇一〇年、六四－六五頁。

(27) 南方熊楠「現今本邦に産すと知れた粘菌類の目録」『植物学雑誌』第四一巻、東京植物学会、四一－四七頁。

(28) 岸本昌也「書簡の杜―南方熊楠を巡る人脈―（二十五）中沢亮治」『熊楠 works』第五八号、南方熊楠顕彰会、二〇二一年、三八－三九頁。

・同「書簡の杜―南方熊楠を巡る人脈―（二十六）中沢亮治」『熊楠 works』第五九号、南方熊楠顕彰会、二〇二二年、六四－六五頁。

(29) 岸本昌也「書簡の杜―南方熊楠を巡る人脈―（二十八）上山英一郎」『熊楠 works』第六一号、南方熊楠顕彰会、二〇二三年、五〇－五一頁。

(30) 松居竜五「藻類調査の光と影」松居竜五・岩崎仁編『南方熊楠の森』方丈堂出版、二〇〇五年、九六－一〇二頁。

(31) 郷間秀夫「南方熊楠と同級生たち　岡村金太郎」『熊楠 works』第五一号、南方熊楠顕彰会、二〇一八年、三〇－三一頁。

・同・岸本昌也編「南方熊楠書簡資料　岡村金太郎来簡（一九一一（明治四十四年）」『熊楠研究』第十五号、南方熊楠研究会、二〇二一年、二一五－二二五頁。

(32) 北山大樹「海藻標本採集者列伝42東道太郎」『海洋と生物』第二四七号、二〇二〇年、七二－七三頁。

・東道太郎「原色日本海藻図譜」誠文堂、一九三四年、八九頁。

(33) 松村任三編集「改正増補植物名彙」丸善株式会社、一八九五年。

(34) 飯倉照平「資料紹介『南方二書』関係書簡」『熊楠研究』第一号、南方熊楠資料研究会、一九九九年、八〇－八二頁。

(35)　芳賀直哉「『南方二書』と熊楠」『熊楠研究』第四号、南方熊楠資料研究会、二〇〇二年、一四四―一五四頁。
(36)　郷間秀夫「南方熊楠と博物学者白井光太郎」『熊楠研究』第七号、南方熊楠資料研究会、二〇〇五年、（一）三二八―（二三）三〇六頁。
・同「南方熊楠と博物学者白井光太郎（承前）」『熊楠研究』第八号、『熊楠研究』編集委員会編、二〇〇六年（一）三八六―（二三）三六四頁。
・同「白井光太郎日記に記された南方熊楠関係抜書」『熊楠 works』第三九号、南方熊楠顕彰会、二〇一二年、五〇―五五頁。
(37)　白井光太郎『日本菌類目録』日本園芸研究会、一九〇九年、一五三頁。
・同・三宅市郎補校『訂正増補日本菌類目録』（第二版）、東京出版社、一九一七年、八〇一頁。
(38)　白井光太郎『植物妖異考（上下巻）』甲寅叢書第二、第五編、甲寅叢書刊行所、一九一四年、一七六頁、一六八頁。
(39)　白井光太郎『日本博物学年表』私家版、一八九一年。
・同『増訂日本博物学年表』丸善書店、一九〇八年。
(40)　川島昭夫「田中長三郎書簡と「南方植物研究所」」『熊楠研究』第二号、南方熊楠資料研究会、二〇〇〇年、一八一―二〇五頁。
・同「田中長三郎書簡と「南方植物研究所」（承前）」『熊楠研究』第四号、南方熊楠資料研究会、二〇〇二年、一七四―二二二頁。
・同「田中長三郎書簡と「南方植物研究所」（補遺）」『熊楠研究』第十一号、南方熊楠研究会、二〇一七年、一〇〇―一三八頁。
・川島昭夫「コレクションの帰趨―オットー・ペンツィッヒ、田中長三郎、南方熊楠」『書物学』第一〇巻、二〇一七年、勉誠出版、二四―三一頁。
(41)　田中長三郎「泰西本草及び本草家」岩波講座生物学（特殊問題）、一九三一年、四九頁。
・同「泰西諸国の本草を論ず」『本草』第二号、春陽堂、一九三二年、十四―二七頁。

(42) 田村義也「南方熊楠の「エコロジー」」『熊楠研究』第五号、南方熊楠資料研究会、二〇〇一年、六―二九頁。
・武内善信「闘う南方熊楠　「エコロジー」の先駆者」勉誠出版、二〇一二年、三九四頁。
(43) 武内善信「南方熊楠における神社合祀反対運動の終りと「十二支考」の始まり」『熊楠研究』第十六号、南方熊楠研究会、二〇二二年、六―三一頁。
(44) 郷間秀夫「南方熊楠の菌類図譜出版計画とその背景」『熊楠研究』第十三号、南方熊楠研究会、二〇一九年、一〇三―一一八頁。
(45) 南方文枝「南方熊楠菌誌」第一巻・第二巻、自費出版、一九八七年・一九八九年、一七七頁、三八一頁。
・小林義雄監修「南方熊楠　菌類彩色図譜百選」エンタープライズ、一九八九年、一〇〇葉。
・萩原博光編「南方熊楠菌誌　第三巻・第四巻・第五巻」自費出版、一九九六年、一八七頁、一九〇頁、二九四頁。
・萩原博光解説「南方熊楠菌類図譜」新潮社、二〇〇七年、一三五頁。
・南方熊楠「南方熊楠菌類図譜」南方熊楠記念館、出版年不明、八葉。
(46) 大田耕次郎「南方熊楠と四天王」『くちくまの』第五〇号、紀南文化財研究会、一九八一年、四三―五一頁。
・紀南文化財研究会編「増補南方熊楠書簡集」紀州南文化財研究会、一九八八年、二〇二頁。
・濱岸宏一「寄贈された平田寿男宛書簡について」『熊楠 works』第三六号、南方熊楠顕彰会、二〇一〇年、六六頁。
・吉川壽洋翻刻・編集「キノコ四天王　樫山嘉一宛　南方熊楠書簡」南方熊楠記念館、二〇一一年、一五七頁。
(47) 白井光太郎・三宅市郎　原摂祐補校「訂正増補日本菌類目録」(第三版)、養賢堂、一九二七年、五〇八頁。
(48) 原摂祐「日本粘菌類目録」日本菌類学会、一九四一年、九七頁。
(49) 郷間秀夫「南方熊楠と菌類学者原摂祐」『熊楠研究』第六号、南方熊楠資料研究会、二〇〇四年、(四一)三五二―(六三)三三〇頁。
(50) 郷間秀夫「南方熊楠が正式記載した子嚢菌類キノコ―南方熊楠と菌類学者今井三子」『熊楠研究』第十一号、南方熊楠研究会、二〇一七年、(二三)二七四―(四二)二五五頁。

(51) 郷間秀夫「南方熊楠と植物病理学者伊藤誠哉の微小菌類研究」『熊楠研究』第十六号、南方熊楠研究会、二〇二二年、(三) 二五六－(一九) 二四〇頁。
(52) 中瀬喜陽「南方熊楠・平瀬作五郎の松葉蘭の共同研究」『熊楠研究』第一号、南方熊楠資料研究会、一九九九年、六三－七九頁。
(53) 本間健彦「「イチョウ精子発見」の検証　平瀬作五郎の生涯」新泉社、二〇〇四年、二九二頁。
(54) 宇井縫蔵「紀州植物誌」近代文芸社、一九二九年。
・同「紀州魚譜」紀州南益社。一九二九年。
・田村義也「宇井縫蔵受信書簡二点」『熊楠 works』第五三号、南方熊楠顕彰会、二〇一九年、四四－四七頁。
(55) 牧野富太郎再訂増補「増訂草木図説草部第一輯～第四輯」三浦源助、一九〇八年－一九一三年。
(56) 牧野富太郎「南方熊楠翁の事ども」『文藝春秋』一九四二年二月号、文藝春秋社、七四－七七頁。
・土永浩史「自筆資料に見る南方熊楠　神島産「キノクニスゲ」という名称」『熊楠 works』第三七号、南方熊楠顕彰会、二〇一一年、明治四四年牧野書簡、一頁。
(57) 田村義也「南方熊楠と牧野富太郎…すれちがう個性（後篇）」『熊楠 works』第三六号、南方熊楠顕彰会、二〇一〇年、五二－五三頁。
・同「南方熊楠と牧野富太郎…すれちがう個性（番外編）」『熊楠 works』第三七号．南方熊楠顕彰会、二〇一一年、三八頁。
(58) 山本幸憲「牧野博士の南方翁関係書込み」『田辺文化財』第二九号、田辺文化財研究会、一九八六年、一二－一三頁。
(59) 土永知子「牧野標本館に収蔵されている南方熊楠の腊葉標本」『熊楠研究』第三巻、南方熊楠資料研究会、二〇〇一年、(一) 三一二－(一五) 二九八頁。
・同「南方熊楠・牧野富太郎往復書簡にみる植物」『熊楠研究』第六号、南方熊楠資料研究会、二〇〇四年（一四）三七九－(四〇) 三五三頁。
(60) 土永知子「熊楠の高等植物の標本（中間報告）」『熊楠研究』第一号、南方熊楠資料研究会、一九九九年、(九八) 二一二三

－(一〇九) 二一二頁。
(61) 中井猛之進「植物命名規約に就いて」岩波講座生物学（特殊問題）、岩波書店、一九三〇年、五五頁。
(62) 大内規行「日記と書簡にみる熊楠と庭の植物との関わり―「ゴジカ（午時花）」の事例を通じて」『熊楠研究』第十四号、南方熊楠研究会、二〇二〇年、一二四―一四二頁。
(63) 岸本昌也「書簡の杜―南方熊楠を巡る人脈―（四）松崎直枝」『熊楠 works』第三七号、南方熊楠顕彰会、二〇一一年、四〇―四一頁。
・同「書簡の杜―南方熊楠を巡る人脈―（五）松崎直枝」『熊楠 works』第三八号、南方熊楠顕彰会、二〇一一年、四四―四五頁。
・同「書簡の杜―南方熊楠を巡る人脈―（六）松崎直枝」『熊楠 works』第三九号、南方熊楠顕彰会、二〇一二年、五六―五七頁。
(64) 後藤伸「南方熊楠の昆虫記」『熊楠研究』第一号、南方熊楠資料研究会、一九九九年、（八七）二三四―（九六）二二四頁。
・同「熊楠標本からみた紀州熊野の森―採集品（植物・昆虫）から二十世紀初頭の自然を考える―」『熊楠研究』第二号、南方熊楠資料研究会、二〇〇〇年、（一三）二九三―（二六）二八〇頁。
(65) 山口華城「贈従五位畔田翠山翁伝」私家版、一九三一年、五七丁。
(66) 白井光太郎「支那（中国）及日本本草学の沿革及本草家の伝記」岩波講座生物学（特殊問題）、岩波書店、一九三〇年、五七頁。
(67) 郷間秀夫・岸本昌也編「南方熊楠書簡資料　熊楠蔵書『贈従五位畔田翠山翁伝』の著者山口藤次郎来簡」『熊楠研究』第十六号、南方熊楠研究会、八八―九九頁。
(68) 南方熊楠「桃花魚」『本草』第十七号、春陽堂、一九三三年、七五頁。
(69) 大島広「淡水水母「桃花魚」とその動物学上の文献」『本草』第十九号、春陽堂、一九三四年、七―一〇頁。
(70) 玉井済夫「「熊楠をもっと知ろう‼シリーズ」神島の森～変遷と現状～」『熊楠 works』第三八号、南方熊楠顕彰会、二〇一一年、三五―四〇頁。

(71) 郷間秀夫・岸本昌也編「資料紹介　南方熊楠書簡資料　脇水鉄五郎（一九三五年～一九三六年）」『熊楠研究』第十七号、南方熊楠研究会、二〇二三年、一五八―一八〇頁。

(72) 酒井俊雄「評伝三好學　日本近代植物学の開拓者」八坂書房、一九九八年、七三三頁。・三好学「天然紀念物解説」冨山房、一九二六年、五〇二頁。

(73) 郷間秀夫「南方熊楠と同級生たち．地質学者脇水鉄五郎」『熊楠 works』第五七号、南方熊楠顕彰会、二〇二一年、三六―三七頁。

(74) 郷間秀夫「南方熊楠の論考「山婆の髪の毛」について―植物病理学者日野巌との交流―」『熊楠研究』第十五号、南方熊楠研究会、二〇二一年、四二―五八頁。

(75) 日野巌「ヤマウバノカミノケに就いて」『宮崎高等農林学術報告』第十三号、宮崎高等農林学校、一九四三年、五三―六二頁。

(76) 土永知子「「熊楠」生物覚え書き」『熊楠 works』南方熊楠顕彰会、二〇二三年現在、同誌第六一号で連載第三五回。

KUMA

第10章

絶滅に抗う方法
——オオカミと「地域絶滅」という問題

志村真幸

GUSU

はじめに

南方熊楠は、ニホンオオカミに遭遇したことがあっただろうか。「千疋狼」（『民俗学』二巻五号、一九三〇年）では、「幼時、和歌山市の小学校で、休憩時間にしばしば同級生どもから千疋狼の譚を聴いた[1]」と語られている。雄小《おの》学校時代のことだから、一八七〇年代半ばだろう。千疋狼とは、狼梯子《おおかみばしご》とも呼ばれるもので、木の上に逃げた旅人を、何十頭ものオオカミが肩車をして襲おうとする昔話である。これが熊楠とオオカミの「出会い」であった。

つづいて大学予備門時代の「日光山記行」（一八八五年）によれば、東京から日光へ向かい、今市を過ぎて日光に入ったあたりの街道沿いで、オオカミの皮が売られているのを見かけている。テン、クマ、タヌキ、キツネ、カモシカの皮もあり、「みな当山所獲なり[2]」という。このほか松居竜五の指摘によれば、熊楠が頻繁に訪れた上野の博物館にはアメリカ産オオカミの標本が展示されていた[3]。

熊楠がニホンオオカミと最接近したのは、「千疋狼」に語られている「予二十七年前、紀州那智より高田へ越える途中で狼の糞を見出だし、驚いて引き還した。また二十年前、坂泰《さかたい》官林より丹生川へ下る路上、狼糞にベオミケス属の地衣が生えたのを拾い、今に保存しある。そのころ予が泊った山小屋へ、狼に送られて逃げ入った樵夫二人あった[4]」ときのようである（その後、糞がどうなったかは不明）。結局、熊楠は生きたニホンオオカミを見ていない。さて、「千疋狼」が発表されたのは一九三〇年だから、糞に驚いたのは一九〇三年と計算され、熊楠が那智で植物採集に明け暮れていた時期にあたる。糞を拾ったのは一九一〇年となり、中辺路町兵生《ひょうぜい》から龍神村丹生川へかけて植物採集に出かけたときだろう。

このうち一九〇三年はよいのだが、一九一〇年には問題がある。というのも、ニホンオオカミは一九〇五年に絶滅したとされるからだ。ロンドン動物学協会と大英博物館が共同で組織した動物調査隊が東アジアへ派遣された際、隊員だったアメリカ人動物学者のM・アンダーソンが、奈良県東吉野村鷲家口で若い牡の遺体を購入した。一九〇五年一月二三日のことである。これを最後として、ニホンオオカミの存在は確認されていない。熊楠はその後もニホンオオカミが生きていたと主張したことになる。もちろん、オオカミは山に棲む動物だから、鷲家口のものよりあとまで生きのびていた可能性は否定できないが。

熊楠はさらに一九三五年になっても生存を主張している。オオカミ研究者の平岩米吉から、紀伊山地のオオカミについて問い合わせが来た際に、いまもいると回答したのであった[5]。平岩はニホンオオカミの絶滅について情報収集し、全国の記録を調査した結果として、第二次大戦後の一九四六年になって、絶滅の年を一九〇五年だと確定させた人物である[6]。これよりあとには、ニホンオオカミの生存の確実な証拠が見つからなかったのであった。

熊楠の生存説に戻ると、平岩と何度かやりとりしたのち、一九三六年九月二日付書簡で、「当国［紀伊］と大和の境に今も狼の住む様子、毎度承はる（当地の人木挽き仕事にゆき親ら見て来りし也）故、鳥銃の名人同伴九月中に探索に行くべく用意致し居りしも、只今の所小生の頑疾にては到底行き得ざることと存候」(7)と述べている。実地検分に出かけるつもりだったものの、六九歳になっていた熊楠は病気がちであり、実現しなかったようだ。なお、文中にもあるように、目撃したのは当地＝田辺のひとで、熊楠自身は見ていない（だれかは、特定できていない）。

ニホンオオカミについては、現在でも生存説を唱えるひとたちがおり、紀伊半島や秩父などで探索をつづけている(8)。テレビ番組でも、ＮＨＫの「見狼記」（二〇一二年）をはじめ、しばしばとりあげられてきた。オオカミの生存を前提とした神事であるお炊き上げ（毎月一七日に饌米《せんまい》を食べものとして供えるもの）をつづけてきた釜山神社も有名だろう。

柳田国男も強硬な絶滅否定派だった(9)。「狼のゆくへ——吉野人への書信」（一九三三年）をはじめとする文章で生存を主張したほか、一九三四年一一月二日に鷲家口を訪れ、吉野郡教育会の主催した講演会でも生存説を述べている。それでは、熊楠や柳田がニホンオオカミの絶滅を否定した理由はどこにあったのだろうか。

ニホンオオカミの絶滅の原因

ニホンオオカミの絶滅の原因は、森林や山といった生息環境の破壊、江戸期の狂犬病の流行、もともとは犬の伝染病であるジステンパーの流行などが複合的に作用した結果と考えられている。そもそも棲息数が少なかったようでもある。[10]大正末頃にはいなくなったのではと囁かれ始めたもの[11]の、すぐに絶滅が確定されたわけではなく、熊楠や柳田が生存を主張したのも、かならずしも常識はずれではなかった。

日本にいたもう一種類のオオカミであるエゾオオカミは一八九六年に絶滅している。ニホンオオカミと異なり、こちらは積極的に人間が退治した結果であった。北海道開拓を進めるなかで、牧畜業の害獣となるために撲滅が推奨され、アメリカから招かれて農業と牧畜の指導にあたったエドウィン・ダンが毒や罠を用いる方法を導入する。賞金もかけられたことで急速に数を減らし、さらに餌となるエゾシカが大雪の影響で激減したため、ニホンオオカミよりも早くに絶滅した。[12]熊楠は北海道に渡った経験をもたなかったから、エゾオオカミとも遭遇していない。

それでは、熊楠が生きたオオカミをまったく見たことがなかったのかというと、ニホンオオカミ以外であれば可能性がある。とはいっても野生のものではない。アメリカで訪れたニューヨークのセントラルパークの動物園、イギリス時代に通ったロンドン動物園には、オオカミがいたのである。ただし、日記等に記録はない（また、アメリカ時代に野生のオオカミに出会ったかもしれないが、もし遭遇していたら、熊楠がまったく言及しないとは考えにくいだろう）。なお、イギリスでもすでにオオカミは絶滅しており、ロンドン動物園で飼われていたのは大陸産のオオカミであった。

本章では、オオカミを通して、熊楠と「生物の絶滅」という問題に迫ってみたい。熊楠は絶滅に対して、どのように抗ったのか。

熊楠と絶滅

熊楠が神社合祀反対運動や、その後の環境保全活動において、絶滅ということを強く意識していたのはよく知られている。「南方二書」には、「絶滅」「全滅」「一本もなし」といった言葉が頻出する。たとえば、「ホタルカヅラ、ヒメナミキ、何れも此田辺辺の出立《でだち》松原に多くあり、［……］四年斗り前に、小学校建築といふ名目の下に、此出立松原を悉《ことごと》く伐《き》り［……］し為め絶滅す」(13)、「［下芳養《はや》村の託言の神社］の四周に吉祥草とタチクラマゴケ密生し甚《はなはだ》美なりし。然るに、官命とて掃除斗りする故今は一本もなし」(14)といった具合である。絶滅の原因については、開発による伐採や、環境に手をくわえたこととされている。

そして、「素う人の考えとちがひ、植物の全滅といふことは一寸した範囲の変更よりして忽ち一斉に起り、そのときいかにあはてるも容易に恢復《かいふく》し得ぬを小生まのあたり見て証拠に申すなり」(15)と、絶滅が容易に起こり、簡単には回復できない点も指摘している。

「小生は少しも動物学を知らず」(16)と述べるとおり、「南方二書」で扱われるのは植物が中心である。植物学者の松村任三宛てに書かれたためでもあるのだろうが、動物はあまり登場せず、オオカミも出てこない。「此島［神《か》島《しま》］には由来キセルガヒの種類多かりしも、合祀と共に全く絶果《たえはて》たり」(17)と陸生貝類への言及があるくらいだ。ただ、一九二九年五月二五日〜六月一日に『大阪毎日新聞』に連載された「紀州田辺湾の生物」では、日高郡の葦《あ》鹿《しか》島にいたアシカが維新後に乱獲されて「跡を絶った」ことを指摘している。

このような絶滅への憤りは、那智の滝に近いリュウビンタイの群落の問題が始まりだったといわれる。那智隠棲期の一九〇二年二月に見つけたものの、一二月に訪れるとほとんどなくなっていた。熊楠が投宿先で貴重な種類だと話したところ、金になる植物だと誤解され、販売目的で取り尽くされてしまったのであった。

乱獲という問題にたいしては、「紀州田辺湾の生物」でも「南紀諸島の神林も、この変遷を免れず。古座浦の黒島は大タニワタリの名処だったが、今は濫採して尽きたとかきく。周参見《すさみ》浦の稲積島は［……］神島同様、島の神樹を惜しむとて草木を採らず、午後四時までに引き上ぐる。古来大タニワタリを採る者、必ずその一本の代りに杉苗一本を植えて返る定法あった。［……］合祀されたから濫採自在となった」[18]と、神域として守られてきた場所が、合祀によってタブーを失い、荒らされたことに怒りを示した。一九三〇年五月七日には、八上王子のヤツシロランが同様に絶滅した件について、平田寿男に書簡を送っている[19]。

地域絶滅

これらは地域絶滅といって、ある特定の地域から失われる例であり、その種が地球上から完全に姿を消してしまうものではない。じつはニホンオオカミの場合も地域絶滅とみなせる。ユーラシア大陸や北米には、まだまだ無数のオオカミが生息するのである。かつてニホンオオカミは大陸のオオカミの亜種とされたが、近年では亜種を立てることに否定的な意見が強くなっている[20]。

地域絶滅への注目は、熊楠の先見性と評価してよい。当時、いや現在でも絶滅といってイメージされるのは、最後の一頭まで完全にいなくなるケースだろう。そうなったら、二度と復活させることはできない。いっぽうで地域絶滅は、完全な絶滅とは質のちがう危険性をはらんでいる。その地域の環境や生態系への影響こそが、地域絶滅の問題なのである。ある種がいなくなると、生物間の関係性も変化を余儀なくされる。たとえば、オオカミが姿を消すと、獲物として狩られていた鹿が増え、大量の餌（植物）が必要となる。増加した鹿によって植物が食べ尽くされると、それらの植物に頼って暮らしていた昆虫や鼠なども影響を受ける。風景も一変してしまう。

熊楠が絶滅に批判的だったのは、「新庄村合併について」（「牟婁新聞」一九三六年八月）で、「この島［神島］の草木を天然記念物に申請したのも、この島に何たる特異の珍草珍木あってのことにあらず。［……］この島には一通り田辺湾地方の植物を保存しあるから、後日までも保存し続けて、むかしこの辺固有の植物は大抵こんな物であったと知らせたいからのことである」(21)と述べるとおり、めずらしくない植物もふくめた生態系全体を保存することが重要だったからであった。

地域絶滅は、完全な絶滅とくらべて軽視されがちだが、その土地／地域の環境や生態系にとっては絶大な影響をもたらす。このような点に注視しえたのは、熊楠の「出不精」によると考えられる。熊楠は帰国後はほとんど和歌山県内で過ごし、県外へ出たのは、大山神社の合祀問題のときに大阪・浜寺公園の宮武省三邸に数日泊まったのと、一九二二年の南方植物学研究所の資金集めによる東京行き、一九二八年に息子の熊弥が京都の病院に入院したときくらいであった。

牧野富太郎は全国各地をくまなく歩きまわり、日本全体の植物を把握していた。その成果は国内の植物を網羅した『日本植物図鑑』（一九四〇年）の完成につながった。いっぽうの熊楠には、そのような仕事は不可能だった。

和歌山県内ですら未訪の地が多いから、『和歌山キノコ図鑑』といったものさえ、まとめるに至らなかった。しかし、限定された地域に密着していたからこそ、地域絶滅という問題に注目し、それがもたらす危険に気付くことができた。

さて、熊楠の神社合祀反対運動や、それにつづく神島や安藤みかんの天然記念物への指定は、まだ絶滅していないものを対象としている。危機的状態にあるから、守らなければならないという例である。これらの場合の「絶滅への抵抗」はシンプルで、現存するものの保全が目標となる。こうしたときには、熊楠は積極的に法律に頼り、文化財への指定を手段とした。

しかし、オオカミの場合は、保護活動が始まる以前にいなくなっている。絶滅してしまったあとでは、もはや我々にできることはないのだろうか。ここにも、オオカミをとりあげる意味がある。絶滅が問題となるときは、いかにして危機的状態にある生物を保護し、絶滅を防ぐかという点が重視されるため、必然的に生物学、環境学、森林学といった自然科学の専門家たちが中心となっていく。しかし、絶滅後の場合には、自然科学の側面からだけではない「対抗の手段」が必要となる。

もうひとつ意識したいのは、動物と植物の差である。動物にも植物にも危機に陥っている種がある。しかし、一般に絶滅というとき、動物のほうがはるかに話題にされやすい。日本で絶滅した生物としては、オオカミ、カワウソ、トキが有名だろう（いずれも厳密には地域絶滅）。それにたいして、絶滅した植物の名をいえるひとがどれだけいるだろうか。

保護していくための「手間」も異なる。動物の場合には、生息する空間や餌となる動植物を守り、さらに群れとして保存しなければ血が絶えてしまう。しかも、遺伝的に近しい繁殖は望ましくないから、集団の規模を大きくするか、遠く離れた相手との遺伝的交流をはからなければならない。植物は、相対的に対策が容易である。生えている場所を守り、伐採を禁止するのが基本ラインとなり、数を増やすにも、種をまいたり、挿し木にしたりといった方法がある。

自然保護の二つのタイプと、イギリスでのオオカミの絶滅

自然保護や動物保護について歴史的に見たとき、二つのタイプに分けられるのが一般的だ。ひとつは、アメリカや旧熱帯植民地に代表される「太古からの大自然」を、人間の手がふれないまま保存していこうというもの。もうひとつは西欧諸国で見られたように、人間とともに歴史的に形成されてきた「文化的な自然」を守ろうとするものである。日本に適合するのは、当然ながら後者となる。

イギリスにおける自然観や自然保護運動が熊楠に影響を与えたことは、以前から指摘されてきた。[22] オープンスペース運動（自然利用権の確保）や、それに連なるエッピング・フォレストの保存運動といったものである。これらは神社合祀反対運動との関係でとりあげられたこともあり、森や林を守るという視点からのものが多い。それでは動物保護については、どうなのだろうか。

熊楠が実物を研究対象としたものには、植物がめだつ。維管束植物にくわえて、かつては「隠花植物」に分類されたキノコ、変形菌、藻類などである。動物に関しては、貝類や昆虫などを集めたものの、どちらかというと

手薄な印象だ。さきにふれた「南方二書」でもそうであった。いっぽうで熊楠の民俗学や説話研究では、動物が中心となる。代表作の「十二支考」も動物たちをとりあげている。こうした違いは、どこに起因するのだろうか。説話では相対的に植物が少なく、キノコなどはめったに登場しない（そして変形菌が出てくるものは見たことがない）のもあるが、ここに絶滅という問題に切りこむための手がかりが見つけられるのではないか。

イギリスでも多くの動物が絶滅してきたが、日本と同様に、オオカミのことがよく知られている。イングランドでのオオカミの絶滅は一六世紀初頭、スコットランドで一七四三年、アイルランドで一七七〇年とされる。いずれも諸説あり、「最後の一頭」を確定はできないものの、ブリテン諸島全土から一八世紀後半に姿を消したのはまちがいない。[23]ただし、こちらも地域絶滅である。

絶滅の原因は、ブリテン諸島の森林が急速に切り開かれていったことによる。なかでも羊の飼育のために開墾が進み、一六世紀ころには森林面積は一〇％を切っていた。[24]また、ヨーロッパ／キリスト教世界でオオカミは「敵」と認識され、積極的に退治されてきた歴史がある。人間を襲う危険があるのはもちろん、それ以上に問題となったのは羊をはじめとする家畜への害であった。そして数が少なくなったあとも、スポーツ・ハンティングの対象とされつづけた。キツネ狩りをよりスリリングにしたようなものとして人気があり、数が減っていることは広く認識されていたようだが、保護の声が上がることはなく、ブリテン諸島内で絶滅したあとは、ヨーロッパ大陸へのオオカミ狩りツアーがくまれるほどであった。[25]

イギリスでのオオカミの絶滅は、当初は気付かれなかった。現在ほど絶滅という事態への関心が高くなく、また野生動物であるがゆえに、一頭もいなくなったのか不明だったのである。絶滅からしばらくたった一九世紀になって、ようやく関心が高まり、「最後のオオカミ」が物語化されてあちこちで語られるようになる。そしてJ・E・ハーティングという動物学者、狩猟史研究者による『ブリテンの動物—歴史時代以降の絶滅』（一八八〇年）が出たことで、オオカミの絶滅の経緯が学術的にあきらかにされた。同書は歴史時代以降にブリテン諸島から絶滅したオオカミ、ヒグマ、ビーバー、イノシシ、トナカイの五種をとりあげ、どのようにして滅んでいったのかを詳述したものであった。本の半分をオオカミが占めており、関心の高さがうかがえる。このほかにも一九世紀には人狼小説がいくつも書かれ、「三匹の子豚」のようなオオカミの登場する民話も出版されていく。[26] 科学、歴史、文学、民俗といった各方面からオオカミが注目され、その絶滅についてもとりあげられたのであった。

ここで注目しておきたいのは、絶滅から約一世紀の時間がたっていたことである。オオカミはイギリスにおいて敵であり、その絶滅が惜しまれることはなかった。絶滅が意識されるようになるには、科学的な側面からだけでは不充分である。その絶滅を惜しんだり、残念に思ったりする感覚がなくては問題化されない。一世紀という時間が経過し、オオカミの害獣としてのイメージ／記憶が薄れたことで、その絶滅が遺憾とされるようになったのだろう。

動物愛護への疑い

絶滅動物の問題を扱うときには、絶滅危機動物の保全と、動物愛護（虐待防止）の問題の二つがからみあい、複雑な様相を呈することが少なくない。イギリス本土の場合、絶滅危機動物の保全は長くおこなわれてこなかった。歴史的には動物愛護の側面がより早くあらわれ、一八二二年のマーティン法（「家畜に対する残酷で不適切な扱いを防止する法」）の成立、一八二四年の動物虐待防止協会の発足がよく知られている。しかし、これらは家畜を対象としたものであり、野生動物に対しては一九一一年のジョージ・グリーンウッドによる動物保護法まで待たなければならない。なおかつ、あくまでも「虐待」を禁じたもので、人間による動物への残虐な行為をとりしまる色合いが強かった。

愛護運動が本当に動物そのものを守ることをめざしていたかについても、現在では疑わしいと考えられるようになっている。動物に苦痛を与えることの是非は、むしろイギリス社会の道徳構造をめぐるものであった。動物虐待は虐待する人間たちの腐敗や堕落、道徳的退化を示すと考えられ、社会におけるそうした危険な要素を抑制することこそが動物愛護運動の本質だったとされるのである。すなわち、下層階級への統制を目的としており、粗野で暴力的なひとびとを放置すると社会が破壊されてしまうかもしれないと恐れられていた。倫理的腐敗は動物や人間への暴力につながっていると考えられ、さらにスペンサーやゴールトンらの社会進化論、優生学と結びつくことで、このまま放っておいたらイギリス人は退化してしまうのではないかと不安視された。すなわち、動物愛護を通して救おうとしたのは、動物ではなく人間自身だったのではないかというのが、現在の定説なのである。

「文明化の過程」という考え方がある。ノルベルト・エリアスが一九三九年の同名の著作で提唱した歴史的概念で、ヨーロッパ人が近代になって次第に礼儀正しくふるまおうとしはじめたことをさす。食事のマナーや、音楽鑑賞といった「知的な趣味」など、多方面において確認されているが、動物に対する態度もその一環として解釈できる。動物に残虐でなく、愛護する自分は、文明化された人間というわけだ。動物愛護運動の目的は、社会を安全で礼儀正しく居心地よいものにすることにあった。動物に「優しい」ことが、「文明の証拠」だったのである。(27)

熊楠はロンドン時代に土宜法龍宛の書簡（一八九四年三月一日付）で、こんなふうに指摘している。「前年印度のパーシーのやつ日本へやって来り、［……］日本の開化甚《はなはだかけ》欠たるは禽獣保護条案なきに因るといへりとか」(28)。パーシー（パールシー）とはゾロアスター教徒をさし、ハゲワシによる鳥葬の習慣を現在までつづけるなど、独特の自然観をもっていることで知られる。このパーシーの件は不詳とされ、(29)熊楠の発言の背景は不明だが、不殺生を戒律とするジャイナ教と混同している可能性もある。ともかく、熊楠はゾロアスター教徒について、「保護とか何とかいへど、鼠、亀鼈《きべつ》、蛇等を悪魔なりとて見当り次第殺すなり」(30)と批判する。そして「そんなものの言を信じて禽獣保護など国会へもち込可らず」(31)と言い切る。生類憐れみの令のときに、誤って犬を殺した男が斬首された例などをあげて、馬鹿げたことだと批判してもいる。

ゾロアスター教徒が本当に鼠などを悪魔とするかはわからないが、ともかく熊楠は、動物虐待防止にひそむ欺瞞や傲慢さを見抜いていたといえる。日本で動物虐待防止法が成立するのは第二次大戦後の一九七三年で、このときも「外圧」によるものであった。(32)

絶滅の時代

絶滅危機動物の保全については、イギリス本国ではなく、植民地からスタートしたとされるのが一般的だ。一九世紀は絶滅という問題が「発見」され、それに対する保全活動が始まった時代であった。世界各地から大型動物の絶滅の報告があいついでおり、たとえば一八八二年の南部アフリカのクアッガが有名だろう。地域絶滅についてあげれば、トラ、ゾウ、ライオンがいなくなった場所は無数にある。これらは「とりすぎ」が原因と考えられ、当初は現地人の密猟のせいにされたが、やがてヨーロッパ人の遊猟にも原因があると考えられはじめる。

スポーツとしての狩猟は、ヨーロッパやアメリカのハンターたちによって、ライオンやサイといった大型獣を対象におこなわれ、その毛皮や剥製（しばしば頭部のみ）をもちかえって猟果とするのが常であった。狩猟の対象となる大型動物は、一種の資源と捉えられており、それらの動物が減ってしまっては困るのである。やがて狩猟獣保護法が熱帯植民地の各地で成立し、現地人の狩猟が規制されるとともに、西洋人ハンターにもライセンス制が導入された。動物保護区（リザーヴ）も設置され、狩猟獣が保護されていく。ただし、完全に守られるのではなく、高額のライセンスを購入した西洋人狩猟家のためのリザーヴこそが主たる目的であった。現地のひとびとが環境保全の能力に欠くため、かわりに植民者が管理せざるをえないとする、植民地的環境論の典型的な例でもある。これらは現在の持続可能（サスティナブル）な自然利用の始まりとされ、のちの動物保護のひとつの類型となっていく。[33]

熊楠も絶滅を防ぐための方策として、利用しながらの保全を高く評価していた。さきに引用した「紀州田辺湾の生物」で「古来大タニワタリを採る者、必ずその一本の代りに杉苗一本を植えて返る定法あった」と指摘しているとおりである。このほかにも、江戸期に田辺藩の名物であった「古屋瓜谷の盆石、マンボウ魚、安藤蜜柑」が「御留めの物」として「藩主一人の専有」にされ、他藩などへの贈りものとして用いられたことで、「百方保護して絶滅せざらしめた功もまた大きい[34]」と述べている。

安藤みかんにしても、熊楠が天然記念物指定に尽力したのは、自邸の一本だけを守りたかったからではなかった。接ぎ木して増やし、近隣の柑橘農家に育ててもらうことをめざしていた。そして、多くのひとびとにその美味しさを伝え、消費量が増えることで、さらに栽培が広がるのが理想であった[35]。

熱帯地域での資源保護を出発点とした動物保護は、やがてイギリス本国にも波及し、一八六九年にはアルフレッド・ニュートンによってウミガラスを対象とした鳥類保護法が成立する。当時、ウミガラスは卵が美味だとして乱獲され、急激に数を減らしつつあった。

一九世紀に絶滅ということが認識されていった点についていえば、このほかにも鉱山開発によって地質学的な発見があいついだことで、太古の昔に絶滅した恐竜やマンモスが注目されていく。また一七世紀に絶滅していたドードーは、ルイス・キャロルの『不思議の国のアリス』に登場したことで知られるようになった。絶滅という事態が発見され、強く意識されるようになり、その範囲が空間的にも時間的にもどんどん広がっていった時期だったのである。

緑地の保全

イギリス本国での森林や緑地の保全は広くおこなわれ、大きな成果をあげてきた。たとえば、熊楠も訪れたロンドン郊外のエッピング・フォレストは、イギリスの自然保全運動の出発点として有名だろう。熊楠がここを訪れたのは、アーサー・モリスンに招待されたからであった。モリスンは日本では、『マーチン・ヒューイットの事件簿』の作者として知られるが、日本美術愛好家の顔をもち、熊楠と親しくなったのちは英文指導もしてくれていた。そして一八九八年一〇月二四日にモリスンの自邸へ昼餐に呼ばれたとき、すぐ近くにひろがるエッピング・フォレスト内を二人で散策したのであった。

一九世紀に急激に人口を増大させたロンドンでは、さかんに宅地開発が進められたが、エッピング・フォレストの開発計画がもちあがると、市民による反対運動が起こった。長期にわたって業者との対立がつづいたものの、一八八二年にヴィクトリア女王によって「ひとびとの森」と宣言され、開発は中止された。注意したいのは、あくまでも市民の散策の場、憩いの空間としての利用をめざしており、手つかずの森を生物たちのために残そうとしたのではない点だ。そもそもエッピング・フォレストは古代から人間によってさかんに利用されてきた森であり、原生林ではない。そのため、このときの保全の目的も植物や動物が主なのではなく、ひとびとが自然環境を使いつづけられることが重要だったのである。

熊楠はエッピング・フォレストを環境保護の手本とみなし、神社合祀反対運動の際にも例にあげている。(36) 熊楠の自然保護の原点のひとつに数えられ、森をまるごと残して守っていくという思想も、ここから生まれたのだろう。ただし、イギリスの場合も、熊楠も、人間が用いながらの保全であり、環境保護のために立ち入り禁止にするようなものではない。イギリスには、森を利用してきた長い歴史があり、人間とともにある自然を残していく重要性を熊楠も目のあたりにしていた。イギリスにおいて自然は人間と無関係／対立するものではなく、「文化」としてくみこまれていたのである。

ほかにもナショナル・トラスト運動が湖水地方の農場や、上流階級のカントリーハウスの庭園を積極的に保全してきたように、自然と人間の複合的な在り方こそが、イギリスの自然保護の特徴といえる。手つかずの自然など存在しないからではあるが、アメリカやオーストラリアのように、太古からの自然をそのまま残そうとする考え方とは一線を画している。

しかも、熊楠はアメリカからリヴァプールに到着した際と、モリスンに招かれたとき以外は、ロンドンから出ていない。キノコや藻類を目的としたフィールドワークですら、ハムステッド・ヒース、ハイド・パーク、グリーン・パークといったロンドン市内の緑地や公園でおこなっている。[37] いずれも人間と自然が融合した場所である。このことは熊楠の自然観に大きな影響を与えた。

近代日本における動物保護

日本での動物保護の早い例は、奈良期の肉食禁止令までさかのぼれるだろう。肉食の禁止はすなわち、動物や鳥の捕獲禁止を意味した。これらは江戸期まで引き継がれ、生類憐れみの令や、幕府や藩による鶴や鷹の捕獲制限にもつながる。鶴の捕獲や鷹狩りは、大名家など一部にかぎって許されるなど、西欧のスポーツ・ハンティングの在り方に近く(38)、全面的な捕獲禁止ではない点も注目される。一部の特権をもったひとびとが獲れるようにするために、それ以外のものによる捕獲を禁じたのであり、現在のような絶滅危惧種の保護とは質的に異なるのである。ただし、ニホンオオカミについては、たまに人的被害が出て退治されることはあったものの、積極的に狩猟の対象とされることはなかった。

近代日本の動物保護は、狩猟に関わる法律が出発点となる。一八九二年に「狩猟規則」が制定され、「狩猟規則発布ノ主旨」に、「鳥獣猟規則ハ今日我邦ノ状況ニ適セサルモノ多ク従テ弊害ヲ生スルコト甚タシ近来鳥獣ヲ猟殺スルコト年一年ニ増加シ其農家ニ益ナルモノト雖ヘトモ之ヲ滅絶スルニ吝《やぶさか》ナラス」と定められた。第二五条で獲ってはならない動物の一覧が示され、鶴（各種）、燕（各種）、ヒバリ、セキレイ、シジュウカラ、ヒガラ、ゴジュウカラ、ヨシキリ、ミソサザイ、ホトトギス、キツツキ、ヒタキ、ムクドリ、タヒバリ、一歳以下の鹿が並んでいる。このほか、禁猟期間を設けるものとして、キジやウズラといった一五種の鳥と鹿、カモシカ、ウサギが出ている。しかし、この時点ではまだ絶滅していなかったオオカミが対象となったようすはない。狩猟規則は、一八九五年の「狩猟法」に引き継がれるが、こちらにもオオカミは出てこない。狩猟関係の法規においては、絶滅危機にある動物を保護する目的は薄かった。日本ではオオカミがスポーツ・ハンティングの対象とされなかったのも、ひとつの原因であろう。イギリスのようにオオカミやキツネに猟獣としての価値を認められていれば、禁猟期間が設けられたり、禁猟区が設定されたりしたかもしれない。しかし、幸か不幸か日本ではオオカミ狩りが娯楽となることはなかった。

動物によっては、地方ごとに禁猟令が出たり、禁猟区の設定がおこなわれることもあった。オオカミに関連してエゾシカについてあげると、明治期に和人による乱獲が進み、また一八七九年、一八八一年、一九〇三年の豪雪により、生息数が激減する。これを受けて一八七六年に仕掛け弓猟、一八八九年に追い込み猟が禁止された。さらに一八九〇年から一九〇〇年の一〇年間は政府による禁猟令が出る。一九二〇年にふたたび発令された禁猟令は、一九五六年まで継続された(39)。

タンチョウの場合には、一八八九年に北海道庁が禁猟令を出し、一八九〇年に千歳付近の湖沼に禁猟区が設けられた。コウノトリも、兵庫県豊岡の鶴山が一九〇四年に禁猟区とされた(40)。禁猟の例には鳥が多く、それだけ多く狩猟の対象となっていたことが推察される。

戦前期の自然保護に関わる法規としては、一九一九年に制定された史蹟名勝天然記念物保存法もあげられる。現行の文化財保護法の前身にあたるものだ。法律の名称にあるとおり、史蹟、名勝、天然記念物の三つのジャンルを包含し、日本国内の価値ある「記念物」を総合的に守っていこうとした。記念物とは、日本という国家にとって学術的・歴史的な価値をもち、原則として土地に結びついたものが想定された。そのため、絶滅危機にある生物を保護することは、この法律の主眼ではなかった。

土地と結びついたという特徴があるためか、天然記念物になったほとんどは植物であった。古木や巨樹が指定されるケースがめだち、それら個別の木は長い歴史をもち、貴重ではあるものの、種類としてはけっしてめずらしくないことが多い。たとえば、屋久島の杉の原生林（一九二四年指定）を思い浮かべてもらえれば、わかりやすいだろう。屋久島の杉は樹齢や原生林といった点で重要だが、杉は日本のどこにでも生えている。動物も対象になったものの、指定すべきは「現時日本に存在する著名の動物にして世界の他の部分に未だ発見せられざるもの[41]」とされた。絶滅寸前で保護の必要がある種ではなく、日本を代表し、なおかつ他国には分布しない種こそが天然記念物としてふさわしかったのである。

史蹟名勝天然記念物という制度はドイツで始まり、国の歴史に関わるような場所の保全を主眼とした。それまでの多数の領邦にわかれた状態から、ドイツというひとつの国をつくっていく過程において、ドイツ国民を一体化させる道具立てとして、歴史と結びついた史蹟、風光明媚な名勝、貴重な樹木や生物である天然記念物が利用された。これらは、同時代に伸張しつつあったナショナリズムと強い連関性をもち、民衆の「共通の過去」をつくりあげる民俗学との関係も深かった。こうしたドイツの政策が、東大の植物学者の三好学と歴史学者の黒板勝美によって日本にもちこまれたのである。

熊楠は天然記念物の制度を積極的に利用し、神島や安藤みかんの指定に成功している。南方邸の安藤みかんは一九四〇年に天然記念物に指定され、『和歌山県史蹟名勝天然紀念物調査会報告』（一九号、一九四〇年）には、保存要件として「世界的学界の至宝南方熊楠先生の研究園に栽植せられ、先生は特に安藤蜜柑を愛し、外国系統の柑橘類より此の立派なるものを『グレープフルーツ』とし、大に奨励すべきものとして、既に老木より数百本の苗木を育成し、各方面へ配布せり[42]」と書かれている。なお、安藤みかんはこれ以前の一九三二年に安藤治兵衛邸（滝川善太郎邸）のものが天然記念物となっていたが、枯死してしまったために南方邸の樹が指定されたのであった。

さきに天然記念物に指定されたほとんどが植物だったと述べたが、右の一九四〇年の報告書を見ても、この年に和歌山県で指定された天然記念物は二七件すべてが植物であり、和歌山城クスドイゲ老樹、城山の老松、教専寺の樅《モミ》、山路王子神社の杉、海蔵寺の蒼龍松などが並んでいる。

　これに対して動物の指定はまれであり、なおかつ時期的にもかなり遅れた。トキの天然記念物への指定は一九三四年、タンチョウは一九三五年、コウノトリは戦後の一九五三年（生息地は一九二一年に指定）、カワウソは一九六四年なのである。オオカミは法律が制定された一九一一年の時点ですでに滅んでいたが、「最後の一頭」が確定されたのは戦後であり、当時はまださかんに生存説が唱えられていた。しかし、オオカミの指定のための調査が実施された記録はない。

　ひとつには、動物の「価値」が明確でなかった点がある。動物は植物にくらべて寿命が短い。数百年～数千年を生きることがある樹木に対して、動物はせいぜい数十年である。しかも、樹木はずっと成長をつづけて巨大化する傾向があるが、動物はきまった大きさになったら、そこで成長を止める（ものが多い）。そのため、見た目での年齢の判断もつけづらい。なおかつみずから動いて移動してしまうため、特定の場所と結びつかず、記念物の定義からはずれていた。

　ただし、日本犬や四国の長鳴鶏、各地の在来馬や在来牛といった家畜には指定の例が少なくない。日本人が歴史的につくりあげてきた文化的な価値をもったためで、なおかつ特定の飼育者がおり、公的な管理もしやすかったためと考えられる。実際に和歌山県（および三重県）では、紀州犬が一九三四年に天然記念物になっている。明治以降に流入した洋犬におされて数を減らしており、保護の必要があるとされたのである。しかし実際には、昭和初期に紀伊半島各地の在来犬を統合し、姿や毛色が整えられた犬種であった[43]。このあと述べるように、紀州犬はニホンオオカミの血を引いているともいわれた。

熊楠がオオカミの絶滅を惜しむ理由

生物を保護するのは、そこになんらかの価値が認められているからである。現在、絶滅危惧種が保護の対象となっているのは、環境や生態系といった考え方が重要になっているからにほかならない。これはオオカミの場合に顕著だろう。かつてヨーロッパやアメリカにおいて、オオカミは家畜や人間を襲う敵であり、害獣であった。そうした存在には、プラスの価値などない。しかし、生態系という考え方が広まったことで、オオカミの立場は一変した。さきに鹿との関係でふれたように、環境にとって欠かせない存在とみなされるようになったのである。「環境」というパラダイム転換があって初めてオオカミはキリスト教世界で価値をもったのであり、このことは日本人が想像する以上の衝撃的な転回であったと思われる。

では、熊楠はニホンオオカミの絶滅をなぜ惜しいと思い、どこに価値を見いだしていたのか。「財産分けの話」（『牟婁新報』一九一〇年一〇月三日）では、このように述べている。

予も『人類学雑誌』（今年七月十八日発行）で、御嶽、玉置山等で、狼を符《まもり》に画きて盗火を禦《ふせ》ぎ、また狼を祭りながら社畔の大杉を「犬吠杉《いぬほえすぎ》」と名づくるなどより推して、古えわが邦固有の犬は狼種より出でたるを立証した。縁が近ければこそ、明治十三年ころ、日方《ひかた》近所で狼と犬と交合したことがある。［……］現に、九年前に熊野勝浦で太地犬《たいじいぬ》というを見た。これは狼を畜《か》うて犬となったのじゃ。近ごろははなはだ少ない、猟犬に第一じゃ、と老人が惜しみおった。インド辺で野牛を畜うて数代の後また野牛と交《さか》らせねば必ず絶える。太地犬も狼が少なくなって狼と交《さか》ることならぬから、絶滅に近づいたんだろう。ただし、予は犬と狼の交《つる》むところなど決して見たくない。ただ本邦でせっかく古人が作り上げし好猟犬種の絶滅を哀しむのみ、と断言し置く。(44)

太地犬とは、和歌山県太地町付近でイノシシ狩りに使われていた猟犬であった。日本犬保存会の活動によって、昭和初期に太地犬、熊野犬、高野犬、明神犬などがまとめられて紀州犬と呼ばれることになり、一九三四年に天然記念物の指定を受けた。

熊楠が述べているのとは異なり、現在では紀州犬はニホンオオカミを家畜化したものではないことがわかっている。ユーラシア大陸のどこか(45)でオオカミの家畜化が起こり、犬となったものが縄文時代に渡来し、その後も各時代ごとに大陸からわたってきた犬と混ざり合いながら、現在に伝わったものなのである。

オオカミの家畜化に熊楠は早くから関心をもっており、一八九四年一月一九日付の土宜法龍宛書簡では、「ハツクスレーがいへる如く、人間に害ある狼属を仕立てて、人間に大功ある狗犬を作成した」(46)と述べている。熊楠が絶滅を問題とするとき、野生の動植物だけではなく、家畜や、安藤みかんといった栽培植物をもふくむ点は見逃してはならない。

紀伊半島はもっとも遅くまでニホンオオカミの残っていた土地であり、オオカミの民俗、伝承、民話が多い。

そのため熊楠も幼時からオオカミの昔話を聞く機会があり、関心をもっていった。やがて民俗学に携わるようになってからは、世界中から多数のデータを収集し、オオカミ除けのまじない、オオカミを神の使いとすること、鍛治屋の婆／千疋狼といった民話、オオカミに育てられた子、犬の祖先はオオカミかといった問題について論考やメモを残している。

一九三〇年の日記巻末には、ある家の嫁が姑と喧嘩して、年越しの夜に婚家を飛び出した。実家に向かう途中の「ヒメの松原」（現在の紀伊姫駅付近）というところで、淡黄色をした犬のようなものに追いかけられた。左手に草履を持ち、実家に駆けこみ、足を洗ってその水を表へ投げ捨てたところ、なにごともなく去っていった、という話が記されている。オオカミに遭遇したとき、左手に何かを持っていれば追いつかれずにすむ。また足を洗った水を表に捨てればオオカミは家のなかに入ってこず、裏に捨てると入ってきてしまうという俗信があったのである。

奥熊野の兵生で調査していた一九一〇年一二月一六日には、小山鹿楠という人物から、「此人送り狼にあひし咄し」を聞いている。オオカミは危険な動物であり、その害を避けるためのすべや、まじないが発達していた。たとえば、オオカミがうしろを付いてきているときに転ぶと襲いかかられるので、けっして倒れてはいけないとか、山道を抜けたところで「ここまで守って下さってありがとうございました」とお礼を述べれば、そのまま帰っていくとかいったものが有名だろう。

「戦争に使われた動物」（『太陽』二二巻一四号、一九一六年）では、熊野でオオカミを山神や獣王として崇め、「鼠に咬まれた大患の者に狼肉の煎汁を飲ませた」[47]と紹介している。オオカミが動物たちを司る王であるため、それに従うべき鼠の害を治癒できると信じられていたのであろう。

オオカミが絶滅すると、こうした「知恵」も必要なくなる。オオカミの絶滅とは、その種だけがいなくなるのではなく、付帯する民話、習俗、信仰、イメージまで、すべてなくなってしまうことを意味するのである。

熊楠は比較民俗学を終生の課題としており、たとえば「オオカミ」（『ノーツ・アンド・クエリーズ』一九二一年六月四日号）と題して、西洋と中国でオオカミについて正反対の特徴が信じられていることを示した論考がある。中国では、オオカミの特徴は真後ろを向けることとされるのに対して、西洋ではオオカミは振り向けないというのである。

熊楠は人狼にも興味をもっていた。やはり『ノーツ・アンド・クエリーズ』に出た「虎のフォークロアとポープ」（一九〇八年一〇月三一日号）では、中国の『淵鑑類函』（一七一〇年）に「人間に化ける虎の話や、その逆の例がいくつも出ており、ヨーロッパの人狼の話とよく似ている[48]」と指摘している。オオカミではなく虎が化けるというのである。もちろん中国にもオオカミはいる。けれども、より凶暴（？）な虎が化けるようなのだ。また「逆の例」、つまり中国では人間が虎になることもあるし、虎が人間の姿になることもあるという。

この数年後に神話学者の高木敏雄に宛てた書簡（一九一二年一月二三日付）でも、「ウワァール・ウヲルフ」、すなわち人狼の俗信について述べている。高木から西洋の人狼について質問されたのに応えた内容で、人類学者のタイラーによる『原始文化』（一八七一年）や『エンサイクロペディア・ブリタニカ』（第一一版、一九一〇〜一一年）に無数の例が出ていると回答し、ベアリング＝グールドの『人狼伝説』といった研究書もすすめている。さらに「狼の存する国には大抵此話有る事と被存候[49]」として、日本や中国の類例を展開していく。オオカミがいる地域であれば、どこでも見られる話だと述べているのである。

冒頭から何度も言及してきた「千疋狼」というのは、次のような昔話である。旅人が山中を歩いていて、オオカミの群れに襲われる。慌てて木に登って逃れるが、オオカミたちはあきらめず、木の根元にとりついた一頭の肩の上に別の一頭がのり、さらにその上にもう一頭がのり、とはしごのようなものをつくり、木の上の旅人に迫ってくる。そして旅人まであと少しだけ届かなかったり、攻めあぐねたりしているうちに、一頭が「鍛冶屋の婆を呼んでこい」という。やがて大きなオオカミがあらわれ、はしごを登ってくるが、旅人に短刀で切りつけられて転げ落ちる。難を逃れた旅人が山裾の村までたどりつくと、鍛冶屋の婆がひどい怪我をして帰ってきたと聞かされる。見に行ってみると、ちょうど切りつけたところを怪我して寝こんでいる。オオカミが化けているのだと気づいた旅人によって退治され、死んだあとで正体をあらわす。歳をとって人間に化けられるようになったオオカミが本物の婆を食い殺し、なりすましていたのであった。

日本各地に「鍛冶屋の婆」「鐘尾のガイダ婆」「オオカミの鍋かぶり」などとして類話の伝わる民話であるが、海外にも多数の類話が分布し、朝鮮半島に伝わるバージョンでは虎がはしごをつくったりもする。

さて、熊楠が注目するのは、はしごをなす方ではなく、オオカミが化けていた点で、土佐や越前の類話を紹介したのち、唐代に出た伝奇小説集の『宣室志』に、オオカミが人間に化けた話が出ているのを指摘する。太原の王含という人物の母が、あるときからひとを遠ざけ、家人に暴力を振るうようになった。調理した肉を好まず、生肉を食べさせろと言ったりもする。怪しく思って部屋をこっそりのぞくと、老母のかわりにオオカミがおり、見られたのに気づいて逃げ去り、二度と戻らなかったという。

つづいて熊楠は、スウェーデンの著述家であるオラウス・マグヌスによる『北方民族文化誌』（一五五五年）の英訳版（一六五八年）から、ロシアでクリスマス・イヴにひとびとがオオカミに姿を変え、群れとなって人間を襲う話が出ているのを示してみせる。ただし、「ちょっと件《くだん》の両譚に似おるが、これは狼が人に化けたでなくて、人が狼に化けたであり[50]」と日本や中国のものとは決定的な差異があることを強調している。さきに示した「虎のフォークロアとポープ」での指摘と共通するものである。

フォークロア研究の世界でしばしば言われてきたことだが、キリスト教世界ではひとが動物に化けることはあっても、その逆はまれである。[51]ところが日本や中国には、動物が人間に化ける民話が無数にある。キツネが美女に化けるのをはじめとして、狸、鶴、蛇、古木、花と枚挙にいとまがないほどだ。

オオカミはどこにでもおり、日本、イギリス、アメリカ、中国、インド、ヨーロッパ大陸、ロシア、モンゴルと分布する（あるいは、かつて分布した）ため、比較民俗学の格好の材料となった。「千疋狼」で、西洋の人狼が人間がオオカミになるのと反対に、日本の鍛冶屋の婆ではオオカミが人間に化ける点が指摘されているのには、そのような意図があったといえる。また、熊楠が書いているわけではないが、日本では三峯神社のようにオオカミが神の使いとされるのに対して、ヨーロッパでは邪悪な存在で悪魔の手下と考えられ、魔女裁判では無数の人狼が裁かれた。オオカミを扱うことで、文化間の差が明瞭にできるのである。

「山人論争」と「オオカミに育てられた子」

熊楠と柳田の仲を裂くきっかけとなった「山人論争」でも、オオカミが材料に使われている。熊楠が山人への否定的な証拠としてあげたのが、「オオカミに育てられた子」のテーマだった。ヨーロッパでは古くから「野生児」の伝説が語られ、オオカミに育てられた子、熊に育てられた子といった話が多い。ローマを建国したロームルスとレムスもオオカミに育てられたとされる。そして一九世紀にヨーロッパ諸国が世界各地に植民地をもつようになると、改めてあちこちから「実例」が報告されていった。

一九一一年九月一四日付の柳田宛書簡で、熊楠はヴァレンタイン・ボールというイギリス人が書いた『インドの密林にて』（一八八〇年）を資料に使っている。ボールはダブリン出身の地質学者で、一八六四年のインド地理調査隊に参加したのち、一八八一年まで現地に留まって研究をつづけた。ボールはインドの「オオカミに育てられた子どもたち」に関心をもって多数を調査し、十数ページにわたって実例を並べている。

熊楠がボールの調査から紹介するのは、一八七二年に一〇歳くらいの少年がオオカミの巣穴で発見され、孤児院に引きとられた事例だ。猟師によって救い出されたものの、動作はまったく野獣のままで、犬のように水を飲み、骨と生肉を好んだ。暗いところに隠れがちで、服を着せると細かく引き裂いてしまったという。同じ孤児院には、もうひとり別の「オオカミに育てられた子」も収容されていた。ボールは実際にこの孤児院を訪れて観察し、「オオカミに育てられた子」が生じる経緯について、オオカミたちが満腹のときに人間の子どもがさらわれてくると、食べられてしまわず、雌オオカミの乳を飲んで育ち、そのうち一族の一員と認められるようになったのではないかと説明している。熊楠はこうした偶発的な例が山人の正体だと述べ、柳田を否定したのであった。

中国にも類例があり、「狼が人の子を育つること」（未発表手稿、『十二支考』の「虎に関する史話と伝説、民俗」への付記と推定）では、中国から例を引いて、「『地理志』、陝西慶陽府に狼乳溝あり、周の先祖后稷《こうしょく》ここに棄てられたを、狼が乳育したという」[52]と示す。

日本ではオオカミが少なかったせいか、「オオカミに育てられた子」に完全に一致する伝承は見つけられなかったようだが、「『紀南郷導記』に、西牟婁郡、「滝尻五体王子、剣山権現ともいう由なり。往昔、秀衡の室、社後の岸窟にて臨産の節、祈願して母子安全たり。また王子に祈誓し、この子をすなわち巌窟に捨て置き、三山に詣して帰路にこれをみるに、狐狼等守護していささかも恙《つつが》なきゆえに、七重伽藍を建立」したと見ゆ。拙妻の妹が剣山の神官の子婦だから、この話は毎度耳にしおり、乳岩という岩あって乳を滴《したた》り出し、狐狼がそれでもって秀衡の幼児（後に泉三郎忠衡）を育てたそうだ[53]」と述べている。熊楠は「動物に育てられた子」の話題に関心が深く、日本からはこのほかに「鷲に育てられた子」といったバージョンもとりあげた[54]。なお、熊楠によれば、インドはオオカミが多く、オオカミの被害に遭うことも多いため、オオカミに育てられた子の実例も多いのだという[55]。物語の舞台となる土地と、そこに棲む生物のちがいによって、子どもを育てる動物が変わってくる点も、比較民俗学のテーマであった。

オオカミというありふれた生物

熊楠は「ふつうのもの」を保全することに腐心した。神社合祀反対運動で、森を守ろうとしたのは、そこにめずらしい生物がいるからだけではなかった。「ふつうのもの」「よくある種類」をも並べ、その重要性を訴えたのが熊楠の慧眼であった。

オオカミは日本でこそ絶滅してしまったが、世界の多くの土地では、いまだに「ありふれた動物」として生きつづけている。つまり、日本では絶滅してしまったがゆえに特別な目を向けられがちだが、そのようにのみ捉えてはポイントを外してしまう。むしろ、熊楠にとってはオオカミがどこにでもいる動物であることが重要だった。あまりにもめずらしく、ほとんど人間と交渉もないような動物だったら、そこに文化が生まれることはない。説話に登場することもなく、避けるためのまじないも生まれず、神に仕えるものとして祀り上げられもしない。そして、比較文化研究の切り口とすることもできない。どこにでも、たくさんいて、人間とのあいだにつねに緊張感をはらんだ接触があり、文化がかたちづくられているからこそ、熊楠にとってオオカミは重要であり、絶滅してもらっては困るのであった。

生物の絶滅に対しては、もっぱら自然科学の領域から対策がなされてきた。しかし、それ以外の側面からも対応すべき問題なのである。熊楠は多分野にまたがった活躍をした。動物学の立場からは、フィールドワークによって本当にいなくなったのか探索しようと試みた。和歌山という地域の人間としては、太地犬という「文化」を視野に入れていた。民俗学的な立場からは、オオカミにまつわる民話やオオカミ除けのまじないについて探求している。こうした活動によって、オオカミに関する多くの文化が拾い上げられ、記録されることとなった。そして、熊楠の書き残した資料をもとに、現在の我々もオオカミについて知り、考えることができるのである。

オオカミがいなくなることは、その種のみの問題ではない。それにまつわる人間の文化も失われるということなのである。そして民族間の比較文化や、人間と動物の関係を知るための手がかりも失われる。われわれがとりうる絶滅への対抗手段は、種そのものの保全だけではない。その動物に関わることがらの記録も有用となる。とくに絶滅したあと、失われたあとになって、民話や民俗を通して情報を集積するのは、民俗学者の得意分野である。それこそが熊楠によって示された動物の絶滅への「抵抗」であった。

［注］

（1）『南方熊楠全集』四巻、平凡社、一九七三年、三三八頁。
（2）『全集』一〇巻、一九七二年、二〇頁。
（3）本論集に収録の松居竜五論文、一三八頁。
（4）『全集』四巻、三五三頁。
（5）南方熊楠「狼話に関する書翰」『動物文学』一八巻一号、一九五二年。
（6）拙著『日本犬の誕生―純血と選別の日本近代史』勉誠出版、二〇一七年、三六頁。
（7）南方「狼話に関する書翰」五～六頁。
（8）ニホンオオカミ生存説は、明治期から現在まで多数が見られる。書籍としては、たとえば下記のようなものがある。斐太猪之介『オオカミ追跡18年―ニホンオオカミはまだ生きている』実業之日本社、一九七〇年。／西田智『ニホンオオカミは生きている―九州祖母山系に狼を追う』二見書房、二〇〇七年。／宗像充『ニホンオオカミは消えたか?』旬報社、二〇一七年。
さらに近年では、インターネットやSNSを通した活動がさかんになっている。
（9）拙著『日本犬の誕生』二一～二三頁。
（10）平岩米吉『狼―その生態と歴史』動物文学会、一九八一年。／菱川晶子『狼の民俗学―人獣交渉史の研究』増補版、東京大学出版会、二〇一八年。

(11) 拙著『日本犬の誕生』二〇～二一頁。
(12) ブレット・L・ウォーカー『絶滅した日本のオオカミ─その歴史と生態学』浜健二訳，北海道大学出版会、二〇〇九年。
(13) 南方熊楠『原本翻刻　南方二書─松村任三宛南方熊楠原書簡』南方熊楠顕彰会、二〇〇六年、一一頁。
(14) 同、一二頁。
(15) 同、一一頁。
(16) 同、二〇頁。
(17) 同。
(18)『全集』六巻、一九七三年、二八九頁。
(19) 本論集に収録の三村宜敬論文、八一頁。
(20) 網谷祐一『種を語ること、定義すること─種問題の科学哲学』勁草書房、二〇二〇年、五頁。／岡西政典『新種の発見─見つけ、名づけ、系統づける動物分類学』中央公論新社、二〇二〇年。属名＋種小名に三名法にくわえて亜種を立てる、いわゆる三名法は一九世紀末から二〇世紀後半まで広く使われたが、近年では見られなくなりつつある。
(21)『全集』六巻、一八八頁。
(22) 武内善信『闘う南方熊楠─「エコロジー」の先駆者』勉誠出版、二〇一二年、二七八～二八〇頁。
(23) 志村真幸・渡辺洋子『絶滅したオオカミの物語─イギリス・アイルランド・日本』三弥井書店、二〇一二年。
(24) 内山隆「イギリスの森林破壊」『森と文明』安田喜憲・菅原聰編、朝倉書店、一九九六年。
(25) 志村・渡辺『絶滅したオオカミの物語』三〇～三四頁。
(26) 同、第一章、第二章、第九章。
(27) ジェイムズ・ターナー『動物への配慮─ヴィクトリア時代精神における動物・痛み・人間性』斎藤九一訳、法政大学出版局、一九九四年。／ハリエット・リトヴォ『階級としての動物─ヴィクトリア時代の英国人と動物たち』三好みゆき訳、国文社、二〇〇一年。

(28)『高山寺蔵　南方熊楠書翰　土宜法龍宛1893-1922』奥山直司・雲藤等・神田英昭編、藤原書店、二〇一〇年、一六四頁。
(29)同、一六九頁。
(30)同、一六五頁。
(31)同。
(32)春藤献一「動物保護管理法の施行に伴う畜犬行政の転換—動物愛護と犬の殺処分」『動物たちの日本近代—ひとびとはその死と痛みにいかに向き合ってきたのか』志村真幸編、ナカニシヤ出版、二〇二三年、六四〜六五頁。
(33)志村・渡辺『絶滅したオオカミの物語』第四章。
(34)『全集』六巻、二八八〜二八九頁。
(35)拙稿「南方熊楠と安藤みかん—紀南の食文化、柑橘類栽培、森林環境」『日本と東アジアの〈環境文学〉』小峯和明編、勉誠出版、二〇二三年。
(36)熊楠は「神社合祀反対意見」(『牟婁新報』一九一〇年二月二一日)では、「大都間近き所に、斯る物淋しき天然林を、太古の儘に放置し有る」と、エッピング・フォレストを原生林のように述べているが、実際には歴史的に利用されてきた場所であった。フットパスが縦横にはりめぐらされるなど、一歩でも踏み入れば人間の痕跡があきらかだったはずである。原生林というのは、熊楠のレトリックとみなすべきか。
(37)拙著『南方熊楠のロンドン—国際学術雑誌と近代科学の進歩』慶應義塾大学出版会、二〇二〇年、第一章。
(38)菅豊『鷹将軍と鶴の味噌汁—江戸の鳥の美食学』講談社、二〇二一年。
(39)佐藤孝雄「エゾシカの骸をめぐる聖・俗・害」『動物たちの日本近代』一四七〜一四八頁。
(40)俵浩三『北海道の自然保護—その歴史と思想』北海道大学図書刊行会、一九七九年、一三二〜一四〇頁。/菊地直樹『蘇るコウノトリ—野生復帰から地域再生へ』東京大学出版会、二〇〇六年、四四頁。
(41)「東京朝日新聞」一九二〇年一月一一日。

(42)『和歌山県史蹟名勝天然紀念物調査会報告』一九輯、一九四〇年、七九～八〇頁。
(43) 拙稿「紀州犬における犬種の「合成」と衰退―日本犬とはなんだったのか」『犬からみた人類史』大石高典・近藤祉秋・池田光穂編、勉誠出版、二〇一九年。
(44)『全集』六巻、三一三頁。
(45) インド近辺や中国付近を指摘する研究が出ているものの、確定できていない状況にある。
(46)『高山寺蔵　南方熊楠書翰　土宜法龍宛1893-1922』一〇九頁。なお、熊楠の犬の祖先についての関心は、拙著『日本犬の誕生』で扱った。
(47)『全集』三巻、一九七一年、一二三頁。
(48)『南方熊楠英文論考［ノーツ アンド クエリーズ］誌篇』飯倉照平：監修、松居竜五・田村義也・志村真幸・中西須美・南條竹則・前島志保訳、集英社、二〇一四年、二一〇頁。
(49) 飯倉照平編「南方熊楠・高木敏雄往復書簡」『熊楠研究』五号、二〇〇三年、二五四頁。
(50)『全集』四巻、三四五頁。
(51) 中村禎里『日本人の動物観―変身譚の歴史』ビイング・ネット・プレス、二〇〇六年。
(52)『全集』六巻、五七九頁。
(53) 同、五八〇頁
(54) 志村・渡辺『絶滅したオオカミの物語』第一一章。
(55)『全集』一巻、一九七一年、一二一頁。

本章には、東京翻字の会の成果を利用した。本章は、科研費（21K01072）の成果である。

物語のなかの南方熊楠

南方熊楠は、水木しげる『猫楠』や東郷隆『名探偵クマグスの冒険』のように、さまざまなフィクションのなかでも活躍してきました。世界をまたにかけた人生と、あまりにも強烈な個性が、多くの小説家やマンガ家の創作意欲をかきたててやまないのです。

二〇二〇年六月六日～八月一六日に南方熊楠顕彰館で、「物語のなかの南方熊楠―小説・マンガ・映画・音楽」と題した展覧会が開かれました。そのときの展示の前半分を本書では収録しています。

この展覧会にむけて、熊楠の登場するフィクションをリストアップしたところ、なんと百数十件にのぼりました。主人公となっているケースばかりでなく、ちょっとだけ出てくる作品も多く、個性派の脇役としても魅力的な存在なのでしょう。

幽霊と会話できたり、猫語が話せたりと、超人的な描かれ方をしているのも特徴です。まじめな伝記作品のように見えても、キューバで革命軍にくわわって胸に銃弾を受けたとか、ロンドンの清国公使館に幽閉されていた孫文を救出したとか、事実とはかけ離れた記述も見られます。これにくらべると、たとえば熊楠の予備門時代の同級生だった夏目漱石も、フィクションに頻繁に登場しますが、超人的存在に仕立てられることは稀です。

実は、熊楠自身による「自分語り」のなかに、しばしば誇張や法螺がふくまれ、生前から新聞や雑誌を通して広く知られていたのです。いわば熊楠公認の「フィクション」があったのでした。もちろん、熊楠に悪意があったわけではなく、一種のサービス精神だったのでしょう。

以下、一二名の研究者たちがイチオシの物語を紹介し、熱烈な愛を語っていきます。もし興味をひかれた作品があったら、実際にその本や映画に手を伸ばしてみて下さい。

（志村真幸）

中山太郎「私の知つてゐる南方熊楠氏」

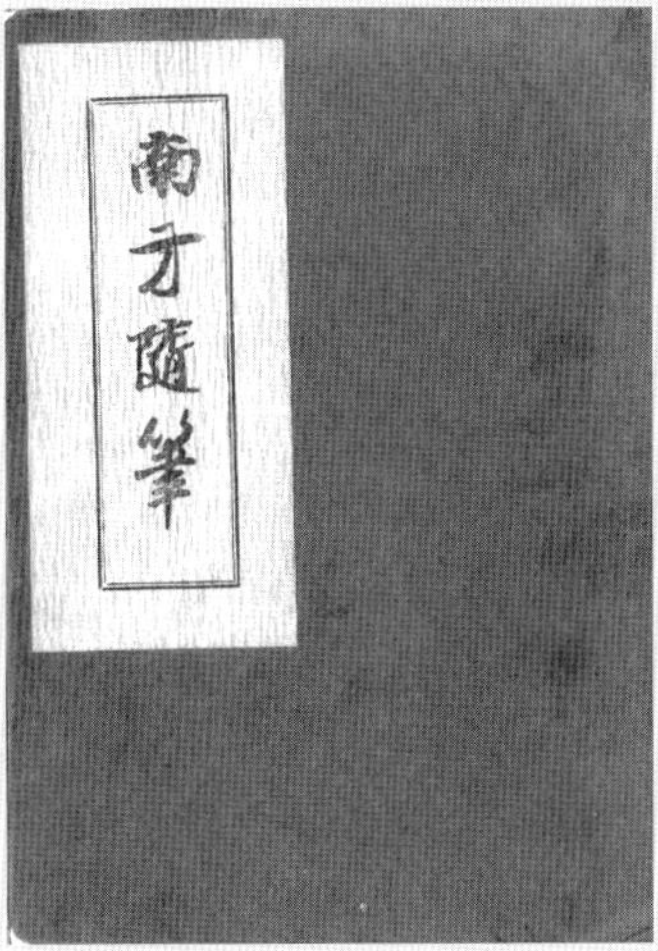

『南方随筆』
岡書院（1926年）／刊
南方熊楠顕彰館蔵

『南方随筆』（初版）には、民俗学者中山太郎が書いた「私の知つてゐる南方熊楠氏」という熊楠の伝記が収録されています。ところが『南方随筆』二版ではこの伝記は削除されました。

　その理由は、同書の内容には事実ではない逸話（つまりはフィクション）が数多く含まれていたからでした。直接的には、柳田国男などから抗議されたことがきっかけです。その内容のごく一部を箇条書きにしてご紹介しましょう。

- 子供のころ、古本屋で『太平記』を立ち読みし、帰宅して思い出して筆写し、全巻を写し終えた。
- 大蔵経を三度精読した。
- キューバで革命軍に加わり、胸に銃弾を受けて負傷した。
- 天文学の懸賞論文に応募し、一位となった。
- 大英博物館の東洋部調査部員に抜擢された。
- ロンドンの清国公使館に幽閉されていた孫文を救出した。
- 熊楠が神社合祀反対運動で収監されたときに柳田国男が紀州へ急行して釈放に尽力した。

などというものです。熊楠の実際の才能を誇張したものから全く非現実的なものまであります。現在では、事実と異なっていることがわかっている逸話です。

　中山太郎は、これらの逸話をフィクションだと知って書いたのではありません。これらは、すでに何年も前からいろいろな新聞や雑誌に事実として書かれていたものだったのです。同書は、それらの記事などをまとめたものでした。

　熊楠は柳田からの抗議は受け入れたものの、このフィクションに満ちた自分の伝記には好意的でした。例えば、岡茂雄に宛てた手紙に、「小生も中山君の一篇を小生の名を題した小説稗史《はいし》と見るものに候」と書いています。つまり、あれは小説だと考えれば良いと述べています。自分に関するフィクションをそのまま黙認していたわけです。

　また、同書が出る以前のことですが、あるお婆さんが熊楠を訪ねてきたことがありました。そのお婆さんが熊楠に会うことができて「一度会いたかった。日本一の人と聞いた」と感激した様子を熊楠は日記に記しています。

　熊楠の何が日本一だとお婆さんが思ったのかはわかりません。新聞などに書かれていた熊楠の記事を読んだのかもしれません。

　このようにフィクションは、それらを読んだ人が熊楠を訪ねるくらいに熊楠の日常生活にも影響していました。いわば熊楠はフィクションの衣をまといながら現実世界を生きていた人といえるかもしれません。

　同書を読むための一番手軽な方法は、国会図書館デジタルコレクションで『南方随筆』を検索することです。この方法で同書の画像を読むことができます。熊楠ファンなら、一度は読んでおきたい伝記（実は小説）です。

（雲藤等　早稲田大学先端社会科学研究所招聘研究員）

水木しげる『猫楠　南方熊楠の生涯』

『猫楠　南方熊楠の生涯』（角川文庫）
水木しげる／著
KADOKAWA（1996年）／刊
©水木プロ

妖怪漫画『ゲゲゲの鬼太郎』で有名な水木しげる大先生（「おおせんせい」とよみます）には近藤勇、沖田総司、ヒットラーなど個性的な人物を描いた作品があります。大先生は南方熊楠の伝記漫画を最初に描いた漫画家で、一九七三年に雑誌『漫画サンデー』に掲載された「快傑くまくす」で熊楠の青年期の海外での活躍と昭和天皇への御進講を描いています。本作品は幾度か大先生の短編集に収録されています。一九八六年の絵物語「水木しげるの奇人伝1　すべての枠からはみでた快傑　南方熊楠」があり、一九九一年には『猫楠』の前日譚として「怪少年　くまくす生まれる」で熊楠の幼年期を語り、『猫楠』連載終了後の一九九五年には熊楠の少年期を描いた「てんぎゃん―南方熊楠の少年時代―」を執筆されています。これら四作品とも短編作品です。

さて、『猫楠　南方熊楠の生涯』は一九九一年から一九九二年にかけて講談社発行の隔週刊雑誌『ミスターマガジン』に連載された傑作です。「猫楠」という人の言葉が理解できる茶トラ猫を狂言回しに、猫語を理解できる熊楠との交流をつうじて、熊楠の生涯を描いたほのぼのとした長編作品です。話の内容の多くは史実に基づいていますが、大先生お得意の妖怪や幽霊が時として登場します。本作品の根底には大先生が生涯探究された「ひとの幸福とは何か」という深い問いがあります。けっして順風満帆ではなかった熊楠の生涯をほのぼのと明るく活写しています。また、柳田国男、中山太郎、土宜法龍、小畔四郎といった熊楠と交流のあった人物群もユーモラスに画かれており、これも見どころのひとつです。初単行本化はハードカバーの上下二巻で、連載当時に雑誌掲載の特集記事が附録されています。しかしこれは絶版で、現在は角川文庫ソフィア版の入手が容易です。熊楠マニアにもそうでない人にも是非おススメの一冊です。なお前述の短編四作と『猫楠』は講談社『水木しげる漫画大全集第〇八〇巻　猫楠他』に収録されているので大先生の熊楠ワールドを全作品堪能できます。また、熊楠と「猫楠」は、その後大先生の一九九九年の作品『神秘家列伝其弐　宮武外骨』（角川書店）で数コマであるが客演していることも見逃せません。

（郷間秀夫）

柴田勝家
『ヒト夜の永い夢』

『ヒト夜の永い夢』（ハヤカワ文庫）
柴田勝家／著
早川書房（2019年）／刊

二一世紀の日本SF作家・柴田勝家は、二〇一四年、第二回ハヤカワSFコンテスト大賞を文化人類学的小説『ニルヤの島』で射止めてデビューしました。成城大学では常民文化を研究しただけに、デビューから五年後の長編が、柳田国男の同時代人で稀有の博物学者・南方熊楠を主役に据えたのは実に必然だったと言えるでしょう。

物語の舞台は一九二七年、大正天皇が崩御し昭和天皇が即位して間もない年から三七年までの一〇年間。すなわち昭和天皇が弱冠二六歳で即位した翌年から日本がファシズムへ傾斜し日中戦争のきっかけたる盧溝橋事件が起こる年まで。折しも、明治末期から昭和初期にかけては、立憲君主制の理論的根拠としての「天皇機関説」が、美濃部達吉元貴族院議員かつ元東大法学部教授によって唱道され絶大な影響力を誇るも、一九三五年には彼を反逆者扱いして弾劾する「天皇機関説事件」が勃発、これがやがて二・二六事件など軍部の暴走を招くのです。

本書は、こうした歴史的背景を踏まえ、一九二七年、南方熊楠が超心理学者・福来友吉の手引きで「昭和考幽学会」に招かれ、そこでの議論に参加するうち、天皇機関を作り、人造の魂を備え思考能力を持った神、すなわち今日でいう人工知能（AI）によって現実の天皇を輔弼したらどうかという提案を耳に挟むところから始まります。しかもその設計図は、熊楠の親友の初代中華民国臨時大総統・孫文が託してくれた日記帳の中に含まれていました。

ここで閃いた熊楠は、孫文由来の設計図に基づくパンチカード群の上で粘菌を繁殖させ、人間の思考回路を植え付け、人間の脳を再現しようと試みます。「人間の行動を演算する機械と少女人形、そして人工宝石を組み合わせた時、自由意志を持った人間ならざる人間が生まれるだろう」。

やがて、ひょんなことからもたらされた人工宝石の結晶を介して粘菌神経網が電流によって活性化し、電気信号のように少女人形の全身に伝わり、機関部にまで情報が送られることで、人間の行動を模したパンチカードが自然に選択されます。そして、いよいよ天皇機関たる「少女M」が明確な意思をもって微笑みかけ、こう口を開きます。「会いたかったよ、南方の熊公」。

このファム・ファタールめいた天皇機関は、自ら思考するのみならず、人間に幻覚を見せて操作する術すらも自家薬籠中のものとしているのです。

サイバーパンク作家ウィリアム・ギブスンとブルース・スターリングが、ヴィクトリア朝大英帝国で蒸気機関コンピュータが発明され世界中をネットワーキングしていたらという設定で共作した歴史改変SFの傑作『ディファレンス・エンジン』（一九九〇年）から約三〇年後。柴田勝家の『ヒト夜の永い夢』は蒸気機関ならぬ粘菌機関で天皇機関を制作したら世界はどう動くかを思弁し、旧来のサイバーパンク系歴史改変小説を一気に更新しました。

（巽孝之　慶應義塾大学文学部名誉教授／慶應義塾ニューヨーク学院第十代学院長）

森見登見彦『ペンギン・ハイウェイ』

『ペンギン・ハイウェイ』（角川文庫）
森見登見彦／著
KADOKAWA（2012年）／刊

第三一回SF大賞受賞作。二〇一八年にはアニメ映画化され、こちらもさまざまな賞に輝きました。

真面目で賢く、ちょっとおませな小学四年生のアオヤマくんが主人公。街にペンギンが多数現れるという不可思議な現象が起こり、アオヤマくんは級友たちとその謎を解く活動を始めます。冒険と成長、そして訪れる予想外の結末。少年の心情がみずみずしく語られる切なくてあたたかい作品です。

アオヤマくんにはテーマを定めて学習する習慣があり、日々ノートをとっています。そのことが説明される部分に南方熊楠が登場します。

「ぼくは毎日ノートをたくさん書く。みんながびっくりするほど書く。おそらく日本で一番ノートを書く小学四年生である。あるいは世界で一番かもしれないのだ。先日、図書館でミナカタ・クマグスというえらい人の伝記を読んでいたら、その人もたくさんのノートを書いたそうだ。だから、ひょっとするとミナカタ・クマグスにはかなわないかもしれない。でも、ミナカタ・クマグスみたいな小学生はあまりいないだろう。」（八ページ）

アニメ映画公開時に刊行された『ペンギン・ハイウェイ公式読本』（KADOKAWA）には、作者である森見へのインタビューが収録されています。アオヤマくんについて聞き手が「南方熊楠を尊敬しているところも渋いですね」と発言したのに対して、森見は「彼がいろんな書籍から得た知識を抜き書きしていたのは知っていたので、アオヤマ君と重なるところがあるなあと」と応答しています。森見の発言から、小説より引用した部分が熊楠の「ロンドン抜書」、「田辺抜書」などの存在をふまえた記述だということがわかります。

熊楠は在住していた場所の図書館を最大限に利用して抜き書きなどの研究活動を行っていました。また、森見は小説家になるまで国立国会図書館の職員でした。偶然ではありますが、図書館、書物、ノートする行為（森見もよくノートをとるタイプとのこと）を通じての響きあいを感じます。

余談ですが、アニメ映画の冒頭ではアオヤマくんの部屋にある本棚が描かれ、現実には存在しない『みなかた　くまぐす』という題名の児童書がありました。

（一條宣好　書店主）

内田春菊／画　山村基毅／原作
『クマグスのミナカテラ』

『クマグスのミナカテラ』（新潮文庫）
内田春菊／画、山村基毅／原作
新潮社（1998年）／刊

昭和一七年一月　山中家で催された新年の祝いの席にひとつの知らせが届きます。「クマが死んだ――」。本作の狂言回しである山中平太郎はひとり十代の頃の自身、共立学校、そして大学予備門で出会った男のことを思い出します。

本書は原作山村基毅、画内田春菊による未完の作品です。タイトルとなっている「ミナカテラ」とは、南方熊楠が一九一六年に自宅の柿の木の幹で発見し、一九二一年にグリエルマ・リスターによって新属新種と認定された粘菌「ミナカテルラ・ロンギフィラ」からつけられています。

主なストーリーは、第一部「大学予備門」、第二部「我楽多文庫」、第三部「アメリカ」と物語が展開していきます。熊楠が生きた時代を描く群像劇なのです。登場するのは大学予備門に通う山田美妙、尾崎紅葉、正岡子規などの文学を志す者、政治に不満を持ち民権運動を推し進め、革命を成そうとする者やその旗の下にぶら下がっているだけの者、困窮し切り捨てられていく地方の農民などさまざまな人物をシリアスに、そしてコミカルに描きます。

山中が見る熊楠は、人骨を求め地面を荘吉（後の永井荷風）とともに掘り返すなど一般人からみると奇異な人物として描かれます。事実、熊楠は大学予備門時代に考古学にも興味を示し、大森貝塚や山林学校（現東京都北区）で縄文土器を採集しています。これらの土器は南方熊楠記念館や顕彰館に所蔵されています。

　さて、話を戻すと山中は貧しいながら、学問で身を立てるため、養子になってまで大学予備門に入ります。作中の熊楠の言葉を借りれば山中は大学予備門で「明日役にたつ人間」になるための勉強をしていますが、熊楠はそんな人間になれないと語り、退学をほのめかします。そして熊楠はアメリカへ渡り異国の言葉や文化を勉強しながら突き進む姿が描かれています。ただ、惜しむらくは、熊楠が研究者として活動するロンドン時代が描かれず、タイトルの「ミナカテラ」が回収されなかったことです。

　本作は熊楠について詳しく知る物語というよりも、若き熊楠の生きた明治時代の世相と熊楠を知ることのできる作品といえるでしょう。

（三村宣敬）

辻真先
『超人探偵　南方熊楠』

『超人探偵　南方熊楠』（光文社文庫）
辻真先／著
光文社（1996年）／刊

　熊楠は探偵小説と相性がいいようです。はかりしれない知識量や、気まぐれで狷介な性格がホームズなどの名探偵を思い起こさせるからではないかと思います。ただし、とんでもない設定にされていることも多く、本書も読者の予想をはるかに超えた展開を見せます。『超人探偵　南方熊楠』の舞台は、現代の田辺・白浜です。「えっ?」と思われるかもしれません。一九四一年に亡くなった熊楠を、どうやって現代に登場させているのでしょうか。実は、主人公である編集者・服部健太郎に、熊楠の霊が憑依するのです。そして熊楠が素晴らしい推理を披露し、事件を解決してしまいます。生前の熊楠が幽体離脱を体験したり、「夢のお告げ」で珍しい植物を発見していたことからすると、あながちありえない話ではないのかもしれませんが……。ちなみに本書はシリーズ第四作で、前作までの「名探偵」は小泉八雲、江戸川乱歩、源義経でした。

辻真先は日本のアニメ業界の初期から脚本家として活躍してきた人物で、『ゲゲゲの鬼太郎』(第一期、第二期)、『ジャングル大帝』、『アタックNo.1』などを担当したことで有名です。一方で探偵小説にも優れた作品が多く、「青春殺人事件」三部作では奇想天外なトリックが炸裂します。

(志村真幸)

江戸川乱歩『緑衣の鬼』

『緑衣の鬼』(江戸川乱歩文庫)
江戸川乱歩/著
春陽堂(2019年)/刊

江戸川乱歩(一八九四-一九六五)による、E・フィルポッツ(一八六二-一九六〇)の『赤毛のレドメイン家』の翻案作品。乱歩としては久々の長編復活作で、「作家生活以来三度目の冬眠」の後、一九三六年一月から雑誌「講談倶楽部」に連載されました。「冬眠」の間乱歩は「小説こそ書かなかったけれど、……心中に本格探偵小説への情熱……が再燃して、英米の多くの作品を読んだ」（『探偵小説四十年』）といい、そこで『レドメイン家』に接してその翻案執筆を構想したようです。

『レドメイン家』では、ヒロインの伯父はルネサンス期の書籍の収集マニアで、「五千冊というおびただしい部数の書籍が、高い天井にとどくまで積みあげられて、豪華ではあるが厳粛すぎる装帳のために、暗欝な色調をみなぎらせていた」（宇野利泰訳、創元推理文庫）とあり、乱歩の旧友で男色研究家だった岩田準一を通して知った熊楠と重ねられたようです。

冒頭から柳田を名乗る怪紳士だの、折口という新聞記者だのが登場し、ずいぶんくだけた調子で進みますが、ヒロインの伯父、夏目菊太郎の名ももちろん、熊楠が大学予備門で同窓だった漱石に拠っているのでしょう。

「紀伊半島の南端Kという田舎町に隠棲して粘菌類の研究に没頭している民間の老学者であった。彼の生涯に発見した菌類の新種は一つや二つではなく、その名は世界の学界にも聞こえているほどの篤学者であった」とあります。ただし乱歩が直接熊楠に会った形跡は、これまで確認することができません。

その菊太郎老人の住まいは「石段のある玄関をはいると、天井の高い薄暗いホール、手すりに彫刻のある装飾階段、楢《なら》の彫刻ドア、楢で高い腰張りをしたドッシリとした書斎、ルネサンス風の家具調度、高い本棚にギッシリつまった貴重らしい古本、石炭を燃やすことのできる本物の暖炉、彫刻のある洋材マントルピース……」と書かれ、こちらは、熊楠邸のむしろ質素な実態を知る者にはちょっと失笑ものです。

もっとも乱歩は熊楠をちゃかしているわけではありません。小説中盤の山場となる舞台（『レドメイン家』では小高い丘の上にある祠）は「巨大な楠の老樹」ですが、「千年以上の古木で、昔から神木とあがめられ、夏目氏の代になっても、やっぱり幹のまわりに七五三《しめ》縄《なわ》を張り、柵を設けて人の近寄るのを禁じている」としています。熊楠への敬意を読み取っていいでしょう。

一九七八年には、天知茂主演の明智小五郎シリーズとしてストーリーにかなり手を入れてテレビ放映されました（「白い人魚の美女」、DVD有）が、菊太郎（配役は『男はつらいよ』シリーズの二代目おいちゃんの松村達雄）は裕福な実業家という設定で、学者熊楠やその「豪邸」がどう映像化されるか、期待して観るとあてが外れます。

（千本英史　奈良女子大学名誉教授）

『ドエクル探検隊』

草山万兎／著　松本大洋／画

『ドエクル探検隊』
草山万兎／著、松本大洋／画
福音館書店（2018年）／刊

霊長類の研究で知られる動物学者・河合雅雄（一九二四〜二〇二一）が筆名の「草山万兎」名義で執筆した長編児童文学作品。

時は昭和一〇年。竜二とさゆりは小学校卒業を機に、動物の言葉にも精通している博物学者の風おじさんに弟子入りし、おじさんと一緒に暮らしている動物たちと交流を深めながら、そのことばや生活を学ぶようになります。そんな中、アンデス山脈に住むズグロキンメフクロウからの手紙が到着。その内容は驚くべきものでした。滅亡したとされる古代ナスカ王国が存続していること、アルマジロの仲間で絶滅したと考えられているドエディクルスが生きていること、しかし邪悪な存在のためにどちらも危機を迎えているというのです。救いを求める手紙にこたえて、風おじさんたちは「ドエクル探検隊」を結成し、南米大陸への大冒険に出発……という壮大なファンタジーです。

竜二とさゆりは、風おじさんの家で暮らし始めてしばらくした頃、ツキノワグマのユウザおじさんに風おじさんの経歴を質問します。ユウザおじさんは風おじさんが幼い時から聖徳太子の生まれ変わりと言われ「タイシさん」という愛称で呼ばれるほど記憶力に優れていたことを話し、神童の例としてモーツァルトと南方熊楠の名前を挙げます。

「モーツァルトという音楽家を知っているだろう。子どものとき、どんな音楽でも一度聞くと再現できた。日本では和歌山の南方熊楠という大人物。〝熊〟がついてるから、わしには親しみがもてる人だよ。この人は歩く百科事典と言われた。少年時代にある蔵書家の家をたずねて、『和漢三才図会』という江戸時代の百科事典を見せてもらい、まるで写真に写しとるように記憶し、帰って一〇五巻を絵も字もそっくりに再現したと言われている。とくに生物学に興味をもっていたから、大博物学者と言われている。タイシさんは熊楠に劣らぬ、いやそれ以上の頭脳の持ち主だよ。熊楠でも動物語は知らないからね。ただし、ひそかにわしは思っている。熊楠はクマの言葉はわかったんじゃないかと。」（一一七～一一八ページ）

クマであるユウザおじさんが名前に「熊」の字を持つ熊楠に親近感を覚えている点、熊楠の著作「トーテムと命名」を想起させられて微笑ましいです。

（一條宣好　書店主）

鳥飼否宇『異界』

『異界』（角川書店）
鳥飼否宇／著
KADOKAWA（2007年）／刊

時は一九〇三年。場所は和歌山県の那智山。当時はまだ、紀伊半島の山中に、野生のオオカミが棲む深い森がありました。

熊楠はロンドンから帰国し、弟子の太一を連れて那智の大滝付近で植物採集にいそしんでいます。ある晩のこと、勝浦の町外れにある産婦人科の依田医院で、生まれて間もない赤子がさらわれるという一件から、ミステリーが幕を開けます。熊楠と太一は、この赤子連れ去り事件や、それにつづく依田医院の長男・和弥の失踪と変死の一件などをめぐり、真相究明に乗り出すのです。山岳信仰の聖地・那智山を舞台に、狐憑き、漂泊の民サンカ、「補陀洛渡海《ふだらくとかい》」で有名な補陀洛山寺、そして死者が詣でるといわれる妙法山阿弥陀寺、狼に育てられた少年、近親相姦といったいくつもの伏線が、ついには熊楠のいう「萃点《すいてん》」の一点に向けて収斂していくのです。

本書の終盤で、熊楠と太一の前に突如として謎の西洋人牧師が登場します。私たちはどうも、このあたりから「異界」に迷い込んでしまうかのようです。その西洋人をみると、熊楠の二番弟子である太一より小柄で、真っ黒な洋服を身にまとい、杖をついています。太一はこのあと、那智の滝を目前にして、牧師のもつ杖がただの一本棒ではなく「アンブレラ（傘）」であることを知るのです。南方はこの殿方と、かつてロンドンで知り合ったという設定になっており、日本に帰国した熊楠を訪ねて、長旅を苦にせずやってきたのでした。この頃、熊楠を慕って和歌山まできた著名な東洋人がいます。熊楠ファンであれば、真っ先に孫文を思い浮かべることでしょう。しかし本書では、約束をすっぽかされてもあきらめず、遠路はるばる那智山までやってきたのは、「ブラウン」という名の英国人牧師でした。

　実在の熊楠は、ロンドンに八年間も滞在しましたが、「ブラウン」なる人物とは会っていないようです。おそらく「ブラウン」のモデルは、G・K・チェスタトンの推理小説「ブラウン神父」シリーズの主人公その人でしょう。この神父は小柄で、黒い僧衣に身を包み、コウモリ傘を持っているという設定です。カトリック司祭であり、探偵でもありました。本書では、那智の遠《お》賀《が》美《み》神社《じんじゃ》に詣でた「ブラウン」が、熊楠の推理の筋道を浮かび上がらせるのに、一役買っています。

　じっさいの熊楠は一九〇三年、那智山麓にあった大阪屋という宿屋の離れに住み、菌類やシダ植物などを採集していました。英語の論文も書いていました。ただし、もともとシャイな性格で、近所の人達との交流は少なかったようです。三十代の半ばを過ぎて、気ままな一人暮らしをしていました。本書で活躍する熊楠は、当の本人とは異なり、口達者で人付き合いが得意です。それは、もしかするとパラレルワールドの架空世界で活躍する、もう一人の熊楠の姿であったのかもしれません。

（橋爪博幸　桐生大学短期大学部准教授）

山田風太郎

『明治波濤歌　上　山田風太郎明治小説全集9』

『明治波濤歌　上　山田風太郎明治小説全集9』（ちくま文庫）に収録
山田風太郎／著
筑摩書房（1997年）／刊

本作は、「週刊新潮」（新潮社）の一九八〇年一月三日号〜四月三日号に連載された青春小説で、明治時代の激化する自由民権運動に翻弄された若者たちの運命を描いた青春群像劇です。北村門太郎（北村透谷）や友人・石坂公歴と自由民権運動家たちとの交友録を織り交ぜつつ、北村が自由党と決別し文学の道を志そうと模索するさま、石坂公歴が自由民権運動に傾倒するも「大阪事件」をきっかけに離れていく様子が描かれています。登場人物には、秋山龍子（秋山国太郎）、大井憲太郎、影山英子（福田英子）など自由民権運動に関わった実在人物が多いなか、本作に登場する南方熊楠の存在は、ある種の異彩を放っています。

物語の冒頭に森の中で懸命に粘菌を探す「奇妙な風態の男」が登場します。「よく肥って、体格もいいが、それ以上に原始人のような感じがあった。顔の下半分は無精髯に覆われているが、まだ若いようだ。」「やはり常人とは異なった男だ。」「依然として得体の知れない男だが、それでも親愛感を禁じ得ない童心爛漫といった風格を持つ南方熊楠であった。」など、当時一九歳の熊楠の姿が描写されています。

物語は主人公である北村や石坂が自由民権運動に翻弄される様子が描かれますが、自由民権運動とは全く関係のない部分で熊楠がたびたび登場します。まず、石坂の憧れる東京大学予備門生としての熊楠です。熊楠が友人二人（夏目漱石・正岡子規）と演劇や詩について談義する様子が描かれています。次に、予備門を辞めアメリカで粘菌を研究すると決めた熊楠です。民権家に命を狙われアメリカ留学を決めた石坂は、明治一九年一二月二二日シティ・オブ・ペキン号に乗船することを北村と共に画策しますが、同じ船に熊楠と熊楠の花嫁も乗ることを知ります。北村の画策に熊楠・夏目・正岡が協力し、物語が一気に展開します。

描かれている熊楠のキャラクターは完全なフィクションではありますが、作品の中でスパイスのような存在であると言えます。熊楠の存在意味を考えながら本作を読み進めるのも面白い読み方なのではないでしょうか。

（松下恵子　大阪大学・関西大学非常勤講師）

大島安希子『亀のジョンソン』

『亀のジョンソン』（KCデラックス）
大島安希子／著
講談社（2016年）／刊

この漫画は、主人公の足立はるかが河原で清掃中に亀を見つけるところから始まります。草むらにうずくまる亀と目が合ったはるかは、保健所に連れて行かれそうな亀を一人暮らしのアパートに連れ帰りますが、動物好きというわけではありません。時には「カメの愛し方がわからないっ」と泣きながら世話をします。

はるかは二八歳の女性で、校閲者です。文章をチェックする「校閲モード」の目を時々オンにして、「うろこがあってかぎづめがあって、小さな恐竜のよう」な亀を毎日観察します。まぶたを下から上にまばたきすることに「ちょっとこわい！」と驚き、かぎづめをカーテンにひっかけてよじ登ることに驚き、危機に瀕すると臭い匂いを発することにも驚きます。はるかの亀は南方熊楠も飼っていたクサガメ。漢字では「臭《クサ》亀《ガメ》」と書くのです。活発に動く様子にオスだと思い込み、はるかはその亀にジョンソンと名前をつけます。

しばらくすると、はるかには山田くんという亀友達ができます。小学一年生ながら亀に詳しく、ジョンソンを一目でメスだと見破るほどです。山田くんの亀はオスのクサガメで、「熊楠」といいます。山田くんは、はるかに言います。

「熊楠に憧れてるんだ　熊楠といえばクサガメだし」

亀を飼う者にとって、熊楠といえば亀です。私もクサガメを三〇年以上飼っているので、熊楠のことを時空を超えた亀友達だと思っています。熊楠は自宅の縁側に鉢を置いたり、庭の一隅を亀を遊ばせるために整備したりして、亀を多頭飼いしていました。甲羅に長い藻を生やした蓑亀《みのがめ》を育てたこともありましたし、その藻を調べて標本を作ったりもしていました。また、庭で亀が土を掘って産卵し、子亀が孵《かえ》ったことは熊楠の日記に何度も書かれています。そんな飼い方も、はるかや山田くん、私も含めて、屋内でしか飼えない者にとっては憧れです。

本書で熊楠本人が描かれるのは一コマのみですが、亀の「熊楠」は何度も登場します。「熊楠」がジョンソンの上に乗っては振り落とされ、逆にのしかかられているのを見て、「でも熊楠うれしそうだな…」と山田くんがつぶやく時、つい南方熊楠が重なって見え、口元が緩んでしまいます。

ところで、ジョンソンという名前は、大食漢のイギリスの文豪サミュエル・ジョンソン（一七〇九―一七八四）からきています。クサガメは食欲が旺盛なのです。

南方熊楠顕彰館にサミュエル・ジョンソンの小説 *The history of Rasselas, prince of Abyssinia.*（［洋930.34］）があるのは、うれしい偶然です。しかし、イギリスに留学経験のある熊楠は原書で読めたでしょうが、私には日本語訳された『幸福の探求―アビシニアの王子ラセラスの物語』（朱牟田夏雄翻訳、岩波文庫、二〇一一年）の方が読みやすいです。

（平川恵実子　鳴門教育大学）

池田将／監督
『映像歳時記　鳥居をくぐり抜けて風』

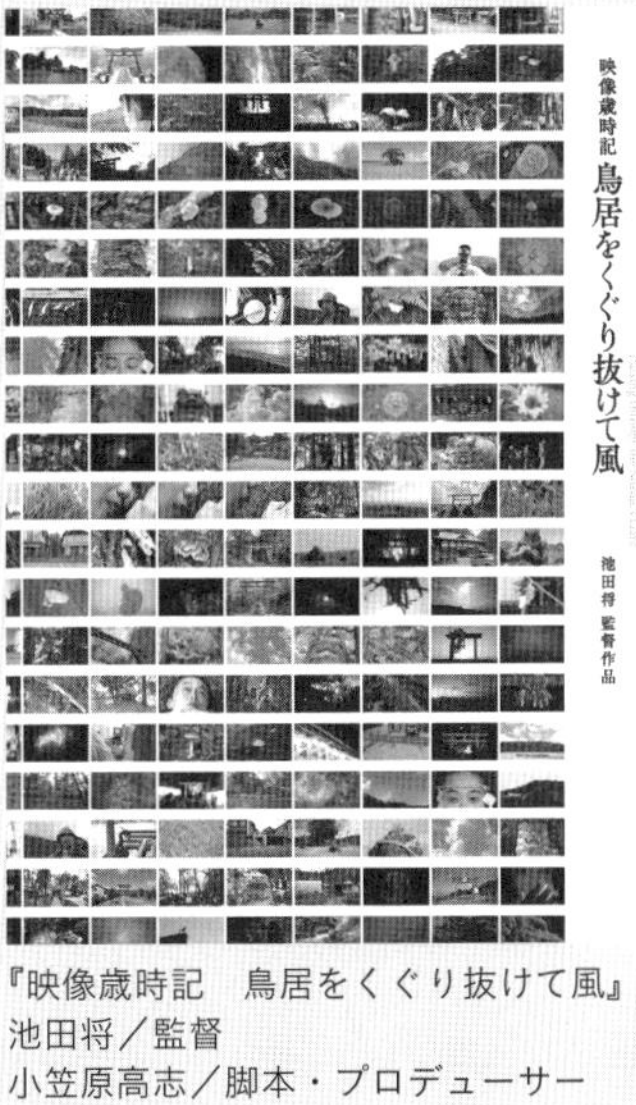

『映像歳時記　鳥居をくぐり抜けて風』
池田将／監督
小笠原高志／脚本・プロデューサー
(2016年公開)

本作は、ニューヨークで生まれ育った一二歳の少女エマが、日本人の祖父とともに熊野を中心としたいくつかの神社を旅するという映画です。冒頭、馬喰町バンドによる情緒あふれる音楽とともに日本各地のさまざまな鳥居が映し出されます。朱塗りの立派な鳥居、コンクリート製の堅固な鳥居、木製の傾いた小さな鳥居……。

本作を彩る重要な要素は、言うまでもなく「風」です。本作でこの風は、細やかな「音」と鳥居の周囲にある自然（木の葉や稲穂、清流のせせらぎ）による「揺れ」で表現されています。この音と揺れの美しさが、本作の最大の魅力といっても良いでしょう。それは、自然の波動そのものです。この波動は、共感覚的に私たち鑑賞者の五感を刺激し、ノスタルジックかつ爽快な感覚を呼び起こしてくれます。クライマックスの御燈祭のシーンでは、神聖な松明を持った男たちがものすごい勢いで神倉神社の急峻な石段を駆け下りていきます。その時彼らは、まさに激しくうねる風になるのです。

エマは、祖父から南方熊楠のことを聞かされます。「動物と植物をつなぐような働きをしている粘菌のことを、熊楠は神様のように見ていたんじゃないか」「熊楠は、神社を大きくまとめようとする環境破壊に反対して、小さな鎮守の森を守るために方々に働きかけたんだ」「熊楠は妻の実家の闘鶏神社でもよく採集を行なった」——本作で、熊楠のことが言及されるのは、実はこれだけです。しかし、全編に流れている通奏低音は、間違いなく熊楠の思想です。本作で度々言及される鎮守の森（神社）の「気」の重要性は、熊楠が神社を「国民元気道義の根源」（一九一二年二月九日付白井光太郎宛書簡）と言ったことと深くつながります。つまり、神社や鎮守の森は、日本人にとって気の元、エネルギーの根源なのです。また、古来私たちは、日常生活における基本的なモラルをそこから学び取ってきました。

本作では、日本人の私たちにとっては「当たり前」で「見慣れた」事柄が、エマによってごくシンプルに語られていきます。二礼二拍手一礼、しめ縄、そして鎮守の森……。その場所、もの、行為自体は、熊楠が述べるように「何というむつかしき道義論、心理論なし」（一九一一年八月二九日付松村任三宛書簡）とも言えます。しかし、それ故に私たちは普段、それらの重要性、本源的意味を忘れがちです。本作は、エマの視点を通して、日本人にとって最も近いが故に最も遠くなってしまっているものを再認識させてくれます。不思議で美しく圧倒的な風とともに。

（唐澤太輔　秋田公立美術大学）

宇多喜代子
句集『記憶』

句集『記憶』
宇多喜代子／著
角川学芸出版（2011年）／刊

熊楠は現代の俳句の世界でもモデルとなって登場します。命日の一二月二九日は「熊楠忌」という季語にもなっていますが、その季語で俳句を作る人も多くなっています。

俳人の宇多喜代子は、芥川賞作家・中上健次が郷里の和歌山県新宮市で設立した文化組織「熊野大学」に設立以前より関わり、月に一度、居住地の大阪から新宮を訪れていました。民俗学や、熊楠についても関心を持ち続け、一九八五（昭和六〇）年に田辺で発行された『第一次南方熊楠計画　コンティンジェント・メッセージ群』にも、

南方熊楠　なんというこの贅沢な名前――
につづけてなんとその名にふさわしいあの風貌、
ということになる。
どうしても柳田国男が被害者っぽくみえてくる。
無秩序の魅力、これにつきます。

という一文を寄せています。

第二七回詩歌文学館賞を受賞した句集『記憶』には、熊楠をテーマとした三〇句の連作が掲載されています。二〇〇七（平成一九）年の秋に作られた、ほとんどの句に秋の季語が使われた作品群です。

三十句には熊楠個人をイメージした句もあれば、熊楠の研究テーマを元に想像を膨らませて作った作品もあります。作者によると、改めて読んだ鶴見和子の著作に刺激を受けての作だったということです。

一睡に朱色を残す虎魚かな
山神の多産あらわに葛の花

などの句は、熊楠の論文「山神オコゼ魚を好むということ」からのイメージのようですし、

そこばくの石をかくまう秋燕

は「燕石考」からだと思われます。

初嵐脳《なずき》を量る遊びかな

などは大阪大学医学部に保存された熊楠の脳を想っての創作ではないでしょうか。

賑やかな雨よ生国の花野

の破調の俳句を読むと、熊楠の型に嵌らない生き方が思い起こされたりもします。

それとなく来る鶺鴒《せきれい》の色が嫌

に至っては自らを熊楠に投影させているようにも思えます。それだけ宇多喜代子にとって熊楠は魅力的な人物なのでしょう。

（杉浦圭祐　俳人）

岸大武郎『てんぎゃん―南方熊楠伝―』

『てんぎゃん―南方熊楠伝―』
(ジャンプ・コミックス　デラックス)
岸大武郎／著
集英社（1991年）／刊

一九九〇―九一年に『週刊少年ジャンプ』に連載されたマンガです。当時のジャンプは発行部数が六〇〇万部を超え、『SLAM DUNK』や『幽☆遊☆白書』が大人気でした。そこに熊楠の伝記マンガが載っていたというのは、いま振り返ると驚異的としか言いようがありません。とはいえ、これで熊楠を知ったひとも多いでしょう。当時は回し読みが当たり前の時代でしたから、乱暴に推計するなら軽く一千万人を越える読者に熊楠を認知させたのではないでしょうか。

担当した編集者によれば、連載にさきだって熊楠の長女の南方文枝さんにインタビューをおこない、父は勝新太郎によく似ていましたと聞かされたりしたそうです。

さすがに誌上では苦戦し、熊楠がロンドンにたどりつくこともできないまま連載終了となってしまいました。それでも三〇年たって読み返してみると、漫画的演出やおもしろさを追求しつつも、伝記的・歴史的事実をきちんとおさえている点に価値があると思います。

その後も再連載する案があったようですが、残念ながら実現しませんでした。もしロンドン篇が描かれていたら、シュレーゲルのようなライバルキャラに事欠かないので、もりあがったのではないでしょうか。

当時のジャンプを読んでいた方なら、少年時代のワクワク感をよみがえらせてくれる一作だと思います。

なお、「てんぎゃん」とは天狗のことで、熊楠の少年時代のあだ名から来ています。

（志村真幸）

あとがき

本論集は、南方熊楠顕彰館／南方熊楠顕彰会の主催で二〇二二年の秋におこなわれた連続講座をもとにしている。「南方熊楠翁没後80周年事業　連続講座「南方熊楠と生物の世界」」と題され、「南方熊楠は、人文・社会科学から自然科学まで幅広い分野を統合的にとらえることで、新たな学問のあり方を模索した学者である。その試みは、生態学と民俗学に基づく先駆的な自然保護運動である神社合祀反対運動に結びつくなど、現在でも多くの示唆を与えてくれる。本講演シリーズでは、その中核となる熊楠の生物に対する視線を、思想史などの人文・社会科学と生物学などの自然科学の双方の視点から多角的に分析する」ことをめざした。

講演は三回にわけられ、左のようなラインナップであった（会場は、東京駅に隣接するサピアタワーの関西大学東京センター）。

①松居竜五「虫のマンダラ―南方熊楠とユクスキュル」（一一月二二日）
②志村真幸「熊楠と生物の絶滅―オオカミを中心に」（一一月二九日）
③田村義也・土永知子「南方二書と紀伊半島の森林の現在」（一二月六日）
※司会・導入：安田忠典

熊楠は、和歌山県田辺市中屋敷町で後半生を過ごした。その資料や標本類を受け継いでいた長女の文枝さんが二〇〇〇年に亡くなったことにより、博物館を建設する構想が進められ、二〇〇六年に旧邸に隣接して南方熊楠顕彰館が開館した。文字どおり、南方熊楠という人物を「顕彰」するための施設である。現在、旧邸と合わせて公開され、常設展、年に六〜七回の特別企画展・企画展のほか、資料類の保存と研究がおこなわれ、講演会やギャラリートークも頻繁に催されている。

ふだんは田辺市でのイベントが多いのだが、熊楠や田辺について広く知ってもらいたいとの願いから、二〇二二年に東京での連続講座が開かれたのである。

「生物の世界」というテーマが選ばれたのは、連続講座について相談されたとき、総論的な概説ではつまらないと思い、編者が「生物の話にしましょう」と提案したところ、いつのまにか採用されていたものである。熊楠は自然科学と人文科学にまたがって活躍し、その分野横断的な業績は現在でも大きな価値をもつ。しかし、熊楠研究者には人文科学系の人間が多いため、どちらかというと民俗学や説話学や英文論考をテーマとした講演会に偏りがちだ。そのため、生物学者としての熊楠の魅力を改めて伝えたいと思ったのである。実際、三回とも多数の聴衆を集め、盛会であった。

その場で書籍化の打診があったものの、はたして「南方熊楠と生物の世界」といったテーマで世間に受け入れられるのか、不安もあった。生物に関する論集は専門的な内容になりがちだし、理系というだけで敬遠するひとも少なくない。しかし、そうした懸念は、二〇二三年に放映されたNHKの連続テレビ小説「らんまん」が高い視聴率を記録したことであっさりと払拭された。熊楠も終盤で登場し、ただし、書簡がとりあげられたのみで、役者は付かなかったにもかかわらず、Twitter（X）で上位にランキングしたほどだ。南方熊楠顕彰館の「牧野富太郎と南方熊楠」展（二〇二三年六月三日〜七月二日）、南方熊楠記念館（白浜町）の「南方熊楠と牧野富太郎――ふたりの事ども」展（二〇二三年七月一日〜一〇月九日）も驚くほどの盛況ぶりであった。自然科学ネタの人気が証明されたのである。

さて、論集として編むには、さすがに四者の講演をまとめるだけではボリュームが足りないので、もう少し広く声をかけ、総勢一〇名による論文が並ぶこととなった。何年も（ひとによっては何十年も）ずっといっしょにやっている仲間たちがほとんどだったのだが、蓋を開けてみれば、意外かつ新鮮な話題がめじろおしで、改めて熊楠の奥深さを感じさせられた。

巻末には、「物語のなかの南方熊楠」を収録した。二〇二〇年六〜八月に南方熊楠顕彰館で開かれた「物語のなかの南方熊楠─小説・マンガ・映画・音楽」展の前期分を収録したものである。熊楠は、その存在がなかば伝説的であったためか、しばしばフィクション作品に登場する。そうしたなかから、熊楠研究者たちが「イチオシ」の物語を熱く語っているので、おもしろそうな作品があったら、ぜひ手にとってみてほしい。

最後に、熊楠顕彰事業を支えて下さっている田辺市、南方熊楠顕彰会、関連のみなさまに感謝を捧げたい。

本書の刊行にあたっては、左記の助成を一部利用している。
学術振興会科学研究費基盤研究Ｂ（20H01198）「デジタル化資料による南方熊楠の学問構想の解読」（二〇二〇〜二〇二三年度）
学術振興会科学研究費基盤研究Ｃ（21K01072）「南方熊楠の英文論文から見る『ネイチャー』誌における自然科学と人文科学の分断過程」（二〇二一年度〜）
龍谷大学国際社会文化研究所共同研究「南方熊楠英文資料の総合的研究（二〇二三〜二〇二四年度）

『南方熊楠　一切智の夢』(朝日選書、1991年、小泉八雲奨励賞受賞)、『クマグスの森』(新潮社、2007年)、『南方熊楠　複眼の学問構想』(慶應義塾大学出版会、2016年、角川財団学芸賞受賞)。

細矢剛（ほそや　つよし）

1963年生まれ。筑波大学大学院修士相当過程修了。国立科学博物館植物研究部長。菌類系統分類学。
『菌類の世界　きのこ・カビ・酵母の多様な生き方』(誠文堂新光社、2011年)、『菌類のふしぎ　形とはたらきの驚異の多様性』(東海大学出版部、2014年、責任編集)、『MICRO LIFE　図鑑美しきミクロの世界』(スミソニアン協会監修、東京書籍、2022年、日本語版監修)。

吉村太郎（よしむら　たろう）

1998年生まれ。東京大学大学院理学系研究科博士課程在学。東京大学総合研究博物館・日本学術振興会特別研究員。進化古生物学。
Sexual dimorphism in shell growth of the oviparous boreal scallop Swiftopecten swiftii (Bivalvia: Pectinidae): *Journal of Molluscan Studies*, Vol. 85, No. 2 (オックスフォード大学出版、2019年)、「ある個人にとっての生物多様性」(『法律学研究』第65巻、2021年)、「書評 南方熊楠の貝類コレクション展」(『熊楠研究』第15巻、2021年)。

郷間秀夫（ごうま　ひでお）

1963年生まれ。宇都宮大学農学部農学科卒業。栃木県農業大学校農業生産学部教授。植物病理学。
「南方熊楠の菌類図譜出版計画とその背景」(『熊楠研究』第13号、2019年)、「南方熊楠の微小菌類研究　南方熊楠と菌類学者伊藤誠哉」(『熊楠研究』第16号、2022年)、「環境文学と日本本草学、その一例としての「植物妖異」研究」(『日本と東アジアの〈環境文学〉』勉誠出版、2023年)。

志村真幸（しむら　まさき）

1977生まれ。京都大学大学院人間・環境学研究科博士課程修了、博士（人間・環境学)。南方熊楠顕彰会理事。専門は比較文化研究。
『南方熊楠のロンドン－国際学術雑誌と近代科学の進歩』(慶應義塾大学出版会、2020年)、『絶滅したオオカミの物語―イギリス・アイルランド・日本』(共著、三弥井書店、2022年)、『未完の天才　南方熊楠』(講談社、2023年)。

執筆者紹介

安田忠典（やすだ　ただのり）

1967年生まれ。大阪体育大学大学院体育学研究科博士前期課程修了。関西大学人間健康学部教授。体育学、身体文化論、体験学習法。

『南方熊楠の森』（方丈堂出版、2005年、「南方熊楠と熊野古道　世界遺産100年前」を執筆）、『南方熊楠大事典』（勉誠出版、2012年、「昆虫」「キューバ・フロリダ」「田辺・白浜での滞在」「那智隠棲期」「奥熊野調査旅行」「中村古峡」「千里眼」を執筆）。

田村義也（たむら　よしや）

1966年生まれ。東京大学大学院総合文化研究科（比較文学比較文化）修士課程修了。成城大学非常勤講師。

「ミナカテルラ・ロンギフィラの発見をめぐって：南方熊楠の変形菌研究」（『「エコ・フィロソフィ」研究』15号、2021年）、「空間表象の写実性―近世日本美術とジャポニスムをめぐって」（『日本と東アジアの〈環境文学〉』勉誠出版、2023年）。

土永知子（どえい　ともこ）

1960年生まれ。奈良女子大学大学院人間文化研究科博士課程中退。

南方熊楠顕彰館学術研究員。公益財団法人天神崎の自然を大切にする会代表理事。植物生態学。

『南方熊楠大事典』（「高等植物標本」を執筆）、「南方熊楠の日光採集標本関連資料」（『熊楠研究』第17号、2023年）、紀伊民報「植物ツーショット」（2021年より2024年連載中）。

三村宜敬（みむら　のぶたか）

1982年生まれ。神奈川大学大学院歴史民俗資料学研究科博士後期課程退学。公益財団法人南方熊楠記念館学芸員。民俗学。

「本山桂川の足跡を探る」（『平成27年度 市立市川歴史博物館館報』2016年）、「辻切り行事における大蛇の諸相―千葉県市川市の事例から―」（『民具研究』159号 2019年）、『動物たちの日本近代』2023年（第二章「牛尾家畜産日誌からみる豚と山羊の飼育と死」を執筆）。

末木文美士（すえき　ふみひこ）

1949年生まれ。東京大学大学院人文科学研究科博士課程単位取得。東京大学・国際日本文化研究センター名誉教授。仏教学・日本思想史。

『日本思想史』（岩波新書、2020年）、『禅の中世』（臨川書店、2022年）、『近世思想と仏教』（法藏館、2023年）。

松居竜五（まつい　りゅうご）

1964年生まれ。東京大学大学院総合文化研究科博士課程中退。論文博士。龍谷大学国際学部教授。南方熊楠顕彰館長。比較文学比較文化。

南方熊楠の生物曼荼羅——生きとし生けるものへの視線

2024(令和6)年2月26日　初版発行

定価はカバーに表示してあります。

©編著者　志村真幸
発行者　吉田敬弥
印刷所　藤原印刷株式会社
発行所　三弥井書店
〒108-0073　東京都港区三田3-2-39
電話　03-3452-8069　振替東京8-21125

ISBN978-4-8382-3414-1　C0040　　整版・印刷　藤原印刷